“十二五”职业教育国家规划教材

热工测量及仪表（第四版）

主编 潘汪杰 文群英

编写 黄桂梅 倪 敏 潘文彬

主审 李国光 李学明

中国电力出版社

CHINA ELECTRIC POWER PRESS

内 容 提 要

本书从实用角度出发，对目前热工过程使用的热工仪表进行了全面系统的阐述，介绍了仪表及传感器的基本原理和基本结构，着重介绍了仪表及传感器的使用方法、校验方法、安装方法等，同时对近年来检测领域中的新技术、新方法和新发展有所涉及，并注重实用性和先进性的统一，力求做到理论与实践相结合。

本书可作为高职高专火电厂集控运行、电厂热能动力装置、电厂热工自动化技术等专业“热工测量及仪表”和同类课程的教材，也可供其他专业学生或工程技术人员参考。

图书在版编目(CIP)数据

热工测量及仪表/潘汪杰，文群英主编．—4 版.—北京：中国电力出版社，2019.10（2024.1 重印）

“十二五”职业教育国家规划教材

ISBN 978-7-5198-3827-0

Ⅰ.①热… Ⅱ.①潘… ②文… Ⅲ.①热工测量-高等职业教育-教材 ②热工仪表-高等职业教育-教材 Ⅳ.①TH81②TK31

中国版本图书馆 CIP 数据核字（2019）第 237506 号

中国电力出版社出版、发行

（北京市东城区北京站西街 19 号　100005　http://www.cepp.sgcc.com.cn）

北京雁林吉兆印刷有限公司印刷

各地新华书店经售

*

2005 年 5 月第一版

2019 年 10 月第四版　　2024 年 1 月北京第二十七次印刷

787 毫米×1092 毫米　16 开本　11.75 印张　280 千字

定价 **42.00** 元

扫一扫

拓展资源

前 言

为认真贯彻落实《国家职业教育改革实施方案》（职教 20 条）精神，着力推动职业教育“三教”（教师、教材、教法）改革，本书坚持突出职教特色、产教融合的原则，遵循技术技能人才成长规律，知识传授与技术技能培养并重，充分体现“精讲多练、够用、适用、能用、会用”的原则，主动服务于分类施教、因材施教的需要。

本书从工程实际出发，紧密联系生产实际，力求体现新技术、新工艺和新方法的应用，充分体现作业安全、工匠精神及团队合作能力的培养，不但适合于高等职业技术学院热能与发电工程类专业在校学生“1＋X 证书”学习需要，也可作为相关专业领域技能型培训学员的培训教材和自学用书。

本书以现行的国家标准、电力行业技术规程、有关电力生产岗位规范及《电力行业职业技能鉴定规范》为依据，坚持高职高专复合型技术技能人才培养的办学定位，着眼于电力新技术、新设备的应用，坚持“应用为主，够用为度，学有所用，用有所学”的定位原则，遵循“拓展基础、培养能力、重在应用”的宗旨来进行编写的。

本书从实用角度出发，对目前热工控制过程正在使用的和将要使用的热工仪表进行了全面系统的阐述，重点介绍了仪表及传感器的基本原理和基本结构，着重介绍了仪表及传感器的使用方法、校验方法、安装方法等，符合职业教育的特点和规律。删除了以往教材占较大篇幅的模拟仪表，增加了较多的新型测量技术。例如光钎传感器、智能变送器等，对近年来检测领域中的新技术、新方法和新发展有所反映，并注重实用性和先进性统一，力求做到理论与实践相结合。根据高职的培养类别和层次，结合课程教学的目标，在“强调基本、注重应用”的原则下，教材中简化仪表的具体线路与原理，不拘泥于仪表的内部细节，重点着眼仪表的外部特性和使用，这样编写出的教材，内容简洁实用，教师便于教学，学生便于学习。

教材首先从测量理论着手，为仪表测量系统的误差控制提供理论基础，随后按照热力生产过程测量参数的类别，从温度测量及仪表开始，到压力测量仪表、流量测量及仪表、水位测量及仪表以及其他参数测量仪表的顺序展开，较为全面系统地介绍了电厂常用热工仪表的测量原理及使用维护方法，重点突出了热工仪表的使用和维护技术，强化学生职业素养养成和专业技术技能积累。

教材文字叙述深入浅出，符合认知规律，同时配套有图片、规程规范等资源（请扫码获取），能有效把工程实际和理论教学实现对接，能实现复杂问题简单化、抽象问题具体化，有助于提高学习效率，有利于学生的自学和应用指导，不仅适合于高职高专类学生使用，也可作为现场技术人员的培养用书。

本书由武汉电力职业技术学院潘汪杰、文群英主编，文群英编写了第一章、第七章及配套数字资源；潘汪杰编写了第二章及配套数字资源；保定电力职业技术学院黄桂梅编写了第三章、第四章及配套数字资源；国网湖北电力有限公司检修公司潘文彬编写了第五章及配套数字资源；保定电力职业技术学院倪敏编写了第六章及配套数字资源。潘汪杰、文群英负责全书的统稿工作。

全书由华北电力大学李国光教授和大唐邓州生物质能热电有限责任公司高级工程师李学明主审。在编写过程中，得到了国网湖北电力有限公司、大唐邓州生物质能热电有限责任公司、湖北国能汉川发电有限公司、湖北华电襄阳发电有限公司等单位的支持和帮助，在此一并致谢。

由于编者水平所限，书中疏漏之处在所难免，敬请读者批评指正。

编　者

2019 年 8 月

目 录

前言
第一章　热工测量的基本知识 …… 1
　第一节　测量的概念和测量方法 …… 1
　第二节　热工测量仪表的组成与分类 …… 3
　第三节　测量误差及其种类 …… 4
　第四节　仪表的质量指标及仪表的校验 …… 6
　第五节　仪表设备的防护 …… 9
　本章小结 …… 14
　复习思考题与习题 …… 14
第二章　温度测量及仪表 …… 16
　第一节　温度测量的基本知识 …… 16
　第二节　热电偶 …… 19
　第三节　热电阻 …… 34
　第四节　模拟显示仪表 …… 39
　第五节　数字显示仪表 …… 45
　第六节　温度变送器 …… 48
　第七节　非接触式测温仪表 …… 51
　第八节　光纤传感器 …… 58
　本章小结 …… 63
　复习思考题与习题 …… 66
第三章　压力测量及仪表 …… 68
　第一节　压力的概念及压力测量仪表的分类 …… 68
　第二节　液柱式压力计 …… 69
　第三节　弹性式压力计 …… 70
　第四节　压力表的选择与安装 …… 74
　第五节　压力（差压）变送器 …… 76
　第六节　压力取样及管路敷设 …… 84
　第七节　压力测量系统故障分析 …… 85
　本章小结 …… 87
　复习思考题与习题 …… 88
第四章　流量测量及仪表 …… 89
　第一节　流量测量概述 …… 89
　第二节　差压式流量计 …… 91

第三节　其他流量计 …… 99
本章小结 …… 103
复习思考题与习题 …… 104
第五章　水位测量及仪表 …… 106
第一节　就地水位计 …… 106
第二节　差压式水位计 …… 109
第三节　电接点水位计 …… 120
第四节　其他物位测量仪表 …… 125
本章小结 …… 131
复习思考题与习题 …… 132
第六章　其他参数测量及仪表 …… 134
第一节　氧化锆氧量计 …… 134
第二节　电子皮带秤 …… 140
第三节　机械位移量测量仪表 …… 144
第四节　转速测量仪表 …… 147
第五节　振动测量仪表 …… 150
本章小结 …… 152
复习思考题与习题 …… 153
第七章　仪表安装与识图概述 …… 154
第一节　仪表安装基本概念 …… 154
第二节　仪表安装常识 …… 162
第三节　仪表安装工程图例符号 …… 168
本章小结 …… 173
复习思考题与习题 …… 174
附录　热电偶和热电阻分度表 …… 175
附表1　铂铑10-铂热电偶分度表 …… 175
附表2　铂铑13-铂热电偶分度表 …… 175
附表3　铂铑30-铂铑6热电偶分度表 …… 176
附表4　镍铬-镍硅（镍铝）热电偶分度表 …… 176
附表5　镍铬-康铜热电偶分度表 …… 177
附表6　铁-康铜热电偶分度表 …… 177
附表7　铜-康铜热电偶分度表 …… 177
附表8　铂热电阻分度表（Pt50） …… 178
附表9　铂热电阻分度表（Pt100） …… 178
附表10　铜热电阻分度表（Cu50） …… 178
附表11　铜热电阻分度表（Cu100） …… 178
参考文献 …… 179

第一章　热工测量的基本知识

教学提示

本章讲述了测量及测量误差的基本概念，测量的一般方法，测量仪表的组成及种类，测量误差的种类、表示方法和误差的处理方法，以及评估测量仪表质量优劣的技术指标等内容。本章重点是测量误差的种类及表示方法、测量误差的处理方法及仪表的质量指标。

“测量技术”是研究测量原理、测量方法和测量工具的一门科学。人类在从事科学研究、工程技术以及其他生产活动时，为了取得各种事物之间的定量关系，就必须进行测量。测量是人们认识事物本质不可缺少的手段。

不同的科技和生产领域有不同的测量项目和测量特点。热工测量是指在热工过程中对各种热工参数，如温度、压力、流量、物位等的测量（热力发电厂中，有时也把成分分析、转速、振动等列入其中）。

在热力发电厂中，通过热工测量可以及时地反映热力设备以及热力系统的运行工况，为运行人员提供操作的依据，并且为热工自动控制准确、及时地提供所需的信号。因此，热工测量是保证热力设备安全、经济运行及实现自动控制的必要手段。

第一节　测量的概念和测量方法

一、测量的定义

所谓测量，就是利用测量工具，通过实验的方法将被测量与同性质的标准量（即测量单位）进行比较，以确定出被测量是标准量多少倍数的过程。所得到的倍数就是被测量的值，即

$$L=\frac{x}{b} \tag{1-1}$$

式中　x——被测量；

b——标准量（测量单位）；

L——所得到的被测量的值，即得到的测量结果。

从式中可知，被测量的值与所选用的测量单位有关。测量单位人为规定，并得到国家或国际公认。在“国际单位制”诞生前，各国、各地区的测量单位各不相同，同类被测量比较时，必须进行单位换算，很不方便，且有些测量单位制订的科学性和严密性较差。随着科学技术的发展和国际科技、经济交往的加强，人们迫切要求制订统一的测量单位。1960 年，第十一届国际计量大会通过了“国际单位制”，代号为 SI，它对长度、质量、时间、电流和热力学温度等七种基本单位做了统一规定。其他的物理量单位，可以由这七种基本单位一一导出。实践证明，国际单位制具有科学、合理、精确、实用等优点，给生产建设和科技发展带来了很大方便。我国于 1984 年 2 月 27 日由国务院发布了《关于在我国统一实行法定计量

单位的命令》。法定计量单位是以国际单位制为基础，结合我国实际情况增加了一些非国际单位制单位构成的。在热工测量中，应积极推广使用。

二、测量方法

测量是一种实验工作，为了及时获得准确可靠的数据，必须根据行业的要求及被测对象的特点，选择合理的测量方法。

根据获得测量结果的程序不同，测量可分三种。

（1）直接测量。直接测量是将被测量直接与所选用的标准量进行比较，或者用预先标定好的测量仪表进行测量，从而直接得出测量值的方法。如用尺测长度，用玻璃管水位计测水位等。

（2）间接测量。间接测量是通过直接测量与被测量有确定函数关系的其他各个变量，然后将所得的数值代入函数式进行计算，从而求得被测量值的方法称为间接测量。例如，用平衡容器测量汽包水位；通过测量导线电阻、长度及直径求电阻率等。

（3）组合测量。组合测量是在测量出几组具有一定函数关系的量值的基础上，通过解联立方程来求取被测量的方法。例如，在一定温度范围内铂电阻与温度的关系为

$$R_t=R_{t0}(1+At+Bt^2)$$

式中 R_t——铂电阻在 t℃时的电阻值；

R_{t0}——铂电阻在 0℃时的电阻值；

A、B——温度系数（常数）。

为了求出温度系数 A、B，可以分别直接测出 0℃、t_1℃、t_2℃三个不同温度值及相应温度下的电阻值 R_{t0}、R_{t1}、R_{t2}，然后通过解联立方程来求得 A、B 的数值。

根据检测装置动作原理不同，测量可分为三种。

（1）直读法。被测量作用于仪表比较装置，使比较装置的某种参数按已知关系随被测量发生变化，由于这种变化关系已在仪表上直接分刻度，故直接可由仪表刻度尺读出测量结果。例如，用玻璃管水银温度计测量温度时，可直接由水银柱高度读出温度值。

（2）零值法（平衡法）。将被测量与一个已知量进行比较，当二者达到平衡时，仪表平衡指示器指零，这时已知量就是被测量值。例如，用天平测量物体的质量，用电位差计测量电动势都是采用了零值法。

（3）微差法。当被测量尚未完全与已知量相平衡时，读取它们之间的差值，由已知量和差值可求出被测量值。用不平衡电桥测量电阻就是用微差法测量的例子。零值法和微差法测量对减小测量系统的误差很有利，因此测量准确度高，应用较为广泛。

根据仪表是否与被测对象接触，测量可分为两种。

（1）接触测量法。仪表的一部分与被测对象相接触，受到被测对象的作用才能得出测量结果的测量方法。例如用玻璃管水银温度计测温度时，温度计的温包应该置于被测介质之中。

（2）非接触测量法。仪表的任何部分都不必与被测对象直接接触就能得到测量结果的测量方法。例如用光学高温计测温，是通过被测对象所产生的热辐射对仪表的作用而实现测温的，因此仪表不必与对象直接接触。

第二节　热工测量仪表的组成与分类

一、组成

热力发电厂中的热工参数，多数不能直接测量，一般总是借助于一些物质的物理、化学性质的关联性把测量参数转变为其他便于测量的相关量，以间接得出被测参数的数值。因此，不同的测量仪表尽管工作原理、结构外形等有所不同，但从各部分结构的功能和作用上看，总不外乎由三部分组成，即感受部件、传输变换部件及显示部件，如图 1-1 所示。

图 1-1　测量仪表组成方框图

1. 感受部件

感受部件也称一次仪表，它是测量仪表的感受部分并直接与被测对象相联系（但不一定直接接触）。它的作用是感受被测参数的大小和变化，并且必须随着被测参数变化产生一个相应的信号输出到传输变换部件。

仪表能否快速、准确地反映被测参数的大小，很大程度上取决于感受部件。对感受部件的具体要求如下：

（1）输出信号与被测参数的变化之间呈单值函数关系，最好呈线性关系，并有较高的灵敏度，即有较小的被测量变化时，输出信号就有较显著的变化。

（2）对非被测量的变化，感受部件应不受影响或受影响极小。

（3）反应快、迟延小。

感受部件要完全满足上述条件一般比较困难，因而通常在仪表内部采取一些措施加以弥补。例如设置中间放大环节以弥补感受件灵敏度的不足，设置补偿环节以克服非被测量的影响以及采用线性化环节克服非线性等。

2. 传输变换部件

传输变换部件也称中间件，它的作用是将感受件输出的信号根据显示件的要求传送给显示件。因此有的中间件只是单纯起传递作用；有的则可放大感受件发出的信号；还有的在感受件输出信号不便于远距离传送，或者因某些特定要求需要变为某种统一的信号时，中间件可以根据要求将感受件的输出信号变换为相应的其他输出量，如电流、电压等，再送到显示部件。这种传输变换部件往往构成独立完整的器件，通称为变送器。

3. 显示部件

显示部件也称二次仪表，其作用是接收传输变换部件送来的信号并将其转换为测量人员可以辨识的信号。

根据显示方式不同，仪表一般可分为模拟显示仪表、数字显示仪表和屏幕显示仪表。模拟显示仪表通过指针、液面、光标或图形图像等形式，反映被测量的连续变化；数字显示仪表则用数字量显示出被测量值的大小；屏幕显示仪表通过液晶屏或 CRT 显示屏以图形、数字、曲线等多种形式显示被测量的大小。

有些测量仪表根据不同的需要，还具有记录、累计、报警及调节等功能，有些还可以巡回检测多个不同的参数。

二、仪表的分类

根据仪表的用途、原理及结构等不同，热工仪表可分为多种类型。

（1）按被测参数不同，可分为温度、压力、流量、物位、成分分析及机械量（位移、转速、振动等）测量仪表。

（2）按仪表的用途不同，可分为标准用、实验室用及工程用仪表。

（3）按显示特点和功能不同，可分为指示式、记录式、积算式、数字式及屏幕式仪表。

（4）按工作原理不同，可分为机械式、电气式、电子式、化学式、气动式和液动式仪表。

（5）按安装地点不同，可分为就地安装式及盘用仪表。

（6）按使用方式不同，可分为固定式和便携式仪表。

在热工生产现场，大多采用结构牢固，能适应较为恶劣环境的工程用仪表，标准仪表则常作为实验室校验工程用仪表以及作为标准传递之用。

第三节 测量误差及其种类

一、测量误差及其表示方法

测量工作是一种实验工作，所以在进行测量工作时，由于仪表本身不完善，测量人员操作不当，测量时客观条件的变化以及受人类自身认识水平的局限等原因，都会使得测量结果与被测量的真实值之间出现不符的现象，即存在测量误差。

测量误差一般有三种表示方法。

1. 绝对误差

绝对误差是指仪表的测量值与被测量的真实值之间的差值，即

$$\delta = x - x_0 \tag{1-2}$$

式中 δ——绝对误差；

x——测量值；

x_0——被测量的真实值（真值）。

应该指出，在测量过程中测量误差的存在是不可避免的，任何测量值都只能近似反映被测量的真实值。也就是说，x_0 是理论上的真实值。在实际的热工测量中，绝对准确的真实值是得不到的。因此，在常规的测量中，我们一般把比所用的测量仪表更准确的标准表的测量结果作为被测量的真实值。

2. 相对误差

相对误差是仪表的绝对误差与被测量的真实值之比，用百分数表示，即

$$\text{相对误差} = \frac{x - x_0}{x_0} \times 100\% \tag{1-3}$$

对于大小不同的测量值，相对误差比绝对误差更能反映测量的准确程度，相对误差越小，测量的准确性越高。

3. 折合误差

绝对误差和相对误差的表示形式都不能用于判断测量仪表的质量，因为两只仪表如果绝

对误差相同，但仪表的量程不同，显然量程范围大的那只仪表准确度更高些。所以，判断仪表的质量时一般不采用绝对误差和相对误差的表示形式，而采用折合误差。折合误差也称为引用误差，是指仪表的绝对误差与该仪表的量程范围之比的百分比，即

$$\gamma=\frac{x-x_0}{A_{max}-A_{min}}\times 100\% \tag{1-4}$$

式中　$A_{max}-A_{min}$——仪表的量程。

无论如何，误差的存在对于测量工作来说都是不利的。为了减小测量误差，得到更接近于真实值的测量结果，有必要对测量误差产生的原因及变化规律进行分析。

二、测量误差的分类

根据误差的性质不同，可分为三个大类。

1. 系统误差

在相同条件下多次重复测量同一被测量时，如果每次的测量值误差基本保持不变或者按一定规律变化，则这种误差被称为系统误差。

系统误差通常是由于仪表的测量方法或测量系统本身不够完善，或者仪表使用不当，以及测量时外界条件变化等原因造成的。例如，仪表的零位变化或者量程未调整好，仪表未在规定的温度下使用，仪表的安装不符合要求等。

在掌握了系统误差产生的原因后，可以对仪表加以校对。可以通过采用正确的使用方法，在仪表规定的条件下使用仪表，对测量仪表或测量系统进行完善，或对测量结果加修正值等措施，来设法消除系统误差，以提高测量的准确度。

系统误差的大小表明了测量结果偏离真实值的程度，即“正确度”的大小。系统误差越小，测量的正确度就越高。

2. 随机误差

在设法消除了系统误差之后，在相同条件下，对同一量值进行多次反复测量（亦称等精度测量）时，也会出现绝对值和符号不确定的微小误差，这种误差称为随机误差，也称为偶然误差。

随机误差大多数是由于测量过程中大量彼此独立的微小因素对测量的影响造成的，这些因素往往是尚未知道和难以控制的。随机误差表面看好像无任何规律，但仔细研究却可以发现，随着重复测量的次数增加，随机误差的出现还是有规律可循的，即绝对值越小的误差出现的机会越多，正负误差出现的机会基本相同。

随机误差的大小表明了一个测量系统的测量“精密度”。如果在一组等精度测量中，绝对值小的随机误差出现率越高，也就是说随机误差越小，则表明该测量系统的测量“精密度”越高，即多次测量值的一致性越好。

随机误差在多次测量时，其总体服从统计规律，大多服从正态分布，具有对称性、有界性、抵偿性和单峰性等特点。可以通过对多次测量值取算术平均值的方法削弱随机误差对测量结果的影响。

3. 疏忽误差

在一定的测量条件下，由于人为原因造成的、测量值明显偏离实际值所形成的误差称为疏忽误差，也称为粗大误差。

产生疏忽误差的主要原因有：观察者过于疲劳，缺乏经验，操作不当或责任心不强而造

成的读错刻度、记错数字或计算错误等失误，以及测量条件的突然变化，如机械冲击等引起仪器指示值的改变。

疏忽误差可以克服，而且和仪表本身无关，凡确定是疏忽误差的测量数据应剔除不用。

疏忽误差一般数值较大，严重影响测量结果的真实性，所以含有疏忽误差的测量值也被称为坏值。因此，测量人员在测量过程中应有高度的责任感和熟练的操作技术，尽量避免坏值的出现。

坏值对测量是没有意义的，应该从测量结果中剔除。鉴别和剔除坏值也要遵循一定的准则。

很显然，一个好的测量系统，应该尽量减小测量的系统误差和随机误差，并避免疏忽误差的出现。这就要求不断完善测量仪表的工作原理，不断提高测量人员的技术素质。

第四节　仪表的质量指标及仪表的校验

一、仪表的质量指标

仪表的质量指标是评估仪表质量优劣的标准，它与仪表的设计和制造质量有关，是正确选择和使用仪表的重要依据，也是仪表工校验仪表、判断仪表是否合格的重要依据。

1. 仪表的准确度（精确度）等级及允许误差

准确度是正确度和精密度的总称。正确度表征系统误差的大小；精密度表征随机误差的大小。因此，仪表的准确度是表示测量结果与被测真值之间综合的接近程度。

国家根据各类仪表的设计制造质量不同，对每种仪表都规定了正常使用时允许其具有的最大误差，即允许误差。允许误差是一种极限误差，在仪表的整个量程范围内，各示值点的误差都不能超过允许误差，否则该仪表为不合格仪表。

允许误差去掉百分号后取绝对值，就是该仪表的准确度等级，又称精确度等级。我国目前规定的准确度等级有 0.005、0.01、0.02、0.04、0.05、0.1、0.2、0.4、0.5、1.0、1.5、2.5、4.0、5.0 等。由此可见：仪表的允许误差＝±准确度等级％。

从［例 1-1］和［例 1-2］两个例题可以分辨出如何确定仪表的准确度等级和怎样选择仪表的准确度等级。

【例 1-1】　某台测温仪表的测温范围为 0～500℃，校验该表得到的最大绝对误差为±3℃，试确定该仪表的准确度等级。

解　该仪表的允许误差$=\frac{\pm 3}{500-0}\times 100\%=\pm 0.6\%$。

如果将仪表的允许误差去掉正负号和百分符号，其数值为 0.6。由于国家规定的准确度等级中没有 0.6 级仪表，同时，该仪表的允许误差超过了 0.5 级（±0.5％），所以该台仪表的准确度等级为 1.0 级。

【例 1-2】　对某机组进行热效率试验，需用 0～16MPa 压力表来测量 10MPa 左右的主蒸汽压力，要求相对测量误差不超过±0.5％，试选择仪表的准确度等级。

解　仪表的允许绝对误差＝10×（±0.5％）＝±0.05MPa

仪表的允许折合误差$=\frac{\pm 0.05}{16-0}\times 100\%=\pm 0.313\%$

所以该仪表的准确度等级应选为 0.2 级。

由以上两个例题可以看出，根据仪表的校验数据来确定仪表准确度等级和根据工艺要求来选择仪表的准确度等级，情况是不一样的。根据仪表的校验数据来确定仪表的准确度等级，仪表的允许误差应该大于（至少等于）仪表校验所得的最大相对百分误差；根据工艺要求来选择仪表的准确度等级时，仪表的允许误差应小于（至多等于）工艺上所允许的最大相对百分误差。核心是误差要符合要求。仪表的准确度等级是衡量仪表质量的重要指标之一，由上述可以看出，当数值越小时，表示仪表的准确度等级越高，仪表的准确度也越高。0.05 级以上的仪表，常用来作为标准表，工业现场用的测量仪表，其准确度等级大多是 0.5 级以下的。

仪表准确度等级一般都标志在仪表标尺或标牌上，如 ◇0.5 或 ○0.5 就表示该仪表的准确度等级为 0.5 级。数字越小，表示准确度越高。工业生产中常用仪表的准确度为 1.0～4.0 级。

2. 仪表的基本误差和附加误差

在规定的技术条件下（一般就是标准条件），仪表在全量程范围上各示值点的误差中，绝对值最大者叫做该仪表的基本误差。如某仪表在全量程上各示值点的误差分别为 0.1、0.15、−0.2、−0.1，则该仪表的基本误差为−0.2。

按绝对误差的表示形式，仪表的基本误差可表示为

$$\delta_j = \pm | x - x_0 |_{max} \tag{1-5}$$

式中　x——测量值；

x_0——标准表的示值。

按折合误差的表示形式，仪表的基本误差可表示为

$$\gamma_j = \frac{\delta_j}{A_{max} - A_{min}} \times 100\% \tag{1-6}$$

式中　$A_{max} - A_{min}$——仪表的量程。

显然，仪表的基本误差应小于或等于允许误差，否则为不合格。

仪表未在规定的正常工作条件下工作，或由外界条件变动引起的额外误差，称为附加误差。若影响量的偏离在极限条件之内，则附加误差有时可以估算。制造厂家有时也给出极限条件时附加误差的大小。

对于实验室用仪表，往往将其标尺上各点的实际误差测出，然后在使用时对该仪表的读数引入一个校正数，即

校正数＝标准值－读数

对于工业用仪表，由于附加误差的来源很多，做出校正曲线或表格是没有意义的。因为它的准确度等级也较低，所以一般只规定一个允许误差，同时规定定期校验的时间间隔，只要仪表标尺上各点的读数误差都在仪表的允许误差范围内，就不必修正读数。

3. 变差

在规定的使用条件下，使用同一仪表进行正行程和反行程测量时，在相同示值点上，正反行程测量值之差的绝对值称为此刻度点的变差。在全量程范围内，仪表各刻度点的变差中的最大者称为仪表的变差。变差一般是由于仪表的机械传动系统的摩擦、间隙以及弹性元件

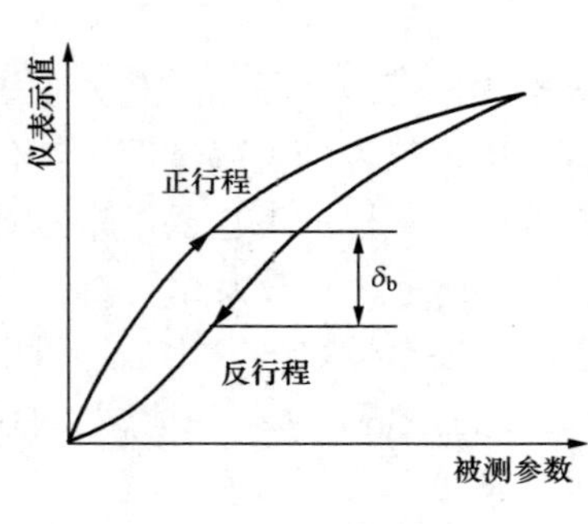

图 1-2 变差

的弹性滞后等原因造成的，如图 1-2 所示。

如用折合误差的表示形式，仪表的变差可表示为

$$\gamma_b = \frac{\delta_b}{A_{max} - A_{min}} \times 100\% = \frac{|x_{正} - x_{反}|_{max}}{A_{max} - A_{min}} \times 100\% \tag{1-7}$$

变差是反映仪表精密程度的一个指标，仪表的变差应小于或等于仪表的允许误差，否则该仪表视为不合格。

4. 重复性

在同一工作条件下，按同一方法对同一被测量进行多次重复测量时，所得的多个测量值的一致程度称为重复性。重复性是以全量程上最大的不一致值相对于量程范围的百分数来表示的。

5. 灵敏度和不灵敏区

灵敏度是指仪表感受被测参数变化的灵敏程度，或者说是对被测量变化的反应能力，是在稳态下，输出变化增量 ΔL 对输入变化增量 Δx 的比值，即

$$S = \frac{\Delta L}{\Delta x} \tag{1-8}$$

仪表能响应的输入信号的最小变化称为仪表的分辨率，也称灵敏度。

不能引起仪表输出变化的输入信号的范围，即缓慢地向增大或减小方向改变输入信号时，仪表输出不发生变化的最大输入变化幅度相对于量程的百分数，称为不灵敏区。

分辨率和不灵敏区从不同的角度描述了仪表的灵敏性。一般来说，仪表的灵敏度越高，其分辨率也越高，读数时也越容易准确。测量仪表的灵敏度可以用增大放大系统的放大倍数的方法来提高。但必须指出，单纯加大灵敏度并不能改变仪表的基本性能，即仪表准确度并没有提高，相反有时还会出现振荡现象，造成输出不稳定。这时可能出现灵敏度很高，但准确度却下降的现象。为了防止准确度的下降，常规定仪表标尺上的分格值不能小于仪表允许误差的绝对值。

6. 漂移

在环境及工作条件不变的前提下，保持一定的输入信号，经过一段时间后，输出的变化称为漂移。它是以仪表全量程上输出的最大变化量对量程的百分比来表示的。

漂移是表示仪表稳定性的一个重要指标，它通常是由于元件的老化、磨损、污染及弹性元件失效等原因造成的。

二、仪表的校验

在工业生产中，为了确保测量结果的真实性和可靠性，对使用了一定时间之后以及检修过的仪表，都应进行校验，以确定仪表是否合格。仪表校验的步骤一般包括外观检查、内部机件性能检查、绝缘性能检查及示值校验等。示值校验一般用于判断仪表的基本误差、变差等是否合格。示值校验方法通常有示值比较法和标准状态法两种。

1. 示值比较法

用标准仪表与被校仪表同时测量同一参数，以确定被校仪表各刻度点的误差。校验点一般选取被校表上的整数刻度点，包括零点及满刻度点不得少于五点（校验精密仪表时校验点不得少于七点），校验点应基本均匀分布于被校仪表的整个量程范围。各校验点的误差不超

过该仪表准确度等级规定的允许误差则认为合格。

校验仪表时所用的标准仪表，其允许误差应不大于被校表允许误差的三分之一（绝对误差值），量程应等于或略大于被校仪表的量程。

2. 标准状态法

利用某些物质的标准状态来校验仪表。例如，利用一些物质（如水、各种纯金属）的状态转变点温度来校验温度计，利用空气中含氧量一定的特性来校验工程用氧量计等。

第五节 仪表设备的防护

一、电气防爆

当爆炸性危险场所存在可燃性气体或蒸汽，且上述物质与空气混合后的浓度在爆炸极限以内，周围有足以点燃爆炸性混合物的火花、电弧或高温时，就可能产生爆炸。检测仪表与执行器都安装在生产现场，且检测与控制信号多为电信号，容易引发爆炸。对于易燃易爆场所，为了保证生产设备和操作人员的安全，必须采取相应的防爆措施。防爆的基本措施是使产生爆炸的条件同时出现的可能性减到最小程度。

防爆措施主要包括设计防爆、安装防爆和检修防爆。

1. 设计防爆

根据爆炸危险场所的区域等级，设计相应的防爆仪表和电气设备。

（1）爆炸性危险场所的划分。我国对爆炸性危险场所的划分采用 IEC 等效的方法。GB 50058—2014《爆炸危险环境电力装置设计规范》中规定，爆炸性气体危险场所按其危险程度的大小，划分为 0 区、1 区、2 区三个级别，爆炸性粉尘危险场所划分为 20 区、21 区和 22 区三个级别，见表 1-1。

表 1-1 气体爆炸及粉尘爆炸危险场所等级

爆炸性物质	区域划分	区域定义
气体	0 区	连续出现或长期出现爆炸性气体混合物的环境
	1 区	在正常运行时可能出现爆炸性气体混合物的环境
	2 区	在正常运行时不可能出现爆炸性气体混合物的环境，或即使出现也仅是短时存在的爆炸性气体混合物的环境
粉尘	20 区	连续出现或长期出现爆炸性粉尘的环境
	21 区和 22 区	有时会将积留下的粉尘扬起而偶然出现爆炸性粉尘混合物的环境

（2）爆炸性危险场所使用的电气设备。在爆炸性危险场所使用的电气设备，在运行过程中必须具备不引爆周围爆炸性混合物的性能。

防爆电气设备分为两大类：Ⅰ类为煤矿井下用电气设备；Ⅱ类为工厂用电气设备。其防爆结构形式分为以下几类。

1）增安型（e）。在正常运行时不会产生点燃爆炸性混合物的火花、电弧或危险温度，并在结构上采取措施，提高其安全程度，以避免在正常和规定的过载条件下出现点燃现象的仪表设备。

2）隔爆型（d）。这类电气设备具有隔爆外壳，即把能点燃爆炸性混合物的部件封闭在一个外壳内，该外壳能承受内部爆炸性混合物的爆炸压力，并阻止其向壳外的爆炸性混合物传爆。这类电气设备在打开外壳前，必须先切断电源，否则一旦产生火花，便暴露在大气当中，造成危险。

3）本安型（安全火花型，i）。这类电气设备在正常或故障情况下，由电路或系统产生的火花和达到的温度都不会引起爆炸性混合物爆炸。这类电气设备的防爆性能是由其电路本身决定的，其本质是安全的，因而适用于一切危险场所和一切爆炸性气体，并可在通电情况下进行维修和调整。但是，它不能单独使用，必须和本安关联设备（安全栅）及外部配线一起构成本安电路，才能发挥防爆功能。

本安型电气设备按安全程度和使用场所不同，可分为 ia 和 ib 两个等级，ia 等级高于 ib，ia 级适用于 0 区和 1 区，通常用于工厂；而 ib 级仅适用于 1 区，一般用于煤矿井下。

4）正压型（p）。向这类电气设备外壳内通入洁净空气或充入惰性气体，使其内部保护气体的压力高于周围危险性环境的压力，以阻止外部爆炸性混合物进入壳内引起爆炸。

5）充油型（o）。这类电气设备把可能产生火花、电弧或危险高温的带电部件浸在变压器油中，使其不致引起爆炸性混合物爆炸。

6）充砂型（q）。这类电气设备是指在外壳内充填细颗粒材料，在规定使用条件下，使外壳内产生的电弧、火焰及过热温度均不能点燃周围的爆炸性混合物。

7）无火花型（n）。这类电气设备在正常运行条件下不产生电弧或火花，也不产生能够点燃周围爆炸性混合物的高温表面或灼热点，且一般不会发生有点燃作用的故障。

8）特殊型（s）。这类电气设备在结构上不属于上述各种类型，采取其他措施防爆。

（3）防爆电气设备的选型。各类防爆电气均设置永久性铭牌标志。铭牌应包括以下主要内容：

1）防爆总标志“Ex”。表示该设备为防爆电气设备。

2）防爆结构形式。表明该设备采用何种措施进行防爆，如 d 为隔爆型，p 为正压型等。

3）防爆设备类别。Ⅰ类为煤矿井下用电气设备；Ⅱ类为工厂用电气设备。

4）防爆级别。环境中爆炸性气体混合物的爆炸级别，即ⅡA、ⅡB、ⅡC。这是相应于设备的最大试验安全间隙和最小点燃电流比的分级。其级别根据产生爆炸性气体的介质不同而不同，如丙烷属ⅡA、乙烯属ⅡB、乙炔和氢属ⅡC 等。从ⅡA 到ⅡC 随着防爆电气设备的最大试验安全间隙和最小点燃电流比的逐级减小其防爆要求逐级提高。

5）温度组别。环境中爆炸性气体混合物的组别或引燃温度。这是易燃性物质的气体或蒸汽与空气形成的混合物的规定条件下被热表面引燃的最低温度。从组别 T1 到 T6 随着引燃温度的降低，其电气设备的防爆要求逐级提高。

6）防爆合格证编号及产品出厂日期或编号。

电气设备的选型原则是安全可靠、经济合理。对气体爆炸危险场所，通常 0 区选择本安型（ia 级）和针对 0 区的特殊型；1 区可选择本安型（ib 级）、针对 1 区的特殊型、隔爆型、增安型、充油型、充砂型和正压型以及适用于 0 区的保护类型；2 区可选择无火花型及适用于 0 区和 1 区的保护类型。

2. 安装防爆

在爆炸性危险场所安装仪表必须符合下列要求：

（1）爆炸危险场所使用的仪表、电气设备和安装材料如接线盒、分线盒、端子箱等，必须具有经国家授权机构签发的防爆合格证，安装前要检查其规格、型号是否符合设计要求，其外观应无损伤、裂纹。

（2）在爆炸危险场所也可设置正压防爆的仪表箱，内装非防爆型仪表及其他电气设备，仪表箱的通风管必须保持畅通，在送电前，应通入箱体积五倍以上的气体进行置换。

（3）爆炸危险场所1区内的仪表配线，必须保证在万一发生短路、接地、断线等事故时，不致形成点火源，因而电缆、电线必须采用耐压防爆的金属保护管，穿线管间及与接线盒、分线箱、拉线盒间均应采用圆柱管螺纹连接，其有效啮合部分应在5扣以上。需挠性连接时应采用防爆挠性连接管。

（4）汇线槽、电缆沟、保护管穿过不同等级的爆炸危险场所分界线时，应采取密封措施，以防爆炸性气体从一个危险场所窜入另一个危险场所。

（5）保护管与现场仪表、检测元件、电气设备、仪表箱、分线箱、接线盒、拉线盒等连接时，应在连接处0.45m以内安装隔爆密封管件，对2in以上的保护管每隔15m应设置一个密封管件。

3. 检修防爆

在检修、维护、拆装以及运行中，若该场所已有爆炸性物质或与空气混合形成爆炸性混合物，工作时应采取防爆措施。

（1）应经常进行检查维护，定期查看仪表外观、环境（温度、湿度、粉尘、腐蚀）、温升、振动、安装是否牢固等情况。

（2）对隔爆型仪表，在通电进行维修时，切不可打开接线盒和观察窗，需开盖维修时必须先切断电源，绝不允许带电开盖维修。

（3）维修工具要合适，不得产生冲溅火花，所使用的测试仪表应为经过鉴定的隔爆型或本安型仪表，以避免测试仪表引起诱发性火花或把过高的电压引向不适当部位。

（4）照明灯具必须符合防爆要求，通常采用24V或12V安全电压，使用防爆接头。

（5）不要在有压力的情况下拆卸仪表。

二、仪表及设备的防腐保温

在实际工作环境中，许多仪表设备均露天布置。如就地仪表、变送器、执行器以及仪表管路等。在安装时，应采取必要的防腐防冻措施，以保证仪表设备安全、长久地运行。

1. 防腐

腐蚀是环境作用下引起的破坏和变质。金属或合金的腐蚀，主要是化学作用或电化学作用引起的破坏，有时还同时包含机械、物理或冲刷的破坏作用。仪表设备的防腐主要有以下几种措施：

（1）直接接触介质的部分采用相应的耐腐材料，如节流装置，测温元件的保护套管，压力、差压变送器的测量机构，调节阀的流通部分。

（2）在接触腐蚀介质的仪表零部件表面、内壁涂覆（包括喷涂、电镀、堆焊、衬里）耐腐蚀材料，如调节阀阀体、阀芯、测温元件的保护套管、分析仪器的采样器室、孔板、喷嘴等。

一般现场施工防腐的主要方法是涂漆。对碳钢导管、管路支架、电缆桥架、电缆槽盒、电缆保护管、固定卡、设备支架等需要防腐的结构，在外壁无防腐层时，均应进行涂漆处理。

（3）用耐腐蚀的隔离液进行隔离防腐，主要用于压力变送器、差压变送器和压力表的防腐。

在选用隔离液时有如下要求：

1）与被测介质接触呈惰性，不互溶，至少使用半年不变质；

2）热稳定性好，不易挥发，沸点高、凝固点低；

3）若被测介质是液体，则要求隔离液与被测介质有一定的密度差，防止互混。当被测介质是低沸点液体时，要选密度大的隔离液，防止介质汽化时带走隔离液。

常用的隔离方式分为管内隔离和容器隔离。管内隔离是利用隔离管充注隔离液的一种隔离方式，适用于被测介质压力稳定、排液量较小的仪表。隔离管的管径和材质一般与测量管线的管径和材质相同。容器隔离是利用隔离容器充注隔离液的一种隔离方式，适用于被测介质压力波动明显、排液量较大的仪表。隔离容器的结构形式应根据被测介质与隔离液密度的大小、仪表和隔离容器安装的相对位置等因素进行选择。

在强腐蚀场所或难以采用管内隔离和容器隔离的场所，可采用膜片隔离方式，即利用耐腐蚀的膜片将隔离液或填充液与被测介质加以分离。一般用于压力测量，不宜用于差压测量。

（4）用中性液体或气体进行吹洗隔离，主要用于导压管距离长的压力、差压、液位变送器的隔离防腐。

吹洗包括吹气和冲液。吹气是通过测量管线向测量对象连续定量地吹入气体，冲液是通过测量管线向测量对象连续定量地冲入液体。两者的目的都是使被测介质与仪表部件不直接接触，达到保护仪表实现测量的目的。

吹洗流体应清洁，不含固体颗粒；无腐蚀性；流动性好；与被测工艺介质不发生化学反应；吹洗流体为液体时，在节流减压后不发生相变。通常采用空气、氮气、蒸汽冷凝液和其他工艺对象所允许的流动介质做吹洗流体。

吹洗流体的压力应高于被测对象的压力，流量必须恒定，吹洗流量一般可采用限流孔板、针阀、钻孔闸阀、恒差流量调节器或转子流量计等调节和指示。吹洗流量的选取可参考下列数值：

1）流化床。吹洗流体为气体时，一般为 $0.85\sim3.4m^3/h$（标准状态下）。

2）低压储槽液位测量。吹洗流体为气体时，一般为 $0.03\sim0.045m^3/h$（标准状态下）。

3）一般流量测量。吹洗流体为气体时，一般为 $0.03\sim0.14m^3/h$（标准状态下）；吹洗流体为液体时，一般为 $0.014\sim0.036m^3/h$。

4）一般液位测量。吹洗流体为液体时，一般为 $0.01\sim0.014m^3/h$。

吹洗的应用范围只限于对腐蚀性、黏稠性、结晶性、熔融性、沉淀性介质进行液位、压力、流量测量，且在采用隔离方式难以满足要求的场合。真空对象不宜采用吹洗方式进行测量。

2. 保温

露天安装的变送器、压力表、差压计等就地仪表有防冻要求时，需要安装在保温箱或专门的小间内。箱内和小间内均应有取暖设备。仪表管路的防冻措施主要是采取蒸汽伴热和电伴热。

（1）蒸汽伴热。蒸汽伴热一般是将通有蒸汽的伴热管路与仪表管路敷设在一起，然后外加保温措施，以达到防冻保温的目的。

对单根或两根仪表管路，可将伴热管敷设在仪表管路的旁边或中间，对于多根成组敷设的仪表管路可以敷设成Z形伴热管或箱形组合管架。

敷设伴热管时，应注意使差压仪表的正负导压管路受热尽可能均匀一致，以免引起测量误差。对差压量程较低的汽包液位正负导压管路，尤其要注意这一点。为此，差压仪表的正负导压管路离伴热管路不应太近，成排敷设的管路布置时，尽量将差压测量管路布置在中间位置。

此外，应根据天气变化及时调整伴热蒸汽量，防止沸点较低的物料因保温伴热过高而出现汽化现象，使导压管内出现汽液两相，引起输出振荡。

(2) 电伴热。由于蒸汽伴热的热能是不稳定的，属于不调解伴热方式，所以温度波动较大，整个管路伴热不均匀，有造成被测介质汽化的可能性，而且耗能较大。电伴热克服了上述缺点，它以电热元件为热源，属于较稳定的热源，伴热温度可通过温度开关精确控制。整个管路加热均匀、不易造成汽化现象，仅当需要提供热量时，才投入通电，能耗低，而且施工简便、维护量极少，特别适用于变送器就地分散布置时的管路伴热。因此，电伴热防冻技术近年来得到了广泛的应用。

电热元件通常有加热电缆和电热带两种。电热线应紧贴管路均匀敷设、牢靠固定；电热线敷设在弯头及阀门处时，加热电缆的弯曲半径不得小于其直径的4倍；电热线的电源电压应保证正常运行。

三、仪表设备的防护

工业生产中使用的电气设备，外壳大都是密封的，其密封程度即为外壳防护等级。所谓外壳防护等级是指额定电压不超过72.5kV的电气设备的外壳，防止人体接近壳内危险部件的防护能力、防止固体异物进入壳内设备的防护能力，以及防止水进入壳内对设备造成有害影响的防护能力。

外壳防护等级（IP代码）由代码字母IP、第一位特征数字、第二位特征数字、附加字母、补充字母组成。不要求规定特征数字时，该处以字母×代替，附加字母和补充字母不要求时，可以不标注。

IP代码中，IP含义为国际防护，第一位特征数字表示外壳防止固体异物进入和防止接近危险部件的人手、工具的防护等级，第二位特征数字表示外壳防止由于进水对设备造成有害影响的能力，其含义见表1-2。

表1-2　IP防护等级特征代码的含义

特征代码	第一位特征代码的含义	第二位特征代码的含义
0	无防护	无防护
1	防 $\phi \geqslant 50$mm的固体异物进入壳内	防垂直方向滴水
2	防 $\phi \geqslant 12.5$mm的固体异物进入壳内	防倾角75°～90°方向滴水
3	防 $\phi \geqslant 2.5$mm的固体异物进入壳内	防淋水
4	防 $\phi \geqslant 1.0$mm的固体异物进入壳内	防溅水
5	防尘	防喷水
6	尘密（无灰尘进入壳内）	防猛烈喷水
7		防短时间浸水
8		防连续浸水

本章小结

热工测量是指在热工过程中对各种热工参数，如温度、压力、流量、物位、烟气的含氧量以及各种机械量的测量。热工测量一般通过测量仪表来进行，测量仪表根据各组成部分的功能不同可分为感受部件、传输变换部件及显示部件三部分。

测量工作是一种实验性工作，所以测量结果肯定会存在测量值与被测量的真实值不符的现象，即存在测量误差。根据误差的性质不同，测量误差可分为三种，即系统误差、随机误差和疏忽误差。系统误差表明测量结果的“正确度”，随机误差表明一个测量系统的测量“精密度”。但不论哪种误差，都具有三种不同的表示方式，即绝对误差、相对误差和折合误差。

测量仪表有质量好坏之分，判断仪表质量好坏的标准是仪表的品质指标。仪表的品质指标主要包括仪表的准确度等级、基本误差、变差、重复性、灵敏度和不灵敏区以及漂移等。

用于危险场所的仪表必须具有防爆性能，因此，本章简要介绍了设计防爆、安装防爆和检修防爆的防爆措施。

在实际工作环境中，许多仪表设备均露天布置。如就地仪表、变送器、执行器以及仪表管路等。在安装时，应采取必要的防腐防冻措施，以保证仪表设备安全、长久地运行。

工业生产中使用的电气设备，外壳大都是密封的，其密封程度，即为外壳防护等级。所谓外壳防护等级是指额定电压不超过 72.5kV 的电气设备的外壳，防止人体接近壳内危险部件的防护能力、防止固体异物进入壳内设备的防护能力，以及防止水进入壳内对设备造成有害影响的防护能力。

复习思考题与习题

1. 测量仪表主要由哪几部分组成？各部分的作用是什么？

2. 测量误差有几种表示方法？各代表什么意义？

3. 测量误差的种类有哪些？它们是如何产生的？

4. 何谓仪表的允许误差、准确度等级、基本误差和变差？

5. 评价仪表质量优劣的标准有哪些？怎样才算是合格的仪表？

6. 工艺上提出选表要求如下：测量范围为 0～300℃，最大绝对误差不能大于±4℃，试选择准确度等级合适的温度表。

7. 被测温度为 400℃，现有量程范围为 500℃、准确度等级为 1.5 级和量程范围为 1000℃、准确度等级为 1.0 级的温度仪表各一块，问选用哪一块仪表进行测量更准确？为什么？

8. 对某准确度等级为 1.5 级、量程范围为 0～1.6MPa 的弹簧管压力表进行示值校验，所得校验数据见表 1-3。

表 1-3　　校验数据

校验点（MPa）		0	0.4	0.8	1.2	1.6
标准表示值（MPa）	正行程	0	0.39	0.81	1.22	1.61
	反行程	0.01	0.40	0.79	1.19	1.60

试求该压力表的允许误差、基本误差和变差，并判断该仪表是否合格。

9．本安型仪表和隔爆型仪表各有何特点?

10．在爆炸危险场所进行仪表维修时，应注意哪些问题?

11．仪表防腐有哪些主要措施?

12．仪表的保温伴热措施有哪几种?

13．一台差压变送器的外壳结构为IP67，试说明其含义。

14．一台仪表的防爆标志为ExdⅡBT4，试说明其含义。

第二章　温度测量及仪表

教学提示

本章介绍了温度和温标的基本概念，热电偶、热电阻等感温元件的测量原理、结构、校验、安装方法及常见故障处理等，模拟显示仪表、数字显示仪表、温度变送器的组成及基本工作原理，非接触式测温仪表、光纤温度传感器的基本工作原理，以及由上述仪表所构成的测温系统等。重点掌握热电偶、热电阻等感温元件的测量原理、结构、校验、安装方法及常见故障处理。

第一节　温度测量的基本知识

一、温度和温标

1. 温度

温度是表示物体冷热程度的物理量，自然界中的许多现象都与温度有关，在工农业生产和科学实验中，会遇到大量有关温度测量和控制的问题。

在火电厂中，温度测量对于保证生产过程的安全和经济性有着十分重要的意义。例如，锅炉过热器的温度非常接近过热器钢管的极限耐热温度，如果温度控制不好，会烧坏过热器；在机组启、停过程中，需要严格控制汽轮机汽缸和锅炉汽包壁的温度，如果温度变化太快，汽缸和汽包会由于热应力过大而损坏；又如，蒸汽温度、给水温度、锅炉排烟温度等过高或过低都会使生产效率降低，导致多消耗燃料，而这些都离不开对温度的测量。

温度概念的建立是以热平衡为基础的。例如，将两个冷热程度不同的物体相互接触，它们之间会产生热量交换，热量将从热的物体向冷的物体传递，直到两个物体的冷热程度一致，即达到热平衡为止。对处于热平衡状态的两个物体就称它们的温度相同，而称原来的冷物体温度低，热物体的温度高。从微观上看，温度标志着物质分子热运动的剧烈程度，温度越高，分子热运动就越剧烈。

2. 温标

用来衡量温度高低的标尺叫做温度标尺，简称温标。温标是用数值表示温度的一整套规则，它确定了温度的单位。

温标有其自身的演变和发展过程。早期的温标是依据某些物质的有关特性建立的。例如最早的摄氏温标是建立在利用水银的热胀冷缩性质制成的玻璃管水银温度计的基础上的温标，它规定在标准大气压下纯水的冰点温度为0℃，沸点为100℃，两点间按水银柱高度等分成100份，每份代表1℃。类似这样的温标不止一个，它们的共同点是依赖于测温物质的具体性质，使温标具有随意性和局限性。当用同一种温标确定某一温度的数值时，随着测温物质性质的差别（例如成分稍有变动），则会得到不同的结果。采用不同的温标结果会更加不一致。

人们需要建立一个不依赖任何物质的具体性质的、客观的温标，并把温标统一起来。热

力学温标就是这样的理想温标，它又称为绝对温标。该温标是建立在热力学卡诺循环理论基础上的温标，其理论基础是：高温热源（T_1）与低温热源（T_2）的温度之比，等于在这两个热源之间运转的卡诺热机吸热量（Q_1）与放热量（Q_2）绝对值之比，即 $T_1/T_2 = |Q_1| / |Q_2|$。可见温度与物质的任何性质均无关系，而只与热量有关。因此，以此为基础的温标就摆脱了对物质性质的依赖，克服了分度的任意性，是一种客观的温标。由热力学温标规定的温度称为热力学温度，并以符号“T”表示。它定义标准条件下水的三相点（水蒸气、水、冰共存点）的温度值为 273.16 开尔文，开尔文（简称开）是温度的单位，符号为 K，1K 相当于水三相点温度的 1/273.16。

热力学温标的出现对温标的统一具有十分重要的意义。但由于卡诺循环是理想循环，卡诺热机实际上并不存在，因此热力学温标是无法实现的。为此，人类一直在研究、寻求一种既准确、又易行的统一的温标。目前全世界普遍采用的国际温标就是人类经过长期研究、不断发展与修正而成的。国际温标要求具备以下条件：①数值上尽可能接近热力学温度，差值应在当前技术所能达到的准确度极限之内；②复现准确度高，各国均能以很高的准确度复现同样的温标，确保温度量值的统一；③用于复现温标的标准温度计使用方便、性能稳定。由此可见，满足上述条件的国际温标将是热力学温标的再现，同时又易于实现，因此是性能理想的温标。最早的国际温标是在 1927 年第七届国际计量大会上决定采用的，以后随着科学技术的发展，先后又对国际温标作了几次重大修正。修正的原因主要是温标的基本内容发生了变化，具体说是内插仪器（温度计）、固定点和内插公式有改变。1990 年前世界各国（包括我国）均采用 1968 年国际实用温标（代号 IPTS—1968），经多年实践，逐渐发现了它的一些缺陷，根据第 18 届国际计量大会及第 77 届国际计量委员会的决议，建议从 1990 年起在全世界范围开始实行新的“1990 国际温标（ITS—1990）”。我国也从 1991 年 7 月 1 日起实行该温标。

1990 国际温标的主要内容如下：

（1）温度的表示与单位。1990 国际温标同时定义国际开尔文温度（符号为 T_{90}）和国际摄氏温度（符号为 t_{90}），它们的单位分别是开尔文（K）和摄氏度（℃）。温度单位用二者皆可。两种温度的数量关系为 $t_{90} = T_{90} - 273.15$。

（2）1990 国际温标的通则。该温标的适用温度为 0.65K 到根据普朗克辐射定律使用单色辐射方法实际能测得的最高温度。

把整个温度范围分成若干个温区、分温区。在不同的温区内用不同的内插仪表或关系式来定义温度 T_{90}（或 t_{90}），使用各自的定义（温度）固定点及规定的内插方法进行分度。

（3）1990 国际温标的定义。整个温度范围分成四个温区，它们有各自的定义方法。某些温区有重叠，重叠区的 T_{90} 定义有差异。

0.65～5.0K，T_{90} 由 ^3He 和 ^4He 的蒸气压力与温度的关系式来定义（^3He 和 ^4He 为 He 的同位素）。

3.0K 到氖的三相点（24.556 1K）之间，T_{90} 是用氖气体温度计来定义的。它使用三个定义固定点并利用规定的内插方法来分度。这三个定义固定点可以通过实验复现，并具有给定值。

平衡氢三相点（13.803 3K）到银凝固点（961.78℃）之间，T_{90} 是用铂电阻温度计来定义的，它使用一组规定的定义固定点并利用规定的内插方法分度。

银凝固点（961.78℃）以上，T_{90}借助于一个定义固定点和普朗克辐射定律来定义。所用仪器为光学或光电高温计。

二、温度表的分类和特点

温度测量仪表按测温方式可分为接触式和非接触式两大类。通常来说接触式测温仪表比较简单、可靠，测量准确度较高；但因测温元件与被测介质需要进行充分的热交换，需要一定的时间才能达到热平衡，所以存在测温的延迟现象，同时受耐高温材料的限制，不能应用于很高的温度测量。非接触式仪表测温是通过热辐射原理来测量温度的，测温元件不需与被测介质接触，测温范围广，不受测温上限的限制，也不会破坏被测物体的温度场，反应速度一般也比较快；但受到物体的发射率、测量距离、烟尘和水汽等外界因素的影响，其测量误差较大。

工业上常用的温度检测仪表的分类见表 2-1 和表 2-2。

表 2-1　常用测温仪表种类及优缺点

<table>
<tr><th>测温方式</th><th colspan="2">温度计种类</th><th>常用测温范围（℃）</th><th>测温原理</th><th>优　点</th><th>缺　点</th></tr>
<tr><td rowspan="6">非接触式测温仪表</td><td rowspan="3">辐射式</td><td>辐射式</td><td>400～2000</td><td rowspan="6">利用物体全辐射能随温度变化的性质</td><td rowspan="3">测温时，不破坏被测温度场</td><td rowspan="3">低温段测量不准，环境条件会影响测温准确度</td></tr>
<tr><td>光学式</td><td>700～3200</td></tr>
<tr><td>比色式</td><td>900～1700</td></tr>
<tr><td rowspan="3">红外式</td><td>热敏探测</td><td>−50～3200</td><td rowspan="3">测温时，不破坏被测温度场，响应快，测温范围大</td><td rowspan="3">易受外界干扰，标定困难</td></tr>
<tr><td>光电探测</td><td>0～3500</td></tr>
<tr><td>热电探测</td><td>200～2000</td></tr>
<tr><td rowspan="11">接触式测温仪表</td><td rowspan="2">膨胀式</td><td>玻璃液体</td><td>−50～600</td><td>利用液体体积随温度变化的性质</td><td>结构简单，使用方便，测量准确，价格低廉</td><td>测量上限和准确度受玻璃质量的限制，易碎，不能记录和远传</td></tr>
<tr><td>双金属</td><td>−80～600</td><td>利用固体热膨胀变形量随温度变化的性质</td><td>结构紧凑，牢固可靠</td><td>准确度低，量程和使用范围较窄</td></tr>
<tr><td rowspan="3">压力式</td><td>液体</td><td>−30～600</td><td rowspan="3">利用定容气体或液体压力随温度变化的性质</td><td rowspan="3">耐振，坚固，防爆，价格低廉</td><td rowspan="3">准确度低，测温距离短，滞后大</td></tr>
<tr><td>气体</td><td>−20～350</td></tr>
<tr><td>蒸汽</td><td>0～250</td></tr>
<tr><td rowspan="3">热电偶</td><td>铂铑-铂</td><td>0～1600</td><td rowspan="3">利用金属导体的热电效应</td><td rowspan="3">测温范围广，准确度高，便于远距离、多点、集中测量和自动控制</td><td rowspan="3">需冷端温度补偿，在低温段测量准确度较低</td></tr>
<tr><td>镍铬-镍铝（硅）</td><td>0～900</td></tr>
<tr><td>镍铬-考铜</td><td>0～600</td></tr>
<tr><td rowspan="3">热电阻</td><td>铂</td><td>−200～500</td><td rowspan="3">利用金属导体或半导体的热电阻效应</td><td rowspan="3">测温准确度高，便于远距离、多点、集中测量和自动控制</td><td rowspan="3">不能测高温，须注意环境温度的影响</td></tr>
<tr><td>铜</td><td>−50～150</td></tr>
<tr><td>热敏</td><td>−50～300</td></tr>
</table>

表 2-2 **温度检测仪表的准确度等级和分度值**

仪表名称	准确度等级	分度值（℃）	仪表名称	准确度等级	分度值（℃）
双金属温度计	1，1.5，2.5	0.5～20	光学高温计	1～1.5	5～20
压力式温度计	1，1.5，2.5	0.5～20	辐射温度计（热电堆）	1.5	5～20
玻璃液体温度计	0.5～2.5	0.1～10	部分辐射温度计	1～1.5	1～20
热电阻	0.5～3	1～10	比色温度计	1～1.5	1～20
热电偶	0.5～1	5～20			

第二节 热 电 偶

热电偶温度表是目前应用最广泛的一种温度表，热电偶温度表是一种温度电测仪表，它通常由热电偶、热电偶冷端温度补偿装置（或元件）和显示仪表三部分组成，三者之间用导线连接起来。

一、热电偶测温原理

热电偶是通过把两根不同的导体或半导体线状材料 A 和 B 的一端焊接起来而形成的，A、B 称为热电极（或热电偶丝）。焊接起来的一端置于被测温度 t 处，称为热电偶的热端（或称测量端、工作端）；非焊接端称为冷端（或参考端、自由端），冷端置于被测对象之外温度为 t_0 的环境中。

如把热电偶的两个冷端也连接起来则形成一个闭合回路，如图 2-1 所示。当热端温度和冷端温度不相等，即 $t \neq t_0$ 时，回路中有电流流过，这说明在回路中产生了电动势。由于热电偶两个接点处的温度不同而产生的电位差称为热电势，上述现象称为热电效应，或称塞贝克效应。热电偶就是利用热电效应来测量温度的。进一步的研究表明，热电势是由接触电势和温差电势组成的。

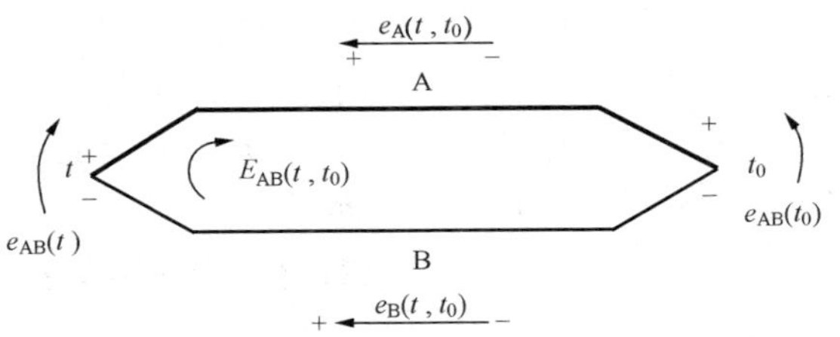

图 2-1 热电偶回路

1. 接触电势

两种均质导体 A 和 B 接触时，由于 A 和 B 中的自由电子密度不同（设自由电子密度 $N_A > N_B$），导体 A 将通过接点向导体 B 进行自由电子扩散，则 A 失电子，B 积累电子，从而使接点两侧产生电位差，建立了静电场 E，如图 2-2 所示。静电场 E 的存在将阻止自由电子继续扩散。当扩散力和电场力的作用相互平衡时，电子的扩散就相对停止，最终在接点两侧之间产生电势，此电势称为接触电势，用符号 e_{AB}（t）表示，其中 t 为接点处的温度。接触电势的大小与接触面温度 t 和两种导体的性质有关，方向由电子密度小的电极指向电子密度大的电极，如图 2-2 所示。

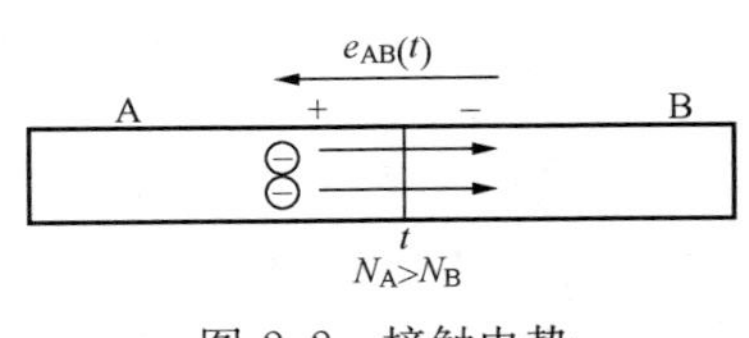

图 2-2 接触电势

2. 温差电势

因导体的自由电子密度会随温度升高而增大，因此当同一导体两端温度不同时（见图 2-3），温度高的一端自由电子密度将高于温度低的一端，因此在两端之间也会出现与接触电势中相似的自由电子扩散过程，最终在导体的两端间产生电位差，建立起电势，这种电势被称为温差电势，用符号 $e_A(t, t_0)$表示，其大小与导体两端温度 t、t_0 及导体性质有关，方向由低温端指向高温端，如图 2-3 所示。为了便于分析问题，温差电势有时也写成下面的形式，即 $e_A(t, t_0)=e_A(t)-e_A(t_0)$。

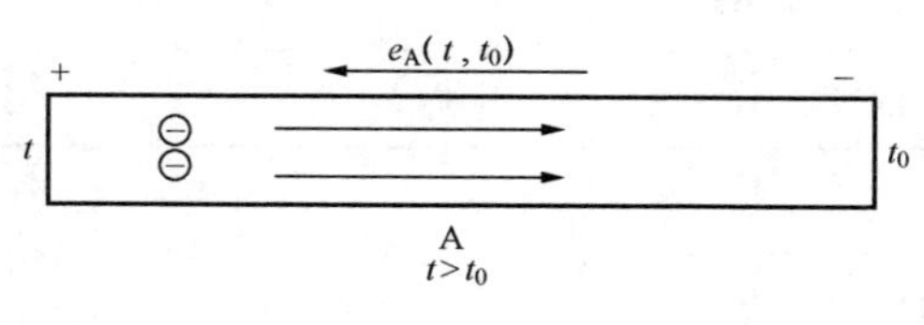

图 2-3 温差电势

3. 热电势

综上所述，在图 2-1 所示的热电偶回路中，当 $t>t_0$，$N_A>N_B$ 时，回路内将产生两个接触电势 $e_{AB}(t)$和 $e_{AB}(t_0)$，两个温差电势 $e_A(t, t_0)$和 $e_B(t, t_0)$。各电势的方向如图中所示。这时，回路的总电势，即热电势 $E_{AB}(t, t_0)$是这些接触电势和温差电势的代数和，即

$$\begin{aligned} E_{AB}(t, t_0) &= e_{AB}(t)-e_A(t, t_0)-e_{AB}(t_0)+e_B(t, t_0) \\ &= e_{AB}(t)-[e_A(t)-e_A(t_0)]-e_{AB}(t_0)+[e_B(t)-e_B(t_0)] \\ &= [e_{AB}(t)-e_A(t)+e_B(t)]-[e_{AB}(t_0)-e_A(t_0)+e_B(t_0)] \\ &= f_{AB}(t)-f_{AB}(t_0) \end{aligned} \tag{2-1}$$

由于温差电势比接触电势小，又由于 $t>t_0$，所以在总电势 $E_{AB}(t, t_0)$中，接触电势 $e_{AB}(t)$所占百分比最大，故总电势 $E_{AB}(t, t_0)$的方向取决于 $e_{AB}(t)$的方向。又因 A 的电子密度大，所以 A 为正极，B 为负极。在正热电极里，电势的方向由热端指向冷端。

式(2-1)表明，当两个热电极的材料选定后，热电势就是两个分别与接点温度有关的函数之差。如果冷端温度 t_0 保持不变，则 $f_{AB}(t_0)=C$(常数)，那么，$E_{AB}(t, t_0)=f_{AB}(t)-C$，热电势就与热端温度 t 成一一对应关系。因此，测得热电势 $E_{AB}(t, t_0)$，就可以确定被测温度 t 的数值，这就是热电偶测量温度的原理。

为了使用方便，标准化热电偶的热端温度与热电势之间的对应关系都有函数表可查。这种函数表是在冷端温度为 0℃条件下，通过实验方法制定出来的，称为热电偶分度表。热电偶分度表可用于表达热电偶的热电特性。几种常用热电偶的分度表见附表 1～附表 7。应注意 t_0 不等于 0℃时不能使用分度表由 t 直接查 $E_{AB}(t, t_0)$值，也不能直接由 $E_{AB}(t, t_0)$查 t。

二、热电偶的基本定律

在实际测温时，热电偶回路中必然要引入测量热电势的显示仪表和连接导线。因此，理解了热电偶的测温原理之后，还要进一步掌握热电偶的一些基本定律，并在实际测温中灵活而熟练地应用。

1. 均质导体定律

由一种均质导体组成的闭合回路，不论其几何尺寸和温度分布如何，都不会产生热电势。

这条定律说明：

(1) 热电偶必须由两种材料不同的均质热电极组成；

(2) 热电势与热电极的几何尺寸（长度、截面积）无关；

(3) 由一种导体组成的闭合回路中存在温差时，如果回路中产生了热电势，那么该导体一定是不均匀的，由此可检查热电极材料的均匀性；

(4) 两种均质导体组成的热电偶，其热电势只取决于两个接点的温度，与中间温度的分布无关。

2. 中间导体定律

由不同材料组成的闭合回路中，若各种材料接触点的温度都相同，则回路中热电势的总和等于零。

由此定律可以得到如下结论：

在热电偶回路中，接入第三、第四种，或者更多种均质导体，只要接入的导体两端温度相等，则它们对回路中的热电势没有影响。如图 2-4 所示，利用热电偶测温时，只要热电偶连接显示仪表的两个接点温度相同，那么仪表的接入对热电偶的热电势没有影响。而且对于任何热电偶接点，只要它接触良好，温度均匀，不论用何种方法构成接点，都不影响热电偶回路的热电势。例如对图 2-4 可以写出回路热电势为

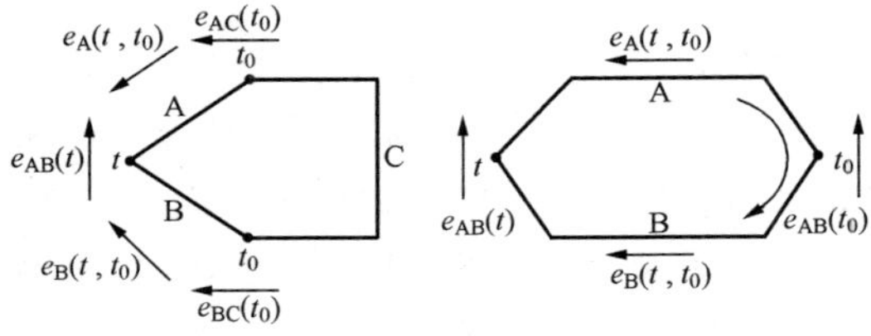

图 2-4 中间导体接入图

$$\begin{aligned}E_{ABC}(t,t_0,t_0)&=e_{AB}(t)-e_A(t,t_0)-e_{AC}(t_0)+e_{BC}(t_0)+e_B(t,t_0)\\&=e_{AB}(t)-e_A(t,t_0)-e_{AB}(t_0)+e_B(t,t_0)\\&=E_{AB}(t,t_0)\end{aligned}$$

即可证明上述结论是正确的。

根据这条定律，只要仪表处于稳定的环境温度中，我们就可以在热电偶回路中接入显示仪表、冷端温度补偿装置、连接导线等，组成热电偶温度测量系统，也表明两个电极间可以用焊接方式构成测量端而不必担心它们会影响回路的热电势。在测量一些等温导体温度时，甚至可以借助该导体本身连接作为测量端。

3. 中间温度定律

两种不同材料组成的热电偶回路，其接点温度为 t、t_0 的热电势，等于该热电偶在接点温度分别为 t、t_n 和 t_n、t_0 时的热电势的代数和（t_n 为中间温度），如图 2-5 所示，即

$$E_{AB}(t,\ t_0)=E_{AB}(t,\ t_n)+E_{AB}(t_n,\ t_0)$$

现证明如下：

$$\begin{aligned}E_{AB}(t,\ t_n)+E_{AB}(t_n,\ t_0)&=[f_{AB}(t)-f_{AB}(t_n)]+[f_{AB}(t_n)-f_{AB}(t_0)]\\&=f_{AB}(t)-f_{AB}(t_0)\\&=E_{AB}(t,\ t_0)\end{aligned}$$

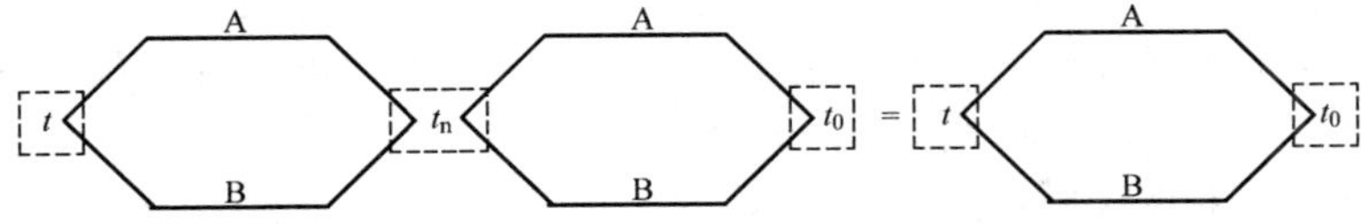

图 2-5 中间温度定律示意

由此定律可以得到如下结论：

(1) 已知热电偶在某一给定冷端温度下进行的分度，只要引入适当的修正，就可在另外的冷端温度下使用。这就为制定和使用热电偶分度表奠定了理论基础。

【例 2-1】 已知铂铑 10-铂热电偶（分度号 S）的冷端温度 t_0 为 20℃时，测得的热电势为 9.474mV，求测量端温度 t。

解 由题可知 $E_S(t, 20)=9.474(\text{mV})$

由 S 分度表查得 $E_S(20, 0)=0.113(\text{mV})$

由中间温度定律得

$$E_S(t, 0)=E_S(t, 20)+E_S(20, 0)=9.474+0.113=9.587(\text{mV})$$

由 $E_S(t, 0)$查 S 分度表，可得 $t=1000℃$。

（2）为使用补偿导线提供了理论依据。一般把在 0～100℃的范围内和所配套使用的热电偶具有同样热电特性的两根廉价金属导线称为补偿导线。则有：

1）当在热电偶回路中分别引入与材料 A、B 有同样热电性质的材料 A′、B′，即引入所谓的补偿导线，也就是 $E_{AB}(t'_0, t_0)=E_{A'B'}(t'_0, t_0)$。

2）回路总电势为

$$E_{AB}(t, t_0)=E_{AB}(t, t'_0)+E_{A'B'}(t'_0-t_0)=E_{AB}(t, t'_0)+E_{AB}(t'_0, t_0)$$

3）只要 t、t_0 不变，接 A′、B′后不论接点温度如何变化，都不会影响总热电势，这就是引入补偿导线的原理。

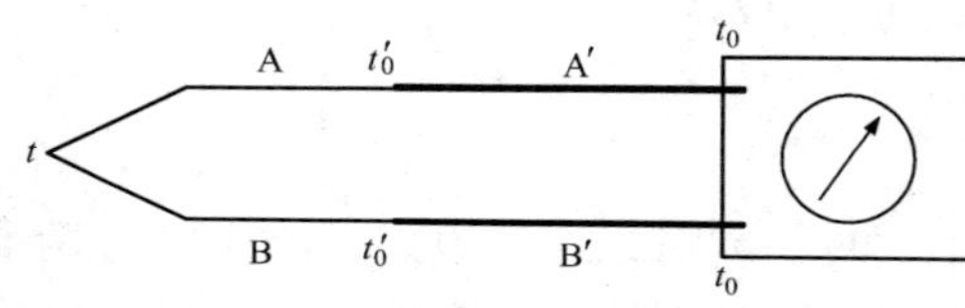

图 2-6 热电偶补偿导线接线

【例 2-2】 现有 E 分度号的热电偶、温度显示仪表，它们是由相应的补偿导线相连接，如图 2-6 所示。已知测量温度 $t=800℃$，接点温度 $t'_0=50℃$，仪表环境温度 $t_0=30℃$，仪表机械零位 $t_m=30℃$。如将补偿导线换成铜导线，仪表指示为多少？如将两根补偿导线的位置对换，仪表的指示又为多少？

解 当补偿导线都改为铜导线时，热电偶的冷端便移到了 $t'_0=50℃$处，故仪表的输入电势为

$$E_t=E_1+E_2=E_E(800, 50)+E_E(30, 0)=59.77(\text{mV})$$

此时显示仪表的指示为 $t=784.1℃$，应将机械零位调到 50℃，才能指示出 800℃。

若两根补偿导线反接，线路电势为

$$E_1=E_E(800, 50)-E_E(50, 30)=56.722(\text{mV})$$

再加上仪表机械零位的调整，则

$$E_t=E_1+E_m=56.722+1.801=58.523(\text{mV})$$

这时仪表指示为 $t=768.3℃$。

由此可见，补偿导线接反了，仪表指示将偏低，偏低的程度与接点处温度有关，所以补偿导线和热电偶的正负极不能接错。

三、热电偶的种类及结构形成

从应用的角度看，并不是任何两种导体都可以构成热电偶的。为了保证测温具有一定的准确度和可靠性，一般要求热电极材料满足下列基本要求：

（1）物理性质稳定，在测温范围内，热电特性不随时间变化；

（2）化学性质稳定，不易被氧化和腐蚀；

（3）组成的热电偶产生的热电势率大，热电势与被测温度成线性或近似线性关系；

（4）电阻温度系数小，这样，热电偶的内阻随温度变化就小；

（5）复制性好，即同样材料制成的热电偶，它们的热电特性基本相同；

（6）材料来源丰富，价格便宜。

但是，目前还没有能够满足上述全部要求的材料，因此，在选择热电极材料时，只能根据具体情况，按照不同测温条件和要求选择不同的材料。根据使用的热电偶的特性，常用热电偶可分为标准热电偶和非标准热电偶两大类。

1. 热电偶的种类

所谓标准热电偶是指国家标准规定了其热电势与温度的关系、允许误差，并有统一的标准分度表的热电偶，且有与其配套的显示仪表可供选用。非标准化热电偶在使用范围或数量级上均不及标准化热电偶，一般也没有统一的分度表，主要用于某些特殊场合的测量。

（1）标准化热电偶。我国从 1988 年 1 月 1 日起，热电偶和热电阻全部按 IEC 国际标准生产，并指定 S、B、E、K、R、J、T 七种标准化热电偶为我国统一设计型热电偶。这七种标准化热电偶的使用特性见表 2-3，其分度表详见附表 1～附表 7。

表 2-3　　标准化热电偶使用特性

<table>
<tr><th rowspan="3">序号</th><th rowspan="3">分度号</th><th rowspan="3">热电偶名称</th><th rowspan="3">热电偶丝直径（mm）</th><th colspan="6">等级及允许偏差</th></tr>
<tr><th colspan="2">Ⅰ</th><th colspan="2">Ⅱ</th><th colspan="2">Ⅲ</th></tr>
<tr><th>温度范围（℃）</th><th>允许偏差</th><th>温度范围（℃）</th><th>允许偏差</th><th>温度范围（℃）</th><th>允许偏差</th></tr>
<tr><td rowspan="3">1</td><td rowspan="3">S</td><td rowspan="3">铂铑 10-铂</td><td rowspan="3">0.5～0.02</td><td>0～1100</td><td>±1℃</td><td>0～600</td><td>±1.5℃</td><td>0～1600</td><td>±0.5%t</td></tr>
<tr><td rowspan="2">1100～1600</td><td rowspan="2">±［1+（t−1100）×0.003］℃</td><td rowspan="2">600～1600</td><td rowspan="2">±0.25%t</td><td>≤600</td><td>±3℃</td></tr>
<tr><td>>600</td><td>±0.5%t</td></tr>
<tr><td rowspan="2">2</td><td rowspan="2">B</td><td rowspan="2">铂铑 30-铂铑 6</td><td rowspan="2">0.5～0.015</td><td rowspan="2">—</td><td rowspan="2">—</td><td rowspan="2">600～1700</td><td rowspan="2">±0.25%t</td><td>600～800</td><td>±4℃</td></tr>
<tr><td>800～1700</td><td>±0.5%t</td></tr>
<tr><td rowspan="2">3</td><td rowspan="2">K</td><td rowspan="2">镍铬-镍硅</td><td rowspan="2">0.3，0.5，0.8，1.0，1.2，1.6，2.0，2.5，3.2</td><td>≤400</td><td>±1.6℃</td><td>≤400</td><td>±3℃</td><td rowspan="2">−200～0</td><td rowspan="2">±1.5%t</td></tr>
<tr><td>>400</td><td>±0.4%t</td><td>>400</td><td>±0.75%t</td></tr>
<tr><td>4</td><td>J</td><td>铁-康铜</td><td>0.3，0.5，0.8，1.2，1.6，2.0，3.2</td><td>−40～750</td><td>±1.5℃或（±0.4%t）</td><td>−40～750</td><td>±2.5℃或（±0.75%t）</td><td>—</td><td>—</td></tr>
<tr><td rowspan="2">5</td><td rowspan="2">R</td><td rowspan="2">铂铑 13-铂</td><td rowspan="2">$0.5^{-0.020}$</td><td>0～1100</td><td>±1℃</td><td>0～600</td><td>±1.5℃</td><td></td><td></td></tr>
<tr><td>1100～1600</td><td>±［1+（t−1100）×0.003］℃</td><td>600～1600</td><td>±0.25%t</td><td>—</td><td>—</td></tr>
<tr><td>6</td><td>E</td><td>镍铬-康铜</td><td>0.3，0.5，0.8，1.2，1.6，2.0，3.2</td><td>−40～800</td><td>±1.5℃或（±0.4%t）</td><td>−40～900</td><td>±2.5℃或（±0.75%t）</td><td>−200～+40</td><td>±2.5℃或（±1.5%t）</td></tr>
<tr><td>7</td><td>T</td><td>铜-康铜</td><td>0.2，0.3，0.5，1.0，1.6</td><td>−40～350</td><td>±0.5℃或（±0.4%t）</td><td>−40～350</td><td>±1.0℃或（±0.75%t）</td><td>−200～+40</td><td>±1℃或（±1.5%t）</td></tr>
</table>

注　1. t 为被测温度。

2. 允许偏差以℃值或实际温度的百分数表示，两者中采用计算数值的较大值。

（2）非标准化热电偶。非标准化热电偶使用概况见表 2-4。

表 2-4 非标准化热电偶使用概况

<table>
<tr><th rowspan="2">名称</th><th colspan="2">材料</th><th rowspan="2">测温范围（℃）</th><th rowspan="2">允许误差（℃）</th><th rowspan="2">特　点</th><th rowspan="2">用　途</th></tr>
<tr><th>正极</th><th>负极</th></tr>
<tr><td rowspan="8">高温热电偶</td><td>铂铑 3</td><td>铂</td><td>0～1600</td><td></td><td>热电势比铂铑 10 大，其他一样</td><td>测量钴合金熔液温度（1501℃）</td></tr>
<tr><td>铂铑 13</td><td>铂铑 1</td><td>0～1700</td><td rowspan="3">≤600 为±10
>600 为±0.5%t</td><td rowspan="2">在高温下抗沾污性能和机械性能好</td><td rowspan="3">各种高温测量</td></tr>
<tr><td>铂铑 20</td><td>铂铑 5</td><td>0～1700</td></tr>
<tr><td>铱铑 40</td><td>铂铑 20</td><td>0～1850</td><td>在高温下抗氧化性能、机械性能好，化学稳定性好，50℃以下热电势小，冷端可以不用温度补偿</td></tr>
<tr><td>铱铑 40</td><td>铱</td><td rowspan="2">300～2200</td><td rowspan="2">≤1000 为±10
>1000 为±1.0%t</td><td rowspan="2">热电势与温度线性好，适用于氧化、真空、惰性气体，热电势小，价格高，寿命短</td><td rowspan="2">航空和空间技术及其他高温测量</td></tr>
<tr><td>铱铑 60</td><td>铱</td></tr>
<tr><td>钨铼 3</td><td>钨铼 25</td><td rowspan="2">300～2800</td><td rowspan="2">≤1000 为±10
>1000 为±1.0%t</td><td rowspan="2">上限温度高，热电势比上述材料大，线性较好，适用于真空、还原性和惰性气氛</td><td rowspan="2">钢水温度测量及其他高温测量</td></tr>
<tr><td>钨铼 5</td><td>钨铼 20</td></tr>
<tr><td rowspan="2">低温热电偶</td><td>镍铬</td><td>金铁 0.07%</td><td>−270～0</td><td rowspan="2">±1.0</td><td rowspan="2">在极低温下，灵敏度较高，稳定性好，热电极材料易复制，是较理想的低温热电偶</td><td rowspan="2">用于超导、宇航、受控热核反应等低温工程以及科研部门</td></tr>
<tr><td>铜</td><td>金铁 0.07%</td><td>−270～−196</td></tr>
<tr><td rowspan="3">非金属热电偶</td><td>碳</td><td>石墨</td><td>测温上限 2400</td><td rowspan="3"></td><td rowspan="3">热电势大，熔点高，价格低廉，但复现性和机械性能差</td><td rowspan="3">用于耐火材料的高温测量</td></tr>
<tr><td>硼化锆</td><td>碳化锆</td><td>测温上限 2000</td></tr>
<tr><td>二硅化钨</td><td>二硅化钼</td><td>测温上限 1700</td></tr>
</table>

注　t 为被测温度的绝对值。

2. 热电偶的结构形式

为了保证热电偶可靠、稳定地工作，对它的结构要求如下：

（1）组成热电偶的两个热电极的焊接必须牢固；

（2）两个热电极彼此之间应很好地绝缘，以防短路；

（3）补偿导线与热电偶自由端的连接要方便可靠；

（4）保护套管应能保证热电极与有害介质充分隔离。

按热电偶的用途不同，常制成以下几种形式：

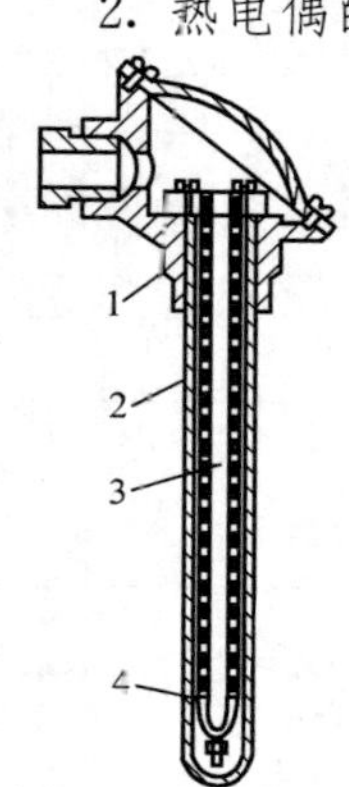

图 2-7　普通型热电偶的结构
1—接线盒；2—保护套管；3—绝缘套管；4—热电偶丝

（1）普通热电偶。普通热电偶通常由热电极、绝缘材料、保护套管和接线盒等主要部分构成，主要用于工业中测量液体、气体、蒸汽等的温度，其结构如图 2-7 所示。热电偶的两根热电极上套有绝缘瓷管，以防止两极间短路，两个冷端则分别固定在接线盒内的接线端子上，保护套管套在外面，使热电极免受被测介质的化学腐蚀和外力的机械损伤。

（2）铠装热电偶。铠装热电偶的热电极、绝缘材料和金属保护套管三部分组合后，用整体拉伸工艺加工成一根很细的电缆式线材，其外径为

0.25～12mm，可自由弯曲。其长度可根据使用需要自由截取，并对测量端与冷端分别加工处理，即形成一支完整的铠装热电偶。铠装热电偶的测量端有多种结构，如图 2-8 所示。各种结构可以根据具体要求选用。铠装热电偶具有体积小、准确度高、动态响应快、耐振动、耐冲击、机械强度高、挠性好，便于安装等优点，已广泛应用在航空、原子能、电力、冶金和石油化工等部门。

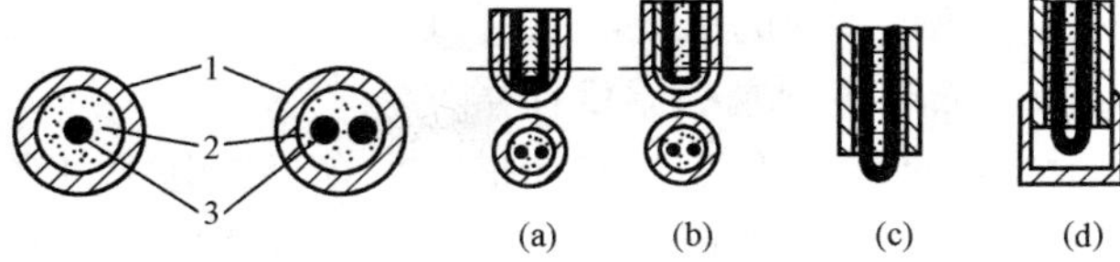

图 2-8　铠装热电偶的结构
(a) 碰底型；(b) 不碰底型；(c) 露头型；(d) 帽形
1—金属套管；2—绝缘材料；3—热电极

(3) 热套式热电偶。为了保证热电偶感温元件能在高温高压及大流量条件下安全测量，并保证测量准确、反应迅速而制成的热套式热电偶，专用于主蒸汽管道上，测量主蒸汽温度。

热套式热电偶的特点是采用了锥形套管、三角锥支撑和热套保温的焊接式安装方式。这种结构既保证了热电偶的测温准确度和灵敏度，又提高了热电偶保护套管的机械强度和热冲击性能，其安装示意如图 2-9 所示。

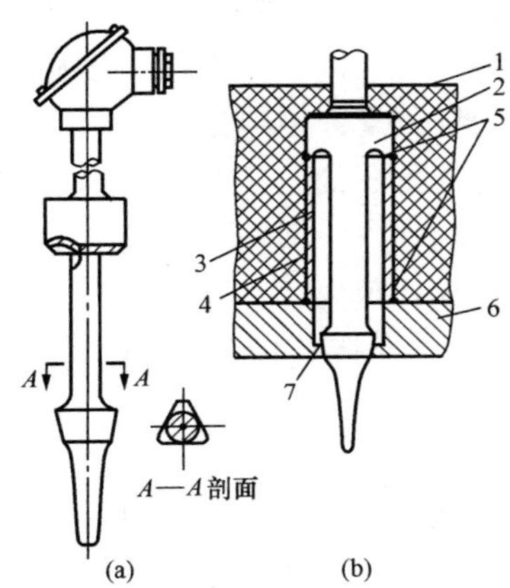

图 2-9　热套式热电偶的结构和安装
(a) 结构；(b) 安装示意
1—保温层；2—传感器；3—热套；4—安装套管；5—主蒸汽管壁；6—电焊接口；7—卡紧固定

(4) 薄膜式热电偶。薄膜式热电偶是用真空蒸镀的方法，将热电极材料蒸镀到绝缘基板上而成的热电偶，其结构如图 2-10 所示。因采用蒸镀工艺，所以热电偶可以做得很薄，而且尺寸可做得很小。它的特点是热容量小，响应速度快，适合于测量微小面积上的瞬变温度。

(5) 快速消耗式热电偶。这是一种专为测量钢水及熔融金属温度而设计的特殊热电偶，其结构如图 2-11 所示。热电极由直径 0.05～0.1mm 的铂铑 10-铂铑 30（或钨铼 6-钨铼 20）等材料制成，且装在外径为 1mm 的 U 形石英管内，构成测温的敏感元件。其外部有绝缘良好的纸管、保护管及高温绝热水泥加以保护和固定。它的特点是：当其插入钢水后，防渣帽瞬间熔化，热电偶工作端即刻暴露于钢水中，由于石英管和热电偶热容量都很小，因此能很快反映出钢水的温度，反应时间一般为 4～6s。在测出温度后，热电偶和石英保护管都被烧坏，因此它只能一次性使用。

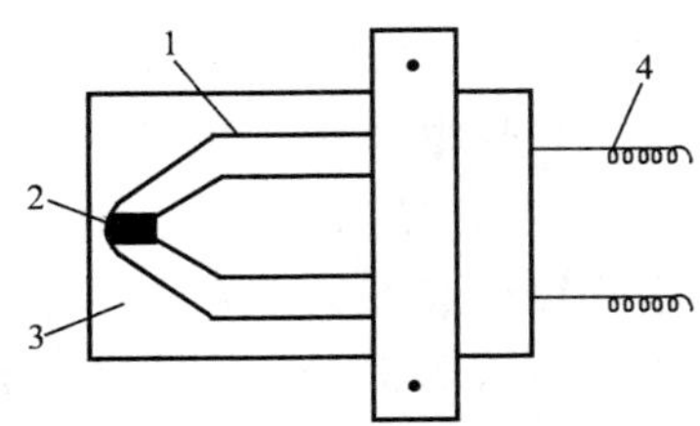

图 2-10　薄膜式热电偶结构
1—热电极；2—热接点；3—绝缘基片；4—引出线

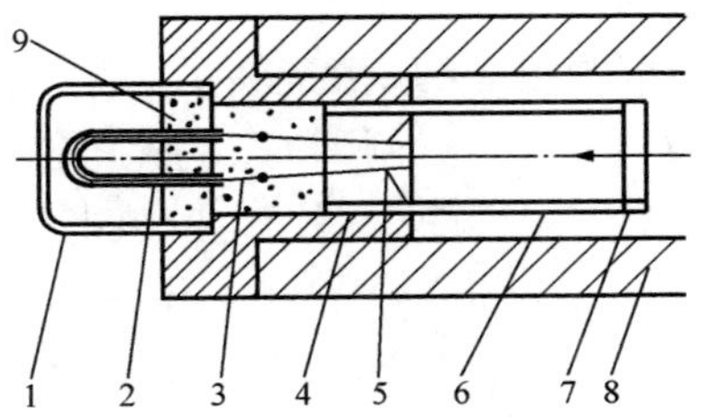

图 2-11　快速消耗式热电偶结构示意
1—防渣帽；2—石英管；3—正负偶丝；4—绝热水泥；5—补偿导线；6—小纸管；7—保护管架；8—大纸管；9—耐火填充剂

这种热电偶可直接用补偿导线接到专用的快速电子电位差计上，直接读取钢水温度。

四、热电偶冷端的温度补偿

由热电偶测温原理已经知道，只有当热电偶的冷端温度保持不变时，热电势才是被测温度的单值函数。在实际应用时，由于热电偶的热端与冷端离得很近，冷端又暴露在空间，容易受到周围环境温度波动的影响，因而冷端温度难以保持恒定。为消除冷端温度变化对测量的影响，可采用下述几种冷端温度补偿方法。

1. 恒温法

恒温法是人为制成一个恒温装置，把热电偶的冷端置于其中，保证冷端温度恒定。常用的恒温装置有冰点槽和电热式恒温箱两种。

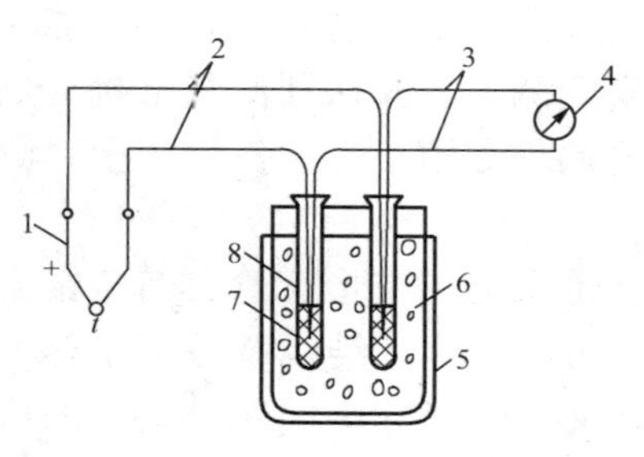

图 2-12　冰点槽的结构

1—热电偶；2—补偿导线；3—铜导线；4—显示仪表；5—冰点器；6—冰水混合物；7—变压器油；8—试管

冰点槽的结构如图 2-12 所示，把热电偶的两个冷端放在充满冰水混合物的容器内，使冷端温度始终保持为 0℃。为了防止短路和改善传热条件，两支热电极的冷端分别插在盛有变压器油的试管中。这种方法测量准确度高，但使用麻烦，只适用于实验室中。

在现场，常使用电加热式恒温箱。这种恒温箱通过接点控制或其他控制方式维持箱内温度恒定（常为 50℃）。

2. 公式修正法

热电偶的冷端温度偏离 0℃时产生的测温误差也可以利用公式来修正。测温时，如果冷端温度为 t_0，则热电偶产生的热电势为 $E_{AB}(t, t_0)$。根据中间温度定律可知 $E_{AB}(t, 0)=E_{AB}(t, t_0)+E_{AB}(t_0, 0)$，因此可在热电偶测温的同时，用其他温度表（如玻璃管水银温度表等）测量出热电偶冷端处的温度 t_0，从而得到修正热电势 $E_{AB}(t_0, 0)$。将 $E_{AB}(t_0, 0)$ 和热电势 $E_{AB}(t, t_0)$ 相加，计算出 $E_{AB}(t, 0)$，然后再查相应的热电偶分度表，就可以求得被测温度 t。

例如，用 K 型热电偶测温，热电偶冷端温度 $t_0=35$℃，测得热电势 $E_K(t, t_0)=34.713$mV。从分度表中查得 $E_K(35, 0)=1.408$mV，于是 $E_K(t, 0)=34.713+1.408=36.121$(mV)，用 36.121mV 查分度表便可得到被测温度 $t=870$℃。

使用公式修正法时，需要多次查表计算，在生产现场很不方便，因此这种方法只适用于实验室中或在间断测量时对示值进行修正。

3. 显示仪表的机械零点调整法

显示仪表的机械零点是指仪表在没有外电源的情况下，即仪表输入端开路时，指针停留的刻度点，一般为仪表的刻度起始点。若预知热电偶冷端温度为 t_0，在测温回路开路的情况下，将仪表的刻度起始点调到 t_0 位置，此时相当于人为给仪表输入热电势 $E_{AB}(t_0, 0)$。在接通测温回路后，虽然热电偶产生的热电势即显示仪表的输入热电势为 $E_{AB}(t, t_0)$，但由于机械零点调到 t_0 处，相当于已预加了一个电势 $E_{AB}(t_0, 0)$，因此综合起来，显示仪表的输入电势相当于 $E_{AB}(t, t_0)+E_{AB}(t_0, 0)=E_{AB}(t, 0)$，则显示仪表的示值将正好为被测温度 t，消除了 $t_0\neq 0$ 引起的示值误差。本方法简单方便，适用于冷端温度比较稳定的场所。但要注意冷端温度变化后，必须及时重新调整机械零点。在冷端温度经常变化的情况下，不宜采用这种方法。

4. 补偿导线法

热电偶特别是贵金属热电偶，一般都做得比较短，其冷端离被测对象很近，这就使冷端温度不但较高而且波动也大。为了减小冷端温度变化对热电势的影响，通常要用与热电偶的热电特性相近的廉价金属导线将热电偶冷端移到远离被测对象，且温度比较稳定的地方(如仪表控制室内)。这种廉价金属导线就称为热电偶的补偿导线。

在图 2-6 中，A′、B′分别为测温热电偶热电极 A、B 的补偿导线。在使用补偿导线 A′、B′时应满足以下条件：

(1) 补偿导线 A′、B′和热电极 A、B 的两个接点温度相同，并且都不高于 100℃。

(2) 在 0～100℃内，由 A′、B′组成的热电偶和由 A、B 组成的热电偶具有相同的热电特性，即 $E_{AB}(t'_0, t_0)=E_{A'B'}(t'_0, t_0)$。

根据中间温度定律可以证明，用补偿导线把热电偶冷端移至温度 t_0 处和把热电偶本身延长到温度 t_0 处是等效的。

补偿导线虽然能将热电偶延长，起到移动热电偶冷端位置的作用，但本身并不能消除冷端温度变化的影响。为了进一步消除冷端温度变化对热电势的影响，通常还要在补偿导线冷端再采取其他补偿措施。

在使用热电偶补偿导线时必须注意型号相配，极性不能接错，补偿导线与热电偶连接端的温度不能超过 100℃且必须相等。常用热电偶的补偿导线列于表 2-5 中。

表 2-5　常用热电偶的补偿导线

配用热电偶分度号	补偿导线型号	补偿导线正极		补偿导线负极		补偿导线在 100℃的热电势允许误差（mV）	
		材料	颜色	材料	颜色	A（精密级）	B（精密级）
S	SC	铜	红	铜镍	绿	0.645±0.023	0.645±0.037
K	KC	铜	红	铜镍	蓝	4.095±0.063	4.095±0.105
K	KX	镍铬	红	镍硅	黑	4.095±0.063	4.095±0.105
E	EX	镍铬	红	铜镍	棕	6.317±0.102	6.317±0.170
J	JX	铁	红	铜镍	紫	5.268±0.081	5.268±0.135
T	TX	铜	红	铜镍	白	4.277±0.023	4.277±0.047

注　补偿导线型号头一个字母与热电偶分度号相对应；第二个字母 X 表示延伸型补偿导线，字母 C 表示补偿型补偿导线。

5. 补偿装置法

热电偶所产生的热电势 $E_{AB}(t, t_0)=f_{AB}(t)-f_{AB}(t_0)$，当热电偶的热端温度不变，而冷端温度从初始平衡温度 t_0 升高到某一温度 t_x 时，热电偶的热电势将减小，其变化量为 $\Delta E=E_{AB}(t, t_0)-E_{AB}(t, t_x)=E_{AB}(t_x, t_0)$，如果能在热电偶的测量回路中串接一个直流电压 U_{cd}（见图 2-13)，且 U_{cd} 能随冷端温度升高而增加，其大小与热电势的变化量相等，即 $U_{cd}=E_{AB}(t_x, t_0)$，则 $E_{AB}(t, t_x)+U_{cd}=E_{AB}(t, t_0)$，也就是送到显示仪表的热电势 $E_{AB}(t, t_0)$ 不会随冷端温度变化而变化，那么，热电偶由于冷端温度变化而产生的误差即可消除。

怎样产生一个随温度而变化的直流电压 U_{cd} 呢？以前用冷端温度补偿器（由一个直流不

平衡电桥构成）来产生一个随冷端温度变化的 U_{cd}；现在一般在相应的温度显示仪表或温度变送器中设置热电偶冷端温度补偿电路，产生 U_{cd}，从而实现热电偶冷端温度自动补偿。

正确使用冷端温度补偿器应注意以下几点：

（1）热电偶冷端温度必须与冷端温度补偿器工作温度一致，否则达不到补偿效果。为此热电偶必须用补偿导线与冷端温度补偿器相连接。

（2）要注意冷端温度补偿器在测温系统中连接时的极性。

（3）冷端温度补偿器必须与相应型号的热电偶配套使用。

以上几种补偿法常用于热电偶和动圈显示仪表配套的测温系统中。由于自动电子电位差计和温度变送器等温度测量仪表的测量线路中已设置了冷端补偿电路，因此，热电偶与它们配套使用时不用再考虑补偿方法，但补偿导线仍旧需要。

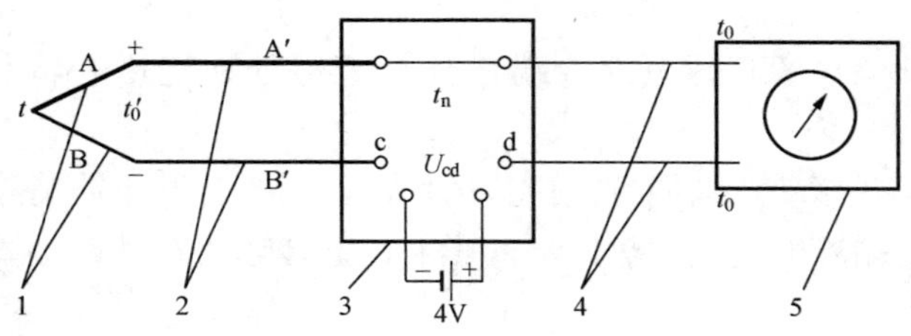

图 2-13　具有冷端温度补偿装置的热电偶测量线路

1—热电偶；2—补偿导线；3—补偿装置；4—连接导线；5—显示仪表

6. 辅助热电偶法

此种方法是在测温回路中以适当方式串联一个辅助热电偶，并把辅助热电偶的热端或冷端置于恒温器中。辅助热电偶可以用热电偶材料，也可以由补偿导线构成。具体接线采用图 2-14 所示的两种形式。这两种接法的回路总电势均等于 $E_{AB}(t, t_0)$，其中 t_0 为恒温器的温度。

【例 2-3】 有一采用 S 分度号热电偶的测温系统，如图 2-13 所示。当 $t=1000℃$，$t_n=40℃$，冷端温度补偿器的平衡温度为 20℃时，试问此温度显示表的机械零位应调在多少度上？当冷端温度补偿器的电源开路（失电）时，仪表指示为多少？电源极性接反时，仪表指示又为多少？

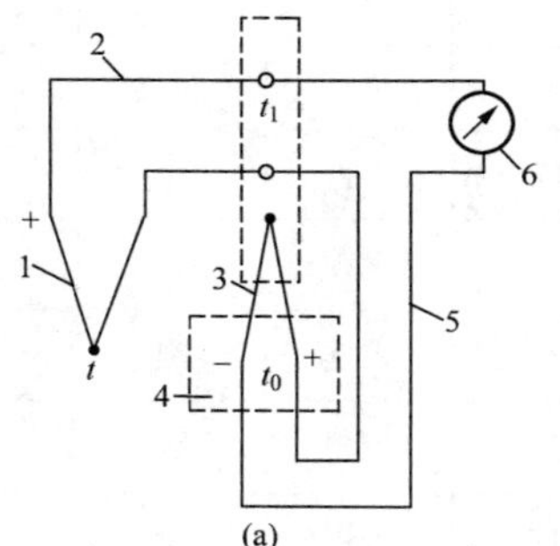

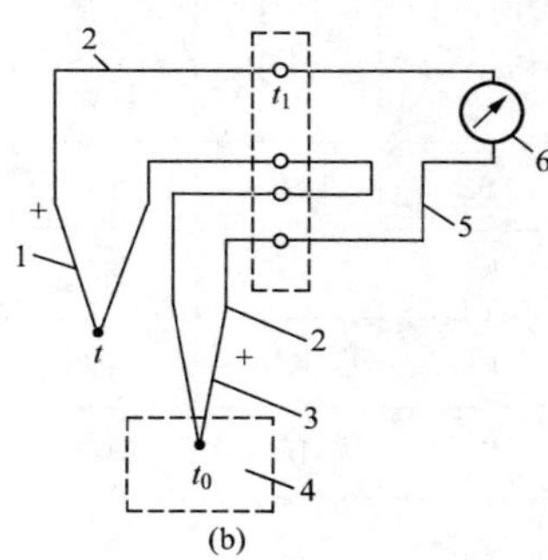

图 2-14　辅助热电偶法

（a）辅助热电偶冷端恒温；（b）辅助热电偶热端恒温

1—热电偶；2—补偿导线；3—辅助热电偶；4—恒温器；5—铜导线；6—动圈表

解　（1）虽然热电偶冷端为 40℃，由于冷端温度补偿器的作用，相当于冷端温度为 20℃，此时仪表的机械零位应调整到 20℃，仪表指示 $t=1000℃$。

（2）当冷端温度补偿器电源开路而失去补偿作用时，仪表输入的电势为

$$E_t=E_1+E_2=E_S(1000, 40)+E_S(20, 0)=9.465(\text{mV})$$

$$t=989℃$$

（3）当冷端温度补偿器电源接反，它不但不补偿，还抵消了一部分电势，即

$$E_t=E_1-U_{cd}+E_2=E_S(1000, 40)-E_S(40, 20)+E_S(20, 0)=9.334(\text{mV})$$

$$t=978℃$$

五、热电偶的检定与安装

（一）热电偶的检定

热电偶在测温过程中，由于测量端受到氧化、腐蚀、污染等影响，使用一段时间后，它的热电特性发生变化，增大了测量误差。为了保证测量准确，热电偶不仅在使用前要进行检测，而且在使用一段时间后也要进行周期性的检定。

1. 影响热电偶检定周期的因素

（1）热电偶使用的环境条件。环境条件恶劣的，检定周期应短些；环境条件较好，检定周期可长些。

（2）热电偶使用的频繁程度。连续使用的，检定周期应短些；反之，可长些。

（3）热电偶本身的性能。稳定性好的，检定周期长；稳定性差的，检定周期短。

2. 热电偶的检定项目

工业用热电偶的检定项目主要有外观检查和允许误差检定两项。

（1）外观检查。热电偶装配质量和外观应满足以下要求：

1）测量端焊接应光滑、牢固，无气孔和夹灰等缺陷，无残留助焊剂等污物；

2）各部分装配正确，连接可靠，零件无损、缺；

3）保护管外层无显著的锈蚀和凹痕、划痕；

4）电极无短路、断路，极性标志正确。

外观质量通过目测进行观察；短路、断路可使用万用表检查。

（2）允许误差检定。允许误差检定一般采用比较法，即将被检热电偶与比它准确度等级高一等的标准热电偶同置于检定用的恒温装置中，在检验点温度下进行热电势比较。这种方法的检验准确度取决于标准热电偶的准确度等级、测量仪器仪表的误差、恒温装置的温度均匀性和稳定程度 。比较法的优点是设备简单、操作方便，一次能检验多支热电偶，工作效率高。下面简单介绍比较法。

1）检定主要设备和仪器：

①管式电炉，最高工作温度 1300℃，加热管内径 50～60mm，长度（L）600～1000mm，用自耦变压器（0～250V，5kV · A）调炉温，炉温能稳定到 5min 内温度变化不大于 2℃；

②二等标准铂铑-铂热电偶；

③直流电位差计（UJ31，UJ33A 或 UJ36）；

④冰点槽，恒温误差不大于 0.1℃；

⑤精密级热电偶及补偿导线；

⑥标准水银温度计，最小分度 0.1℃；

⑦铜导线及切换开关；

⑧被校热电偶。

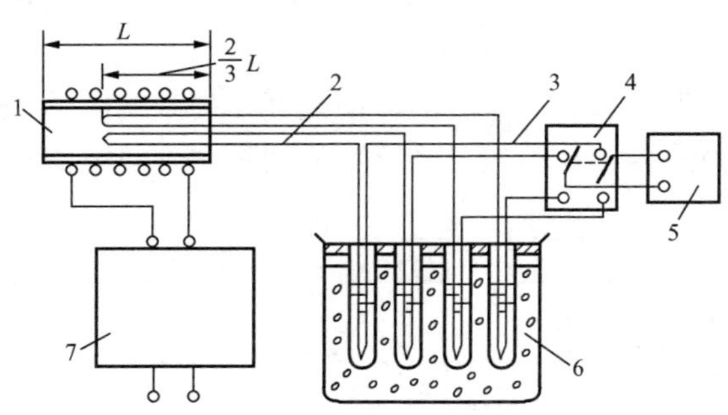

图 2-15 热电偶检定系统接线

1—电炉；2—被校与标准热电偶；3—铜导线；4—切换开关；5—电位差计；6—冰点槽；7—调压器

2）校验方法：测量温度为 300℃以上的热电偶检定方法是在管式电炉中与标准热电偶比对；300℃以下的在油浴恒温器中与标准水银温度计比对（无特

别需要时，300℃以下的可以不检定）。热电偶检定系统接线见图 2-15。

①检定点包括常用温度在内，应不少于 5 点，上限点应高于最高常用温度 50℃。

②将被校热电偶和标准热电偶的测量端置于管式电炉内的多孔或单孔镍块（或不锈钢块）孔内，使它们处于相同的温度场中。

③将热电偶冷端置于充有变压器油的试管内，然后将试管放入盛有适量冰、水混合物的冰点槽中，冰点槽中温度用具有 0.1℃分度值的水银温度计测量。

④当电炉温升至第一个检定点，且炉温在 5min 内变化不大于 2℃时即可读数。

⑤检定前应检查电位差计的工作电流，读数时由标准热电偶开始依次读数，读至最后一支被校热电偶，再从该支热电偶反方向依次读数，取每支热电偶两次读数的平均值，作为标准与被校热电偶的读数结果 E_n 和 E_x，再分别由分度表查出对应的温度 t_n 和 t_x，误差 $\Delta t=t_x-t_n$。Δt 值应符合允许误差的要求，大于允许误差，则认为不合格。

若标准热电偶出厂检定证书的分度值与统一分度表值不同，则应将标准热电偶测值加上校正值后作为热电势标准值。

【例 2-4】 在 600℃检定点，读得被校镍-镍硅热电偶（Ⅱ级）热电势为 25.03mV，标准铂铑 10-铂热电偶热电势为 5.260mV。若标准热电偶出厂证书中对应 600℃点的热电势值为 5.250mV，求该点温度实际值和被校热电偶误差。

解 从 S 分度表上查得 600℃时铂铑 10-铂热电偶的热电势为

$$E_S(600,0)=5.239(\text{mV})$$

故标准热电偶点 600℃热电势误差为

$$\Delta E=5.250-5.239=0.011(\text{mV})$$

即 600℃的校正值为

$$C=-\Delta E=-0.011(\text{mV})$$

该温度点的 S 型热电偶热电势标准值为

$$5.260+C=5.260-0.011=5.249(\text{mV})$$

从 S 分度表上查得温度实际值 $t=601$℃，由被校热电偶测量值 25.03mV 查 K 分度表，得被校热电偶指示温度值 $t'=602.93$℃。故该点被校 K 型热电偶的误差为

$$\Delta t=602.93-601=1.93(℃)$$

Δt 小于 K 型热电偶的允许误差±2.5℃，说明被校热电偶在该温度点是合格的。

（二）热电偶全自动检定系统

为了降低操作者的劳动强度，提高检定的工作质量，确保量值传递的统一性，现场大多采用热工全自动检定系统，从而可实现热电偶检定过程的全部自动化，即自动控温、自动检定、自动数据处理、自动打印检定结果。

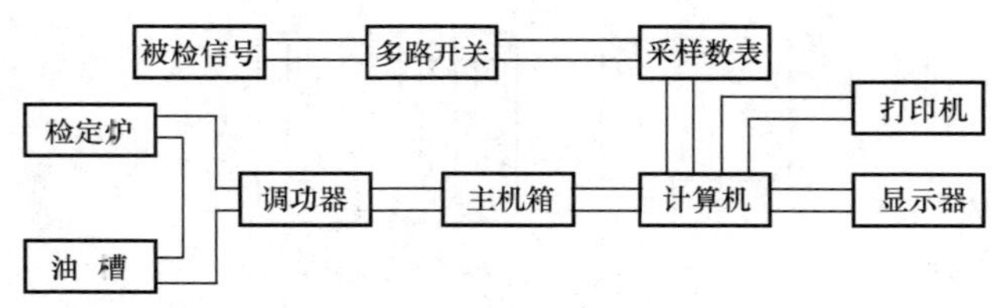

图 2-16 热电偶全自动检定工作原理

1. 系统工作原理

如图 2-16 所示，被检信号通过多路开关进入采样数表，将采样值通过 IEE-488 通信电缆传送到计算机，计算机根据程序设计要求，通过主机

箱控制调功器的输出功率，保证检定炉按要求进行升温变化。同时，计算机还实时显示校验过程的各种参数，完成校验后通过打印机打印出各种报表。

2. 系统操作

（1）应严格按照规程要求安装被检热电偶，标准热电偶和被检热电偶的冷端必须处于同一温场内，如采用自动补偿，则还需将冷端补偿电阻与热电偶冷端放在同一温场内。

（2）按系统连接的要求连接好各部分连线，并分别打开主机箱、采样数表、计算机、调功器的电源。

3. 热电偶的检定

在热电偶校验系统画面上，用鼠标左键单击“热电偶检定”按钮，系统就会启动热电偶检定程序，并弹出主画面。它包含了五个功能模块，用鼠标单击某功能模块按钮，系统将进入该模块功能。

（1）系统检查。该模块用于检查系统各部分的工作状态以及测量引线连接状态，微机首先自动对采样数表的通电和通信情况、调功器、主控箱的通电情况进行检查，只有都显示正常时才可进行下一步工作，否则检查处理后再重试。其次，对转换开关进行测试，检查显示各通道的连接情况，以上两项检查均正常时，才可退出系统检查。

（2）参数设置。单击参数设置模块，可弹出参数子菜单，用于输入在系统检测热电偶过程中所需的所有参数，包括标准热电偶的证书文件以及标准热电偶与被检热电偶的生产厂家、编号、分度号、检定日期、被检日期、检定点数、检定温度等，以及 PID 参数、环境参数等。

（3）启动运行。当参数输入完成后，单击“启动运行”按钮，系统将开始启动检定程序，并弹出一个画面，画面上清楚显示了系统在校验过程中的各项参数及升温、恒温曲线。当温度升到距检定点±5℃范围内时，曲线将进入一个±5℃细画面，这时，恒温检定时炉温变化的情况一目了然。当达到规定的检定点温度时，系统将自动对每支被检热电偶的测量值进行采样，采样后再进入下一个检定点，并自动控制记录每个检定点的数值。检定结束后，可在系统弹出的结束测量对话框上根据需要决定是否保存检定结果。

（4）报表档案。该模块是用于打印和查询各种检定报表，利用此模块，可选择是否打印当前的各种报表或选择历史报表的打印和查询。

（5）退出系统。单击此按钮将退出系统，即可关闭所有设备的电源，结束检定工作。

（三）热电偶的安装

热电偶安装时应注意有利于测温准确、安全可靠及维修方便，而且不影响设备运行和生产操作。为了满足这些需求，需要考虑的问题很多，在此只将安装时经常遇到的一些主要问题列举如下。

1. 安装部位及插入深度

为了使热电偶热端与被测介质之间有充分的热交换，应合理选择测点位置，不能在阀门、弯头及管道和设备的死角附近装设热电偶。带有保护套管的热电偶有传热和散热损失，会引起测量误差。为了减少这种误差，热电偶应插入足够的深度。对于测量管道中流体温度的热电偶（包括热电阻和膨胀式压力表式温度计），一般都应将其测量端插入到管道中心，即装设在被测流体最高流速处，如图 2-17（a）、（b）、（c）所示。

测量高温高压和高速流体（例如主蒸汽）的温度时，为了减小保护套对流体的阻力和防止保护套在流体作用下发生断裂，可采取保护管浅插方式或采用热套式热电偶装设结构。浅插方式的热电偶保护套管，其插入主蒸汽管道的深度应不小于75mm；热套式热电偶的标准插入深度为100mm。当测温元件插入深度超过1m时，应尽可能垂直安装，否则应有防止保护套管弯曲的措施，例如加装支撑架［见图2-17（d）］或加装保护套管。

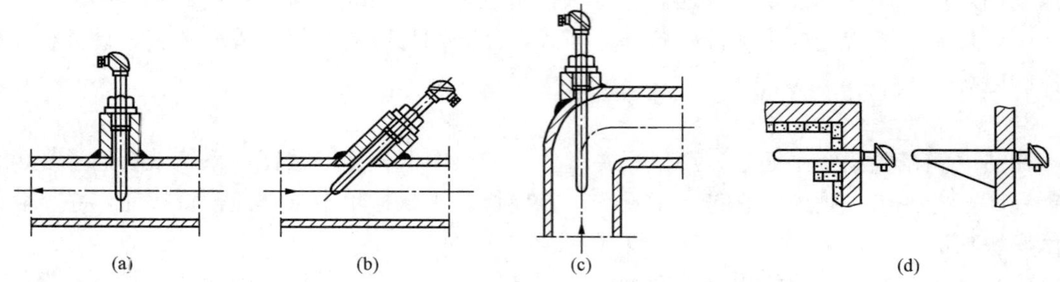

图2-17　热电偶的安装方式

（a）垂直安装；（b）倾斜安装；（c）在管道弯头处安装；（d）防止弯曲变形的安装

在负压管道或设备上安装热电偶时，应保证其密封性。热电偶安装后应进行补充保温，以防因散热而影响测温的准确性。在含有尘粒、粉物的介质中安装热电偶时，应加装保护屏（如煤粉管道），防止介质磨损保护套管。

热电偶的接线盒不可与被测介质管道的管壁相接触，保证接线盒内的温度不超过0～100℃范围。接线盒的出线孔应朝下安装，以防因密封不良，水汽灰尘与脏物等沉积造成接线端子短路。

2. 金属壁表面测温热电偶的安装

（1）焊接安装。如图2-18所示，有三种焊接方式：球形焊、交叉焊和平行焊。球形焊是先焊好热电偶，然后将热电偶的热电极焊到金属壁面上；交叉焊是将两根热电极丝交叉重叠放在金属壁面上，然后用压接焊或其他方法将热电极丝与金属面焊在一起；平行焊是将两根热电极丝分别焊在金属面上，通过该金属构成了测温热电偶。

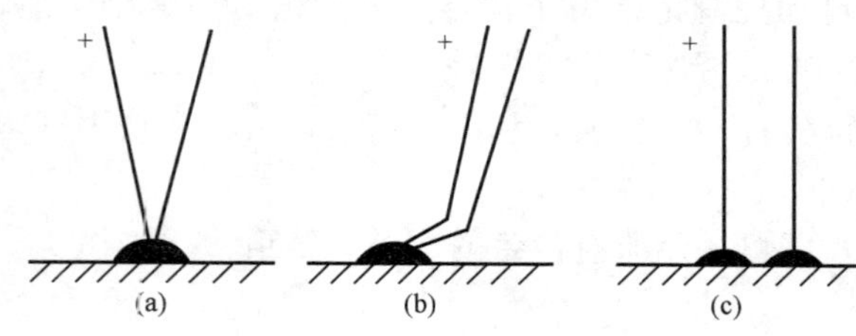

图2-18　金属表面热电偶焊接方式

（a）球形焊；（b）交叉焊；（c）平行焊

（2）压接安装。压接安装分为挤压安装和紧固安装。挤压安装是将热电偶测量端置入一个比它尺寸略大的钻孔内，然后用捶击挤压工具挤压孔的四周，使金属壁与测量端牢固接触；紧固安装是将热电偶的测量端置入一个带有螺纹扣的槽内，垫上铜片，然后用螺栓压向垫片，使测量端与金属壁牢固接触。

对于不允许钻孔或开槽的金属壁，可采用导热性良好的金属块预先钻孔或开槽，用于固定测量端，然后将金属块焊于被测物体上进行测温。

3. 外界干扰防范措施

外界干扰源的干扰电压通常通过电路的漏电电阻引到测温回路中。另外，干扰源还以电场或磁场的形式与测温回路相耦合。测温回路对地的漏电电阻和回路另一接地点间形成分路而引起平行干扰，是产生纵向干扰的主要原因；测温回路受低电压大电流电器设备及导线的电磁感应所产生的垂直干扰，是引起横向干扰的主要原因。纵向干扰电压常使热电偶测温电势被分流，横向干扰电压则和测温电势相叠加，其结果常使仪表不能正常工作。

为了提高测温回路的抗干扰能力，一般可采取下列防范措施：

（1）导线屏蔽。对于非交导线，可将回路中的导线绞合，并穿入铁管中，铁管壁接地，这对于防范外磁场干扰是有效的。

（2）测量装置屏蔽。将回路中各个仪表或装置固定在各自的金属板座上，用导线将这些金属板连接起来。由于仪表或装置的对地绝缘电阻远大于金属板连接电阻，当外界干扰电流通过金属板时，它沿连接导线流通，使各个仪表或装置的外壳基本处于等电位，从而起到了低阻屏短路的作用。

（3）合理接地。接地点应避免由于公共地线阻抗的交连而产生各自信号的相互耦合及干扰。在仪表信号输入端直接接地或用大电容接地，虽对消除对地干扰电压有一些作用，但不能消除线间干扰电压。若将热电偶的测量端接地（见图 2-19），则测量端电位几乎和地电位一致，这对于抑制对地干扰具有较好的效果。

（4）热电偶浮空。热电偶及其测量回路浮空（对地绝缘电阻），是使热电偶避开纵向干扰电压的有效方法之一。此外，采用三线式热电偶并使其中一根接地线接地，也可减小纵向干扰电压对热电偶测量热电势的干扰。

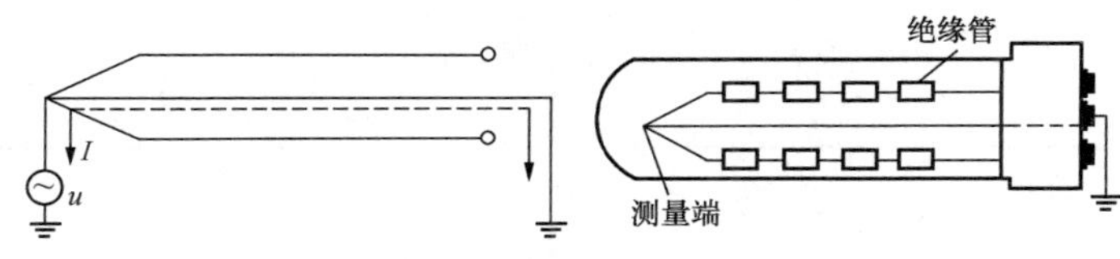

图 2-19　接地式热电偶示意

六、热电偶常见故障原因及其处理方法

热电偶常见故障原因及处理方法见表 2-6。

表 2-6　热电偶常见故障原因及处理方法

故障现象	可能原因	处理方法
热电势比实际值小（显示仪表指示值偏低）	热电极短路	找出短路原因，如因潮湿所致，则需进行干燥；如因绝缘子损坏所致，则需更换绝缘子
	热电偶的接线柱处积灰，造成短路	清扫积灰
	补偿导线线间短路	找出短路点，加强绝缘或更换补偿导线
	热电偶热电极变质	在长度允许的条件下，剪去变质段重新焊接，或更换新热电偶
	补偿导线与热电偶极性接反	重新接正确
	补偿导线与热电偶不配套	更换配套的补偿导线
	热电偶安装位置不当或插入深度不符合要求	重新按规定安装
	热电偶冷端温度补偿不符合要求	调整冷端补偿器
	热电偶与显示仪表不配套	更换热电偶或显示仪表使之相配套

续表

故障现象	可能原因	处理方法
热电势比实际值大（显示仪表指示值偏高）	热电偶与显示仪表不配套	更换热电偶或显示仪表使之相配套
	补偿导线与热电偶不配套	更换补偿导线使之相配套
	有直流干扰信号进入	排除直流干扰
热电势输出不稳定	热电偶接线柱与热电极接触不良	将接线柱螺丝拧紧
	热电偶测量线路绝缘破损，引起断续短路或接地	找出故障点，修复绝缘
	热电偶安装不牢或外部振动	紧固热电偶，消除振动或采取减振措施
	热电极将断未断	修复或更换热电偶
	外界干扰（交流漏电、电磁场感应等）	查出干扰源，采用屏蔽措施
热电偶热电势误差大	热电极变质	更换热电极
	热电偶安装位置不当	改变安装位置
	保护管表面积灰	清除积灰

第三节　热　电　阻

热电阻温度表也是应用很广泛的一种温度电测仪表，它在中、低温下具有较高的准确度，通常用来测量−200～500℃范围内的温度。例如，火电厂的锅炉给水、排烟、轴瓦回油、循环水等的温度就是用热电阻温度表测量的。热电阻温度表由热电阻温度传感器和显示仪表组成。

一、热电阻的测温原理

物质的电阻值随物质本身的温度变化而变化，这种物理现象称为热电阻效应。在测量技术中，利用热电阻效应可以制成对温度敏感的热电阻元件。当热电阻元件与被测对象通过热交换达到热平衡时，就可以根据热电阻元件的电阻值确定被测对象的温度。习惯上，常把一个热电阻元件称为热电阻。

常用的热电阻元件有金属导体热电阻和半导体热敏电阻，它们是热电阻温度计的敏感元件。

物理学中指出，各种材料的电阻值都随温度变化而变化。实验证明，当温度升高1℃时，大多数金属导体的电阻值增加0.4%～0.6%，而半导体的电阻值要减小3%～6%。热电阻就是利用导体或半导体的电阻值随温度变化而变化的性质来测温的。用于测温目的的金属导体称为热电阻，而半导体称为热敏电阻。

对于金属导体，在一定的温度范围内，其电阻与温度的关系为

$$R_t = R_{t0}[1+\alpha(t-t_0)]$$

式中　R_t、R_{t0}——温度为 t 和 t_0 时金属导体的电阻值，Ω；

α——温度在一定范围内，金属导体的电阻温度系数，单位是1/℃，通常应取平均值。

金属材料的纯度对电阻温度系数 α 的影响很大，材料纯度越高，α 值就越大；杂质越多，α 值就越小且不稳定。若用 R_0 和 R_{100} 分别表示 0℃和 100℃时的电阻值，则由 $R_t=R_{t0}[1+\alpha(t-t_0)]$ 可得 $\alpha=(R_{100}/R_0-1)\frac{1}{100}$。该式表明，$R_{100}/R_0$ 越大，α 就越大，材料纯度也就越高。因此常用 R_{100}/R_0 代表材料的纯度。

当金属导体热电阻在温度为 t_0 时的电阻值 R_{t0} 和电阻温度系数 α 都已知时，只要测量电阻 R_t 就可以知道被测温度的高低。

半导体热敏电阻与温度之间通常为指数关系，其电阻温度系数 α 大多数为负值。近年来用半导体热敏电阻作为感温元件来测量温度已有应用，它的优点有：电阻温度系数大，灵敏度高；电阻率大，可以做成体积很小而电阻很大的热敏电阻元件；由于电阻大，连接导线电阻变化的影响可以忽略不计；热容量小，可以测量点的温度。其缺点是：性能不稳定；测量准确度低；同一型号热敏电阻的电阻温度关系分散性大；电阻温度关系非线性严重，使用起来很不方便。这些缺点使热敏电阻的应用受到一定限制。目前，热敏电阻大多用于测量要求不高的场合，以及作为仪器、仪表中的温度补偿元件，其测量范围一般为－100～300℃。

二、标准热电阻的种类与结构

与热电偶一样，工业热电阻有普通型和铠装型两种，它们都由感温元件、引出线、保护套管、接线盒、绝缘材料等组成。

并不是所有的金属材料都可以制作热电阻，制作热电阻的材料要满足一定的要求：

（1）电阻温度系数大，电阻和温度之间尽量接近线性关系；

（2）电阻率高，以便把热电阻体积做得小些；

（3）测温范围内物理、化学性质稳定；

（4）工艺性好、易于复制、价格便宜。

综合上述要求，比较适宜做热电阻丝的材料有铂、铜、铁、镍等。而目前应用最广泛的热电阻材料是铂和铜，并且已制成标准化热电阻。

1. 铂热电阻

铂热电阻的温度特性：

在 0～850℃范围内

$$R_t=R_0(1+At+Bt^2) \tag{2-2}$$

在－200～0℃范围内

$$R_t=R_0[1+At+Bt^2+C(t-100)t^3] \tag{2-3}$$

式中 A、B、C——常数，其值分别为 $A=3.908\ 02\times10^{-3}$℃$^{-1}$，$B=-5.802\times10^{-7}$℃$^{-2}$，$C=-4.273\ 50\times10^{-12}$℃$^{-4}$。

铂热电阻阻值与温度的分度关系由式(2-2)和式(2-3)决定。铂热电阻在工业上通常用于测量－200～500℃范围内的温度。它的主要优点是物理、化学性能稳定，测量准确度高。但它在还原性气氛中容易变脆，使电阻温度关系发生变化。

工业测温用的标准化铂热电阻有 $R_0=50.00\Omega$ 和 $R_0=100.00\Omega$ 两种规格，其纯度为 $R_{100}/R_0\geqslant1.391\ 0$。它们的分度号分别为 Pt50 和 Pt100，相应的热电阻分度表见附表 8、附表 9。

工业上常用的铂热电阻的结构是用直径为 0.03～0.07mm 的纯铂丝绕在云母制成的平

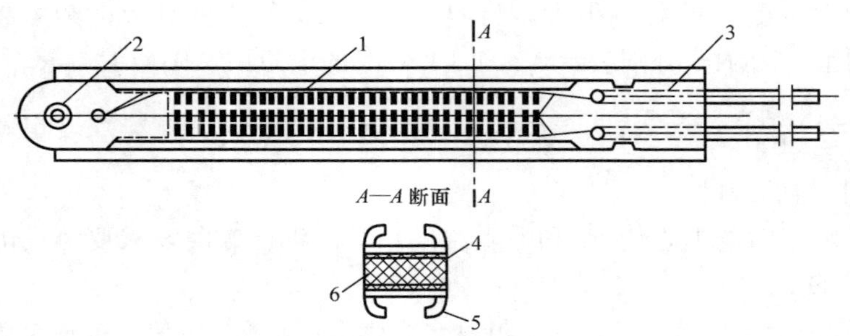

图 2-20 铂热电阻元件

1—铂电阻丝；2—铆钉；3—银引出线；4—绝缘片；5—夹持片；6—骨架

板形骨架上，如图 2-20 所示。云母骨架边缘呈锯齿形，铂丝绕在齿隙间以防短路，绕好后的云母骨架两面覆盖云母片绝缘。为了增加机械强度，改善热传导性能，云母片两侧再用薄金属片铆合在一起，这样就构成了铂热电阻元件。铂丝绕组的两个线端各由直径为 0.5mm 或 1mm 的银丝引出，并固定在接线盒内的接线端子上；引出线上套有绝缘瓷管。保护套管套在热电阻元件和引出线的外面，其形状和作用与热电偶相同。

2. 铜热电阻

铜热电阻的温度特性：

在－50～150℃范围内

$$R_t=R_0(1+At+Bt^2+Ct^3) \tag{2-4}$$

其中，$A=4.288\ 99\times10^{-3}$℃$^{-1}$，$B=-2.133\times10^{-7}$℃$^{-2}$，$C=1.233\times10^{-9}$℃$^{-3}$。

铜热电阻和温度的分度关系由式(2-4)决定。铂热电阻和铜热电阻的技术性能见表 2-7。

表 2-7 常用热电阻的技术性能

<table>
<tr><th colspan="2">名称</th><th>分度号</th><th>温度范围</th><th>温度为 0℃时阻值 R_0（Ω）</th><th>电阻比 R_{100}/R_0</th><th>主要特点</th></tr>
<tr><td rowspan="8">标准热电阻</td><td rowspan="3">铂热电阻（WZP）</td><td>Pt10</td><td rowspan="3">－200～850℃</td><td>10±0.01</td><td>1.385±0.001</td><td rowspan="3">测量准确度高，稳定性好，可作为基准仪器</td></tr>
<tr><td>Pt50</td><td>50±0.05</td><td>1.385±0.001</td></tr>
<tr><td>Pt100</td><td>100±0.1</td><td>1.385±0.001</td></tr>
<tr><td rowspan="2">铜热电阻（WZC）</td><td>Cu50</td><td rowspan="2">－50～150℃</td><td>50±0.05</td><td>1.428±0.002</td><td rowspan="2">稳定性好，价格低廉；但体积大，机械强度较低</td></tr>
<tr><td>Cu100</td><td>100±0.1</td><td>1.428±0.002</td></tr>
<tr><td rowspan="3">镍热电阻（WZN）</td><td>Ni100</td><td rowspan="3">－60～180℃</td><td>100±0.1</td><td>1.617±0.003</td><td rowspan="3">灵敏度高，体积小；但稳定性和复现性较差</td></tr>
<tr><td>Ni300</td><td>300±0.3</td><td>1.617±0.003</td></tr>
<tr><td>Ni500</td><td>500±0.5</td><td>1.617±0.003</td></tr>
<tr><td rowspan="2">低温热电阻</td><td>铟热电阻</td><td></td><td>3.4～90K</td><td>100</td><td></td><td>复现性较好，在 4.5～15K 温度范围内，灵敏度比铂热电阻高 10 倍；但复现性较差，材质软，易变形</td></tr>
<tr><td>锗铁热电阻</td><td></td><td>2～300K</td><td>20、50 或 100</td><td>$R_{4.2K}/R_{273K}$ 约为 0.07</td><td>有较高的灵敏度，复现性好，在 0.5～20K 温度范围内可作准确测量；但长期稳定性和复现性较差</td></tr>
<tr><td>低温热电阻</td><td>铂钴热电阻</td><td></td><td>2～100K</td><td>100</td><td>$R_{4.2K}/R_{273K}$ 约为 0.07</td><td>热响应好、自然小，机械性能好，温度低于 300K 时，灵敏度大大高于铂热电阻；但不能作为标准温度计</td></tr>
</table>

铂是贵重金属，在测温准确度要求不很高，温度又较低的场合，普遍采用铜热电阻。铜热电阻通常用于测量－50～150℃范围的温度，它的主要优点是电阻温度关系几乎是线性的，电阻温度系数比较大，材料容易加工和提纯，价格也比较低廉。缺点是电阻率较小；另外，铜在高温下容易氧化，只能在低温和无腐蚀性介质中使用。

工业测温用的标准化铜热电阻也有 $R_0=50.00$ 和 $R_0=100.00$ 两种规格，其纯度为 $R_{100}/R_0 \geqslant 1.425$。它们的分度号分别为Cu50和Cu100，相应的热电阻分度表见书后附表10、附表11。

铜热电阻的结构是用双线无感绕法，将直径为0.1mm的绝缘铜丝绕在圆柱形塑料骨架上，构成铜热电阻元件，如图2-21所示。为防止铜丝松散，提高其导热性和机械紧固程度，电阻元件经酚醛树脂（环氧树脂）浸渍处理。铜丝绕组的两个线端各由直径1mm的铜丝或镀银铜丝引出，并固定在接线盒内的接线端子上，引出线上套绝缘瓷管。保护套管套在热电阻元件和引出线外面，其形状和作用与热电偶相同。

图2-21　铜热电阻元件

1—塑料骨架；2—铜电阻丝；3—铜引出线

三、热电阻的校验

热电阻在投入使用之前需要进行校验。在使用之后也要定期进行校验，以检查和确定热电阻的准确度。

热电阻的校验一般在实验室中进行。除标准铂电阻温度计需要做三定点（水三相点、水沸点和锌凝固点）校验外，实验室和工业用的铂或铜热电阻温度计的校验方法有两种。

1. 比较法

将标准水银温度计或标准铂电阻温度计与被校电阻温度计一起插入恒温槽中，在需要的或规定的几个稳定温度下读取标准温度计和被校温度计的示值并进行比较，其偏差不能超过表2-7中所列出的最大允许误差。在校验时使用的恒温器有冰点槽、恒温水槽和恒温油槽，根据所需校验的温度范围选取恒温器。热电阻值的测量可以用电桥，也可以用直流电位差计测量恒电流（小于6mA）流过热电阻和标准电阻的电压降 U_t 和 U_N，然后用式（2-5）计算出热电阻的阻值 R_t，即

$$R_t=\frac{U_t}{U_N}R_N \tag{2-5}$$

式中　R_N——已知的标准电阻阻值。

校验时需按以下步骤进行：

（1）将所用设备连接成如图2-22所示的线路。

（2）将电阻体放在恒温器内，使之达到校验点温度并保持恒温，然后调节分压器使毫安表指示约为4mA（不超过6mA），将切换开关倒向接标准电阻 R_N 的一边，读出电位差计示值 U_N；然后立即将切换开关倒向被测校验电阻 R_t 一边，读出电位差计示值，按式（2-5）求出 R_t。在同一校验点需反复测量几次，计算出几次测量的 R_t 值（指同一校验点），取其平均值与分度表比较，看其误差是否大于允许误差。如果误差在允许范围内，则认为该校验点的 R_t 值合格。

（3）再取被测温度范围内10％、50％和90％的温度校验点重复以上校验，如均合格，

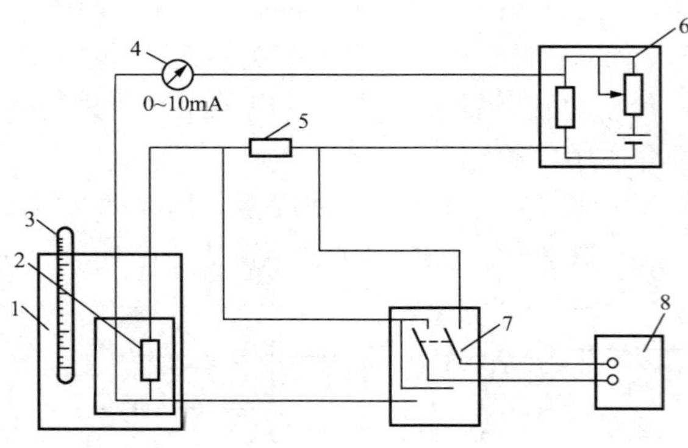

图 2-22 校验热电阻的接线

1—加热恒温器；2—被校验电阻体；3—标准温度计；4—毫安表；5—标准电阻；6—分压器；7—双刀双掷切换开关；8—电位差计

则此热电阻校验完毕。

2. 两点法

比较法虽然可用调整恒温器温度的办法对温度计刻度值逐个进行比较校验，但所用的恒温器规格多，一般实验室多不具备。因此，工业电阻温度计可用两点法进行校验，即只校验 R_0 与 R_{100}/R_0 两个参数。这种校验方法只需具有冰点槽和水沸点槽，分别在这两个恒温槽中测得被校验电阻温度计的电阻 R_0 和 R_{100}，然后检查 R_0 值和 R_{100}/R_0 的比值是否满足表 2-7 中所规定的技术数据指标，以确定温度计是否合格。

四、热电阻故障原因及处理方法

热电阻的常见故障是热电阻的短路和断路。一般断路更常见，这是因为热电阻丝较细。断路和短路是很容易判断的，可用万用表的“×1Ω”挡，如测得的阻值小于 R_0，则可能有短路的地方；若万用表指示为无穷大，则可断定电阻体已断路。电阻体短路一般较易处理，只要不影响电阻丝的长短和粗细，找到短路处进行吹干，加强绝缘即可。电阻体的断路修理必然要改变电阻丝的长短而影响电阻值，为此更换新的电阻体为好；若采用焊接修理，焊后要校验合格后才能使用。热电阻测温系统在运行中常见故障及处理方法见表 2-8。

表 2-8 热电阻测温系统常见故障及处理方法

故 障 现 象	可 能 原 因	处 理 方 法
显示仪表指示值比实际值低或示值不稳	保护管内有金属屑、灰尘、接线柱间脏污及热电阻短路（水滴等）	除去金属屑，清扫灰尘、水滴等，找到短路点，加强绝缘等
显示仪表指示无穷大	热电阻或引出线断路或接线端子松开等	更换电阻体，或焊接及拧紧螺丝等
阻值与温度关系有变化	热电阻丝材料受腐蚀变质	更换电阻体（热电阻）
显示仪表指示负值	显示仪表与热电阻接线有错，或热电阻有短路现象	改正接线，或找出短路处，加强绝缘

五、热电阻的选择与误差分析

1. 热电阻的选用原则

选用热电阻测温时，需要考虑以下几点：

（1）测温范围。了解经常测定的温度值和温度变化范围，以正确选用热电阻的测量范围。

（2）测温准确度。应明确要求测量准确度，不要盲目追求高准确度，因为准确度越高，热电阻的价格就越高，应选择既满足测量要求，准确度又适宜的热电阻。

（3）测温环境。应明确场所的化学因素、机械因素以及电磁场的干扰等，这对正确合理选用保护管材料、形状及尺寸十分有用。在500℃以下一般采用金属保护管。

(4) 成本。在满足测量准确和使用寿命的情况下，成本越低越好。

常用的热电阻只有两种，Pt100和Cu50。Pt100测温范围是－200～＋650℃，Cu50测温范围是－50～＋150℃，确定温度范围时要留一定的福份裕量，比如测的介质温度一般为130℃时，选择Cu50就不太合适了，因为裕量太少，很可能最高温度就超过150℃而测不出来。

2. 热电阻测温系统的误差分析

热电阻温度计的测量准确度比热电偶的高。但在使用中应注意产生误差的原因，防止因使用条件不当而降低测量准确度。

使用热电阻测温时要特别注意线路电阻的影响，因为线路电阻的变化使温度产生误差。所以必须测准导线电阻，再绕制线路调整电阻，使线路总电阻等于仪表的线路总电阻。为克服环境温度变化对导线电阻的影响，尽可能采用三线制或四线制接线方式。

用XCZ-102动圈式仪表或电子平衡电桥作为显示仪表时，流过热电阻回路的电流均应小于6mA，设计时已考虑了把该电流所引起热电阻的自热误差限制在允许误差范围之内。如果自己组合测量回路，并采用电位差计或手动电桥测量热电阻的阻值，则应限制热电阻回路电流不超过6mA，以免增大自热误差。

第四节　模拟显示仪表

由上述可知，热电偶和热电阻仅仅是将被测温度的变化分别转换成热电势和电阻值变化的感温元件。为了直观地将被测温度显示出来，就必须采用显示仪表与它们配套使用，组成一个测温系统。工业上广泛应用的模拟显示仪表有动圈式和自动平衡式两大类型。

一、动圈式指示仪表

动圈式显示仪表是我国自行设计制造的系列仪表产品，目前有XC、XF、XJ等几个系列，每一个系列又分为指示型（Z）和指示调节型（T）。它与热电偶、热电阻、其他输出为直流毫伏或电阻变化的测量元件配合，可以显示被测介质的温度或其他参数。和热电偶配套的动圈仪表型号为X$\frac{C}{F}$Z-101或X$\frac{C}{F}$T-101等；和热电阻配套的动圈仪表型号为X$\frac{C}{F}$Z-102或X$\frac{C}{F}$T-102等。

动圈式显示仪表具有结构简单、体积小、性能可靠、成本低、使用维护方便等优点，因此在工业生产中，尤其是在中小企业得到广泛应用。

1. 与热电偶配套的XCZ-101动圈式温度指示仪

动圈式仪表测量机构的核心部件是一个磁电式毫伏计。如图2-23所示，动圈是用具有绝缘层的细铜线绕制成的矩形框，用张丝支撑（张丝还兼作导流丝），置于永久磁钢的空间磁场中。当热电偶产生的热电势E_{AB}（t，t_0）毫伏信号加在动圈上时，便有电流I流过动圈，根据载流线圈在磁场中受力的原理，动圈在电磁力矩（$M=C_1I$）的作用下产生转动。动圈的偏转使张丝扭转，从而产生反抗动圈转动的力矩（$M_f=C_2\alpha$）。当两力矩平衡时，线圈就停在某一位置上，此时动圈偏转角α为

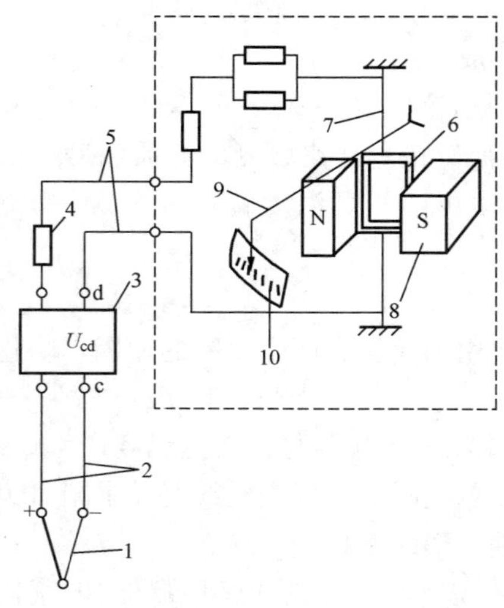

图 2-23　XCZ-101 动圈式温度指示仪表的测量原理

1—热电偶；2—补偿导线；3—冷端补偿装置；4—外接电阻；5—连接导线；6—动圈；7—张丝；8—磁钢；9—指示指针；10—刻度面板

$$\alpha=\frac{C_1}{C_2}I=CI=C\frac{E_{AB}(t,t_0)}{\Sigma R}=C\frac{E_{AB}(t,t_0)}{R_W+R_N} \tag{2-6}$$

式中　C——仪表常数；

ΣR——回路中的总电阻值；

t_0——冷端温度。

由式（2-6）可知，在 ΣR 和 t_0 一定时，动圈的位置 α 与被测温度 t 具有单值函数关系，当面板直接刻成温度标尺时，装在动圈上的指针就指示出被测介质的温度值。

从式（2-6）可以看出，回路中的电流（也就是流过动圈的电流）不仅和热电势有关，而且与回路内总电阻有关。也就是说，对于相同的热电势值，如果整个测量回路的电阻值不同，流过动圈的电流值也不同。而在实际测温时，从测温现场到显示仪表的距离有长有短，热电偶本身的长度、粗细也随型号规格不同而不同，R_W 不是一个确定值，这将带来很大的测量误差。为了使流过动圈的电流只与热电势或所测温度成正比，在动圈仪表进行刻度时，采用规定外线路电阻数值为定值的办法来解决这一问题。配热电偶的动圈表统一规定 R_W 为 15Ω，此值标注在仪表面板上。

2. 与热电阻配套的 XCZ-102 动圈式温度指示仪

由 XCZ-101 指示仪可知，动圈式仪表测量机构实际上是一个带动圈的磁电式毫伏计，它要求输入毫伏信号。因此，当用热电阻来测量温度时，首先就得设法将随温度变化的电阻值转换成毫伏信号，然后送至动圈测量机构，以指示出被测介质的温度。因此，与热电阻配套的 XCZ-102 动圈温度指示仪主要由两部分组成，即将电阻变化值转换成毫伏信号的测量桥路和动圈测量机构。测量原理如图 2-24 所示。

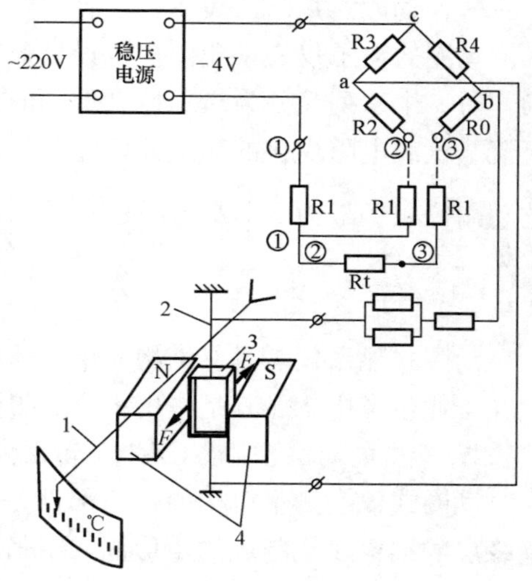

图 2-24　XCZ-102 动圈式温度指示仪表的测量原理

1—指示指针；2—张丝；3—动圈；4—磁钢

①、②、③—三条线路

测量桥路是一不平衡电桥，由电阻 R0、R2、R3、R4 和热电阻 Rt 组成。采用稳压电源为其供电。当被测温度为仪表刻度起始点温度时，电桥平衡，$U_{ab}=0$，没有电流流过动圈，指针指在起始点位置；当热电阻 Rt 随温度变化时，电桥失去平衡，U_{ab}不等于零，此时电流流过动圈，在磁场的作用下，动圈转动，与此同时，张丝产生反抗力矩，当两力矩平衡时，指针指示相应的温度。

为了减小连接导线电阻变化而引起的误差，用热电阻测温时常采用三线制接法。如图 2-25 所示，连接导线 2 和 3 分别加在电桥的两个相邻的桥臂上，环境温度引起的导线电阻变化可以相互抵消一部分，减小了对仪表读数的影响，提高了测量的准确性。

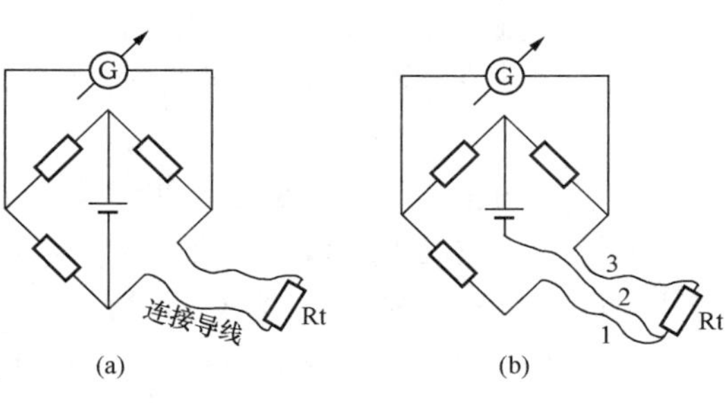

图 2-25　热电阻连接法
(a) 二线制接法；(b) 三线制接法

与 XCZ-101 动圈式指示仪相同，XCZ-102 动圈式指示仪统一规定了外接电阻值。三线制连接法规定每根外接导线电阻为 5Ω，使用时，若每根连接导线电阻不足 5Ω 时，用调整电阻补足。

3. XFZ 系列动圈式仪表

XFZ 系列动圈表也可与热电偶或热电阻配用。它与 XCZ 系列动圈表的不同之处在于：XFZ 系列的测量电路主要由线性集成运算放大器构成，图2-26所示为 XFZ-101 型动圈仪表的组成。测量机构中采用了大力矩游丝、玻璃支撑动圈。微弱的输入信号经放大器放大后，输出伏级电压信号。该信号经测量机构线路（RS 和动圈电阻 RD）转换为电流。电流在永久磁铁的磁场中产生旋转力矩，驱动动圈及指针偏转，同时引起游丝变形产生反作用力矩。当旋转力矩与反作用力矩相等时，动圈停止转动。动圈及指针的偏转角度与输入电流成正比，该电流取决于输入的热电势的值，因此仪表的指针便指示出相应的温度值。

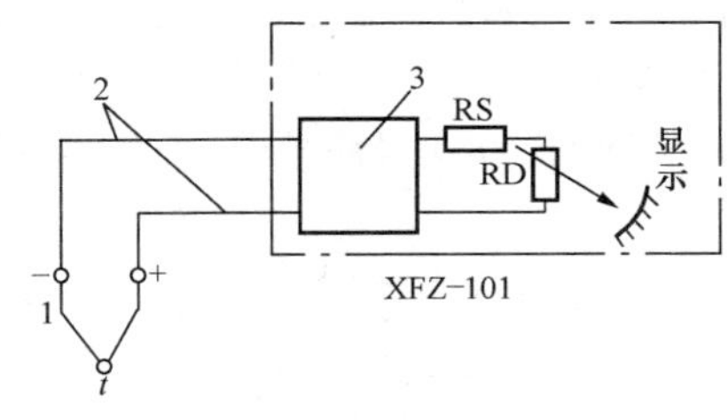

图 2-26　XFZ-101 型动圈仪表组成
1—热电偶；2—补偿导线；3—线性放大器

该仪表由于采用了高放大倍数的集成电路线性放大器，通过动圈的电流增大很多，动圈得到的旋转力矩较大，故称为强力矩动圈式仪表。由于采用强力矩游丝作为平衡元件，故稳定性好，具有较强的抗振能力。又因在集成运算放大器中可设置冷端温度自动补偿，故不需在热电偶测温回路中接入冷端温度补偿器。此外，由于运算放大器的输入阻抗很大，外电路的等效电阻与输入阻抗相比，可忽略不计，因此 XFZ-101 对外电路等效电阻没有具体要求，给使用带来了方便，也相当于增加了一级串联校正环节，提高了仪表的准确度。

此外，还有 $X_F^C T$ 系列动圈式指示调节仪可与热电偶、热电阻配用，本书不再赘述。

二、自动平衡式显示仪表

（一）电位差计显示仪表

动圈式显示仪表虽然具有结构简单、价格便宜、易于维护、测量方便等优点，但是它的读数受环境温度和线路电阻的影响较大，测量准确度不高，不适用于精密测量。另外，它的可动部分容易损坏，怕振动，阻尼时间长且不便于实现自动记录。但是使用电位差计却可大大减小因上述原因而产生的误差并实现自动记录。电位差计测量方法在实验室和工业生产中得到广泛应用。

电位差计测量热电势的工作原理是：用一个已知的标准电压与被测电势相比较，平衡的时候，二者之差值为零，被测电势就等于已知的标准电压。这种测量方法亦称补偿法或零值法。

电位差计测量方法的特点是：在读数时通过热电偶及其连接导线的电流等于零，因而热电偶及其连接导线的电阻值即使有些变化，不会影响测量结果，使测量准确性大为提高，这点与用动圈式仪表的测量方法是不同的。但要注意，热电偶连接线路的电阻不能太大，否则会使热电偶支路中的不平衡电流变得很小，致使检流计读不出偏差来，这样会降低测量的灵敏度和准确度。

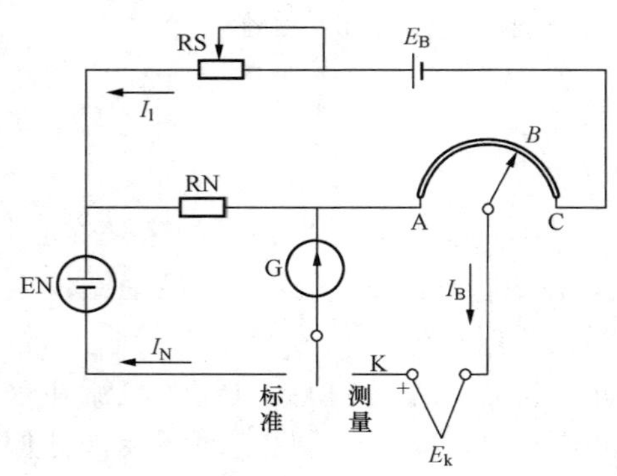

图 2-27　手动电位差计

1. 手动电位差计

实验室用的手动电位差计中采用了直流分压线路，如图 2-27 所示。图中标准电池 EN、标准电阻 RN 及检流计（G）组成的回路是用来校准工作电流 I_1 的。校准工作电流时将切换开关 K 接向“标准”，调整 RS 以改变 I_1 大小，直至 $I_1R_N=E_N$ 时，检流计 G 指针指零。因为标准电池的电势 E_N 是恒定的，RN 是用锰铜丝绕制的标准电阻，其值也是不变的，所以当 G 指针指零时 I_1 就符合规定值，这个操作过程通常称为“工作电流标准化”。然后将切换开关接向“测量”位置，调整 B 点位置使检流计指针指零，此时 B 的位置就指出被测电势的大小。

由于标准电池及标准电阻的准确度都比较高，加上应用了高灵敏度的检流计，所以电位差计可得到较高的测量准确度。标准电池的电势很稳定，但随温度变化而略有变化，常用的标准电池在+20℃时的电势为 1.0186V（准确度达±0.01%）。使用中需注意标准电池不允许通过大于 1μA 的电流。

2. 自动电子电位差计

手动电位差计在使用时必须用手调节测量变阻器，因此，电位差计不能连续、自动地指出被测电势，因而不适用于实验和生产上能自动、连续地指示和记录被测参数的要求。

电子电位差计是根据电压平衡原理自动进行工作的。与手动电位差计比较，它是用可逆电动机及一套机械传动机构代替了手动进行电压平衡操作，用放大器代替了检流计来检测不平衡电压并控制可逆电动机的工作。电子电位差计的原理和组成方框图如图 2-28 所示。它主要由测量电路、放大器、可逆电动机、同步电动机、机械传动机构、指示机构、记录机构和调节机构等部分所组成。被测量经测量转换元件转换成相应的电量信号 E_x 后，送入仪表的测量电路，当 $U_{AB}=E_x$ 时，测量电路处于平衡状态，无电压输出，仪表的指针和记录笔将停留在对应于被测量的刻度点上。当被测量的变化使仪表的输入信号发生相应的变化时，就破坏了原来的平衡状态，测量电路将输出一个不平衡电压 $\Delta U\neq 0$，经过放大器放大后，驱动可逆电动机旋转。可逆电动机通过一套机械传动机构带动测量电路中滑线电阻的滑动臂，从而改变滑动臂的位置，直至测量电路消除不平衡电压达到新的平衡时，可逆电动机即停止转动。在可逆电动机带动滑动臂移动的同时，还带动指针和记录笔沿着刻度标尺滑动，并停留在新的平衡点所对应的位置，显示出被测量的瞬时值。同步电动机带动走纸、打印、

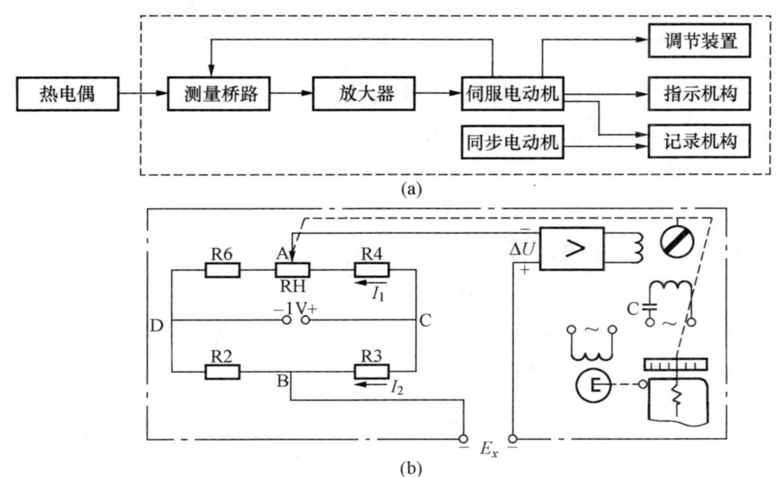

图 2-28 电子电位差计原理和组成方框图

(a) 工作原理示意；(b) 测量桥路及组成示意

切换等机械传动机构，在记录纸上以画线或打点的形式，把被测量对应于时间的变化过程描绘成曲线。由此可见，电子电位差计是一个随动装置，它总是随着输入信号（被测量）的变化，从一个平衡状态过渡到另一个平衡状态。

由于这种测量方法在读数时要达到电压平衡，此时在被测回路中没有电流流过，测量回路中的线路电阻（导线及热电偶的电阻）的变化不会影响测量结果，因此测量准确度可以大大提高，通常电子电位差计的准确度为±（0.2%～0.5%）。

（二）平衡电桥

平衡电桥是测量电阻的显示仪表，按其能否自动平衡分为手动平衡电桥和电子自动平衡电桥。

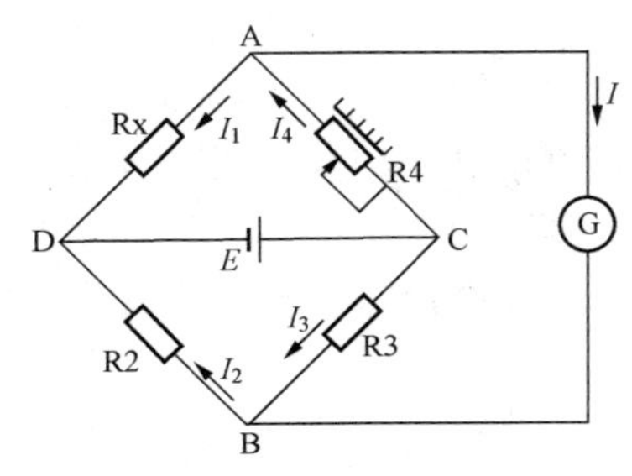

图 2-29 手动平衡电桥

1. 手动平衡电桥

手动平衡电桥测量电阻的原理如图 2-29 所示。图中，Rx 是待测电阻，R2 和 R3 是锰铜线绕固定电阻（通常取 R2、R3 的阻值相等），R4 是可调电阻，E 是电池的电势，G 是检流计。

测量 R_x 时，调整 R4 使检流计 G 指零，这时电桥处于平衡状态，即

$$I_1R_x=I_2R_2, \qquad I_4nR_4=I_3R_3$$

式中 n——可调电阻 R4 滑触点的位置系数，$n=0\sim1$。

上面两式相除，并考虑 $R_2=R_3$，于是有

$$n=\frac{1}{R_4}R_x$$

待测电阻 Rx 可以用 R4 滑触点在标尺上的位置 n 来表示。

2. 电子自动平衡电桥

电子自动平衡电桥和电子自动电位差计一样，是一种自动平衡式显示仪表。两种仪表的

基本结构相同，都是由检零放大器、可逆电动机、机械传动机构、指示记录机构、同步电动机和测量桥路等几部分组成的。不同之处主要是，电子自动平衡电桥是测量电阻的仪表，其测量桥路是一个平衡电桥。因此，凡是能变换成电阻的量都可以用电子自动平衡电桥来测量，而电子自动电位差计是测量直流电压的仪表，其测量桥路是一个不平衡电桥。

图 2-30 是电子自动平衡电桥的测量电路简图。实际测量中，热电阻与显示仪表之间相距较远，为了减小当环境温度变化时连接导线电阻的变化所引起的附加温度误差，热电阻 Rt 按三线制接法接到平衡电桥的桥臂 AD 中。使用时，应调整外接电阻的调整电阻，使连接导线上的电阻 R1 为规定值。滑线电阻 RH 跨接在两个相邻的桥臂 AC 和 AD 之间，移动 RH 滑触点将同时改变这两个桥臂的电阻，这样可以提高电桥平衡速度；同时，还可以消除 RH 滑触点的接触电阻对测量的影响。

当被测对象温度变化引起热电阻 Rt 的阻值变化时，电桥不平衡，不平衡电压输至放大器放大后，推动伺服电动机，带动滑线电阻上的滑点移动，改变上支路两个桥臂的比值，最后使桥路恢复平衡，同时由伺服电动机带动指针指示出温度的数值。

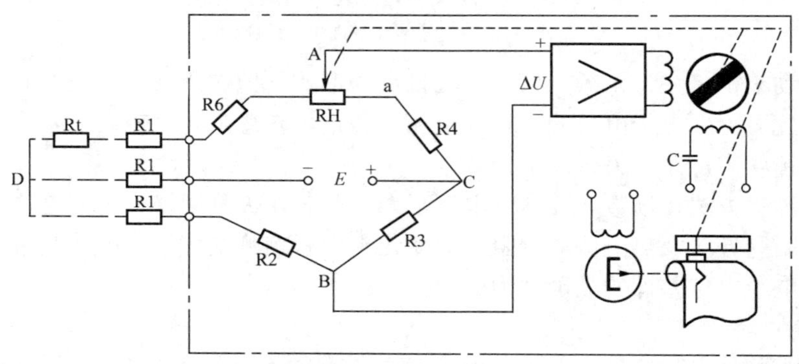

图 2-30　电子自动平衡电桥的测量电路

三、小型温度巡测仪

一台大型火力发电机组需要测量和监视的温度多达几百点甚至上千点，如果仍用一块显示仪表显示一个测点温度的话，就会大大增加显示仪表的数量和仪表屏面积，增加工人的操作和监视工作量，不利于机组安全经济运行。数字温度巡测仪是一种数字式仪表，它能快速、自动地巡回测量和显示生产设备的测点温度。有些型号的巡测仪还具有报警功能。

在巡测中，如发现有测点温度越限，能自动发出声、光报警信号，提醒运行人员注意及时处理。这样就较好地解决了测点数目多与仪表屏面积不宜过大的矛盾。数字温度巡测仪的类型较多，下面以 XSW-10 型数字温度巡测仪为例，简要介绍这类仪表的测量原理。

XSW-10 型数字温度巡测仪的测量电路如图 2-31 所示。测温敏感元件为 Cu100 型铜热电阻元件，其测温范围是−50～150℃；温度每变化 1℃，热电阻 Rti（i=0，1，…10）变化 0.428Ω，并且 Rti 与温度之间是线性关系。如果用一个电流为 2.34mA 的恒流源给 Rti 提供电流，则温度每变化 1℃，Rti 上的电压将变化 1mV。

为了使 0℃时送到 A/D 转换器的输入电压为零，在电路中设置了一个比较电压。图2-31中，R0 为锰铜丝绕制的固定电阻（100Ω），调整可调电阻 RW，使流过 R0 的电流为 2.34mA，于是在 0℃ 时，R0 上的电压和热电阻 Rti 上的电压相等，A/D 转换器输入端的电压为零，温度显示器显示 0℃。当被测温度高于 0℃时，Rti 上的电压也随之增大，这时 A 点电位高于 B 点电位，温度显示器显示正的温度；反之，当被测温度低于 0℃时，Rt 上的电压随之减小，这时 A 点电位低于 B 点电位，温度显示器显示负的温度。

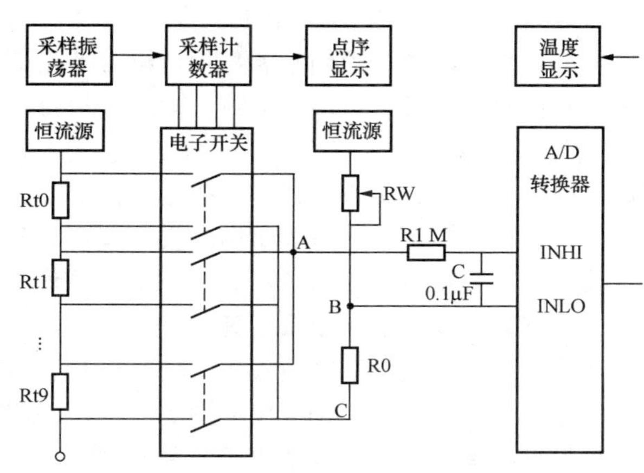

图 2-31 XSW-10 型数字温度巡测仪测量电路简图

采样振荡器每 2s 送出一个脉冲给采样计数器，由于该巡测仪共测量 10 个测点的温度，所以采样计数器只用一位二-十进制计数器即可。随着采样脉冲不断进入，采样计数器的状态不断变化，其 BCD（二-十进制）码一路送至寄存器、译码器和点序显示器，显示测点序号；另一路送至电子模拟开关的控制电路，将测点的热电阻依次接到 A/D 转换器的输入端。例如，Rt1 接到 A/D 转换器时，点序显示器显示 1，表示测点为第一点；相应地，温度显示器显示出第一点的温度。如此，开关轮流导通，每 2s 切换一个测点，在点序显示器和温度显示器上就分别将这 10 个测点的序号和温度依次显示出来。

第五节 数字显示仪表

数字显示仪表分为普通数字显示仪表和智能数字显示仪表两大类。

普通数字显示仪表是采用数码技术，把与被测变量成一定函数关系的连续变化的模拟量变换成断续的数字量来显示的仪表。这类仪表机械结构简单，电路结构复杂，测量速度快、准确度高、读数直观，便于进行数值控制和数字打印，也便于和计算机联用，所以，数字式显示仪表得到了广泛应用。

普通数字显示仪表和模拟显示仪表一样，与各种传感器或变送器配套后，可用来显示温度、压力、流量、物位、成分等不同的参数。

一、数字显示仪表的特点及基本功能

1. 数字显示仪表的特点

与模拟显示仪表相比，普通数字显示仪表具有以下特点：

（1）结构紧凑，测量准确度高、灵敏度高；

（2）测量速度快，从每秒几十次到每秒上百万次；

（3）数字显示，读数清晰、直观、准确、方便，可以方便地实现多点测量；

（4）便于与计算机联用。

2. 数字显示仪表的基本功能

数字显示仪表具有以下基本功能：

（1）输入信号一般为电压、电流或频率脉冲信号及开关信号等。

（2）以 0～9 数字形式及其单位符号显示被测参数的测量值。

（3）可对被测参数自动测量和显示，可对被测参数设定报警，当被测参数达到设定值时可输出控制信号，并可进行多点测量、显示、报警、输出控制信号。

3. 数字显示仪表的分类

数字显示仪表的分类方法很多，按输入信号分，有电压型和频率型两大类；按测量显示的点数分，有单点显示和多点显示两大类；按功能分，有数字显示仪、数字显示报警仪、数字显示输出仪、数字显示记录仪、数字显示报警输出记录仪等。

二、数字显示仪表的构成及原理

普通数字显示仪表由前置放大器、模数转换器（A/D）、非线性补偿、标度变换和显示装置等部分组成，其组成原理框图如图 2-32 所示。其中 A/D 转换、非线性补偿和标度变换的顺序是可以改变的，可组成适用于各种不同场合的数字显示仪表。

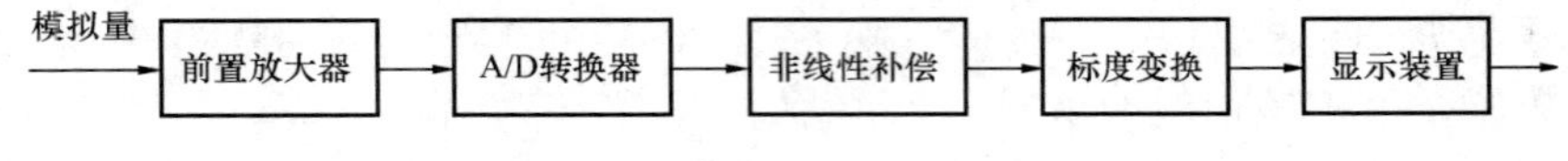

图 2-32 数字显示仪表组成原理

由检测单元送来的信号先经变送器转换成电信号，由于信号较弱，通常需进行前置放大后才能进行 A/D 转换，把连续变化的模拟信号转换成断续变化的数字量；然后经非线性补偿、标度变换后，最后送入计数器计数并显示；同时还可送往报警系统和打印机构，需要时也可把数字量输出，供其他计算单元使用，它还可与单回路数字调节器或计算机配套进行定值控制等。

1. A/D 转换

A/D 转换是数字显示仪表的核心部分。其任务是将连续变化的模拟量转换成与其成比例的、断续变化的数字量，以便进行数字显示。要完成这一任务，必须用一定的计量单位使连续量整量化，才能得到近似的数字量。数字量的计量单位越小，同一模拟量转换的单位数字量越多，则断续的数字量越接近连续的模拟量，整量化的误差也就越小，转换精度越高。

常用的 A/D 转换器有双积分型（双斜率型）和逐次比较型。双积分型 A/D 转换器的工作原理是将一段时间内输入的电模拟量通过两次积分，变换成与其平均值成正比的时间间隔，然后由脉冲发生器和计数器来测量此时间间隔而得到数字量。它属于间接法测量，即模拟量不是直接转换成数字量，而是首先转换成时间间隔这一中间量，再由中间量转换成数字量。逐次比较型 A/D 转换器为直接法测量，它是基于电位差计的电压比较原理（相当于用天平称重），用一个标准的可调电压与被测电压进行逐次比较，不断逼近，最后达到一致。当两者一致时，已知标准电压的大小，就表示了被测电压的大小。再将这个和被测电压相平衡的标准电压以二进制形式输出，就实现了 A/D 转换。

逐次比较型 A/D 转换器采用逻辑电路，实现高速转换，其转换速度可达微秒数量级。具有测量准确度高、稳定性好，测量速度快等优点。尽管电路复杂，抗干扰能力差，要求精密元件多，但在当前飞速发展的高速多点巡回检测系统及计算机参与生产过程控制系统中，仍将其作为 A/D 转换的主要手段。

2. 非线性补偿

非线性补偿是为了使仪表显示的数字与被测参数成对应的比例关系而采取的各种补偿措

施。因为大多数检测元件和传感器都存在着输入输出的非线性特性。在测量电路中，也往往存在着非线性元件或非线性转换。所以为了使仪表的输出与被测参数一一对应，在数字显示仪表内一般都有非线性补偿环节。目前常用的方法有模拟式非线性补偿、非线性模-数转换补偿法、数字式非线性补偿法等。如检测元件或变送器的输入输出线性关系很好，或是对仪表的准确度要求不高，非线性补偿环节也可省略。

3. 标度变换

标度变换的实质就是量程变换，它使仪表的显示数字能直接表征被测参数的工程量，即直接显示温度、压力、流量或液位，所以是一个量纲的还原。因为测量值与工程值之间往往存在一定的比例关系，测量值必须乘上某一常数，才能转换成数字仪表所能直接显示的工程值。标度变换可以在模拟部分进行，也可以在数字部分进行。

4. 计数显示

数字显示装置通过计数器对所接受的脉冲信号进行计数，再经译码器等，将被测量结果用十进制数显示出来，以便操作人员能直接精确地读取所需的数据。常用数字显示器有辉光数码管显示器、发光二极管显示器、液晶显示器等。

三、智能显示仪表

随着现代化工业控制技术的飞跃发展和新技术、新工艺的不断应用，以 CPU 为核心的新型显示仪表——智能显示仪表已经越来越广泛地应用于各行各业。智能显示仪表包括智能数字显示仪表和图像显示仪表，后者常称为无纸记录仪或电子记录仪。无纸记录仪就是直接把工艺参数的变化量，以文字、图形、曲线、字符等多种方式在屏幕上进行显示的仪表。这类仪表是随着电子计算机的应用而发展起来的一种新型显示仪表，兼有模拟显示仪表和数字显示仪表的功能，并具有计算机大存储量的记忆能力与快速性功能，是现代计算机不可缺少的终端设备，也是计算机综合集中控制不可缺少的显示装置。智能显示仪表如图 2-33 所示。

图 2-33 智能显示仪表

1. 智能数字显示仪表的功能和特点

(1) 全功能输入信号，可同时测量标准直流毫伏、伏、毫安及热电阻、热电偶等多种信号。

(2) 采用高可靠性无触点开关和动态校零技术，具有自动温度补偿及自动校零环节。稳定性好，测量准确度高。

(3) 具有光柱显示、数字显示、字符说明、曲线显示、棒图显示等多种显示方式，显示直观、准确；并有趋势记录、表格记录、分区记录、放大/缩小记录及量程自动切换等多种记录方式。

(4) 具有代数运算和逻辑运算功能，并能进行流量积算和 PID 控制，带有报警功能。

(5) 可对信号类型、测量范围、报警内容、记录方式、走纸速度、打印报表内容及 PID 调节参数等进行设置。

(6) 具有掉电保护功能，内置掉电保护存储器（掉电后数据可保存十年），实现超大容量信息存储，并可随时在仪表上重现各种现场数据。

（7）具有超量程、断线、断偶指示等故障自诊断功能。

（8）可以通过通信接口和计算机联网，构成计算机管理系统。

2. 智能数字显示仪表的组成

智能数字显示仪表主要由工业专用微处理器、A/D 转换器、EEPROM、显示控制器、液晶显示器、键盘控制器等部分组成。

整个智能数字显示仪表的工作由微处理器负责，它根据键盘的按键命令，通过总线对各部件进行控制。由标准信号、热电偶、热电阻等送来的信号经前端处理送至模拟开关，在微处理器的控制下分别送至调理电路变换成适当的电压信号，经 A/D 转换后成为数字量，微处理器对该测量值经校零、线性化运算、冷端补偿等处理后，送至显示器显示。必要时可将记录曲线或数据送往打印机打印，也可将相关数据送往计算机加以保存或进一步处理。

第六节　温度变送器

从前面几节看到，传感器的输出量不同，与之配套的显示仪表也不相同。如热电偶要配输入毫伏信号的 XFZ-101 型动圈式仪表或电子自动电位差计；热电阻要配输入电阻信号的 XFZ-102 型动圈式仪表或电子自动平衡电桥，这给显示仪表的制造和使用带来很多不便。如果能将不同类型传感器的输出量变换成统一的标准量，就可以实现显示仪表的通用化，减少显示仪表在制造和使用上的不便。

温度变送器实质上就是这样一种信号变换仪表。它可以和各种标准化热电偶或标准化热电阻配套使用，将热电势或热电阻变换成统一的直流电流或电压，作为显示仪表的输入量。下面介绍两种工业上常用的温度变送器。

一、ITE 热电偶温度变送器

ITE 型温度变送器是目前在电厂中广泛使用的主要变送单元之一。它能与各种标准测温元件(热电偶、热电阻)配合使用，连续地将被测温度对应的电势或电阻值线性地转换成 1～5V (DC)或 4～20mA(DC)统一信号输送到指示、记录仪表或控制系统，以实现生产过程的自动检测或自动控制。

1. 电路的组成和工作原理

采用 24V（DC）供电的普通型 ITE 型热电偶温度变送器的原理方框图如图 2-34 所示，它主要由线性化输入回路和放大输出回路两大部分组成。线性化输入回路的作用有：①将功率放大器输出的反馈电压信号转换成与热电偶的热电特性有相似非线性特性的电压信号；②实现热电偶冷端温度自动补偿和整机调零，以及零点迁移和量程范围的调整；③对反馈电压、冷端补偿电压、零点迁移电压及输入热电势进行综合运算。放大输出回路的作用是：将线性化输入回路输出的综合信号放大转换成 4～20mA（DC）或 1～5V（DC）的统一信号输出供给负载，并向内部的线性化电路输出 0.2～1.0V 的反馈电压信号；同时，通过电流互感器实现输入回路与输出回路的电隔离，以增强仪表的抗干扰能力。

从方框图上可知，被测温度 t 经热电偶转换成相应的热电势 E_t，送入线性化输入回路，E_t 与线性化电路输出的反馈电压 U_f 和零点调整及参比端温度补偿电路输出的电压 U_z 进行综合运算后，送到电压放大器及功率放大器放大并转换成电流信号 I'_0，该电流信号再经隔

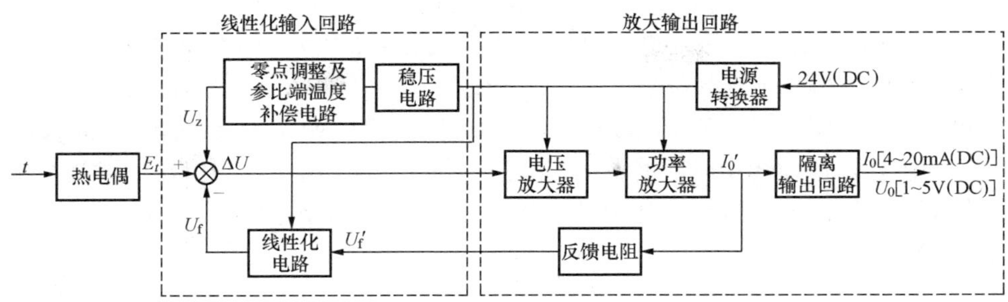

图 2-34 ITE 型热电偶温度变送器的组成原理方框图

离输出回路转换成 1～5V（DC）或 4～20mA（DC）信号送到指示、记录仪表或控制系统。与此同时，I'_0 信号还通过反馈电阻转换成相应的反馈电压 U'_f，并送到线性化电路进行运算处理，转换成与热电偶的热电特性近似一致的反馈电压 U_f 输出，U_f 反馈到电压放大器的反相输入端，实现整机的负反馈作用。当整机电路处于平衡状态时，变送器的输出电压 U_0（或电流 I_0）与被测温度 t 呈线性关系。

2. 变送器使用注意事项

(1) 变送器既可输出 4～20mA（DC）电流信号，又可输出 1～5V（DC）电压信号，但两者的输出端子不同。当采用电流输出时，其外接负载电阻为 100Ω。

(2) 零位和量程调整互有影响，需反复调整。

二、ITE 型热电阻温度变送器

ITE 型热电阻温度变送器能与各种标准热电阻配合使用，连续地将被测温度对应的电阻值线性地转换成 4～20mA（DC）或 1～5V（DC）统一信号，送给记录指示仪表或控制仪表，以实现生产过程的自动检测或自动控制。

1. 电路的组成和工作原理

ITE 型热电阻温度变送器的原理方框图如图 2-35 所示。由方框图可知，ITE 型热电阻温度变送器与热电偶温度变送器的组成基本相同，都由线性化输入回路和放大输出回路两大部分组成，且两者的放大输出部分一样，仅线性化输入部分不同。ITE 型热电阻温度变送器线性化输入回路的作用有：①将输入热电阻 Rt 线性地转换成与被测温度 t 相对应的电势信号 E_t，并对热电阻连接导线电阻所引起的测量误差进行补偿；②实现整机调零，以及零点迁移和量程范围的调整；③对电势信号 E_t、调零及零点迁移电压 U_z 和反馈电压 U_f 进行综合运算。放大输出回路的作用与热电偶温度变送器的放大输出回路作用相同。

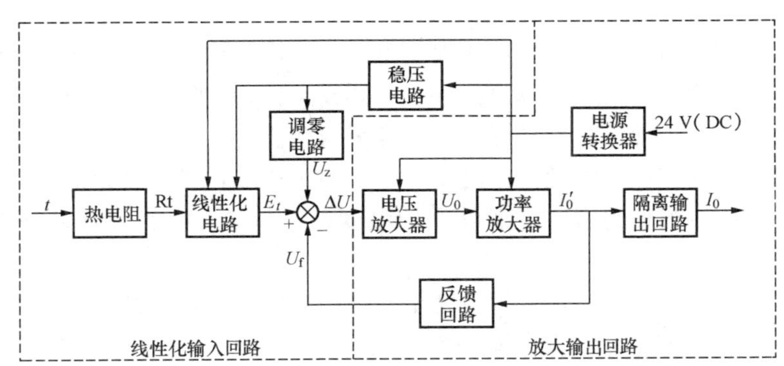

图 2-35 ITE 热电阻温度变送器的组成原理方框图

从方框图上可知，被测温度 t 经热电阻转换成相应的热电阻值输至线性化电路，由线性化电路将其转换成相应的电势信号 E_t，E_t 与线性化电路输出的反馈电压 U_f 和零点调整电路输出的电压 U_z 进行综合运算后，送到电压放大器及功率放大器放大并转换成电流信号 I'_0，该电流信号再经隔离输出回路转换成 1～5V（DC）或 4～20mA（DC）信号送到指示、记录仪表或控制系统。与此同时，I'_0 信号还通过反馈回路转换成相应的反馈电压 U'_f，并送到线性化电路进行运算处理，转换成反馈电压 U_f 输出，U_f 反馈到电压放大器的反相输入端，实现整机的负反馈作用。当整机电路处于平衡状态时，变送器的输出电压 U_0（或电流 I_0）与被测温度 t 呈线性关系。

2. 使用注意事项

该变送器的零点调整和量程调整相互影响，在实际调试过程中，需反复进行调整，直到两者均符合规定数值。

该变送器在使用时，还必须按如下要求进行外部配线：

（1）与热电阻相连接的每根输入导线电阻 R 应符合如下规定：R≤输入量程（℃）×0.1Ω，但其最大电阻不得超过 10Ω。

（2）该变送器既可输出 4～20mA（DC）电流信号，也可输出 1～5V（DC）电压信号，但两者的输出端子不同。当采用电流输出时，最大外接负载电阻为 100Ω。

三、智能温度变送器

智能温度变送器采用高度集成的单片机芯片，集成化程度高、准确度高、线性度高、抗干扰能力强、调整及校验简单。可输入热电阻、热电偶信号，在经过仪表处理后，变送输出相互隔离的单路、双路最高三路的线性电压或电流信号。输入、输出、电源之间提供电气隔离。

1. 智能温度变送器的特点

（1）智能化非线性补偿，万能分度号输入（可匹配所有输入信号），通过软件可修改量程和校验。

（2）带有电源极性反接保护电路；线性化输出二线制 4～20mA 标准电流信号。

（3）全新概念计算机数字自动调校，独特全开放用户设定界面。

（4）带冷端自动补偿；采用环氧树脂浇注工艺，产品防潮、防振。

（5）支持网络通信，高精度全数字量传输，二线制 RS485 接口，可挂 1～64 点。

（6）方便组态。界面友好的温度设定软件 SWP-T101 soft 兼容 Windows3.1/3.11/95/98/ME。

（7）全部采用优质进口电子元件，性能可靠，高性价比。

2. 智能温度变送器的参数

（1）输入：热电偶 K、E、S、B、J、R、N，热电阻 Pt100，Cu50、Ba1、Ba2、Cu100 等。

（2）准确度：±0.2%×FS（特殊±0.1%×FS）。

（3）温度漂移：≤0.001 5%FS/℃。

（4）冷端温度补偿准确度：±0.1%。

（5）热电阻输入时允许引线电阻：≤50Ω。

（6）工作温度：工业级标准－10～＋60℃。

（7）输入阻抗：电流时≤250Ω；电压时 500kΩ。

(8) 电流输出：可以带动负载 4～20mA 输出时≤500Ω；0～10mA 输出时≤1kΩ。

(9) 电压输出：内部阻抗 250Ω±0.5%。

(10) 输出保护：输出短路限制。

(11) 绝缘强度：输入/输出/电源/通信/双路间绝缘强度：1500V (AC) /min。

(12) 绝缘电阻：电源、输入、输出之间≥100MΩ [500V (DC)]。

(13) 储运环境温度：−40～+80℃。

(14) 相对湿度：≤85% (40℃时)。

(15) 通信接口：RS485。

(16) 供电电源：交流 85～260V；直流 18～36V (具有反接保护)。

(17) 电源功率：0.7～1.2W。

(18) 外形尺寸：宽×高×深 22.5 mm×100 mm×115mm。

(19) 净重：130g±10g。

四、DCS 测温系统

现场测温元件的信号进 DCS 有三种方式。

(1) 测温信号通过 DCS 中的 TC (热电偶)、RTD (热电阻) 输入卡直接进系统，适用于较近、无干扰、点多的情况下，综合成本比第 (2) 种低一点。

(2) 测温信号通过现场的温度变送器转换成 4～20mA 的标准信号进 DCS，适用距离远、防干扰，AI 卡通用 (一两个点加 RTD 卡不经济)。

(3) 测温信号通过带温度变送器功能的安全栅进入 DCS。对于本安防爆的仪表来讲，本来系统就要考虑安全栅的，所以可以将 RTD、TC 信号接至安全栅，但是要注意传输距离的问题。

所有型号 DCS 的 TC、RTD 输入卡基本上都没有冗余配置，只有 AI 卡有。所以设计上一般将温度指示信号接 TC、RTD 输入卡，温度调节信号接 AI 卡 (原则上所有调节信号都需冗余配置)。如果是本安回路，那就一定要加安全栅。

第七节　非接触式测温仪表

接触式测温方法虽然被广泛采用，但不适于测量运动物体的温度和极高的温度，为此发展了非接触式测温方法。

这种测量方法的特点是，感温元件不与被测介质接触，因而不破坏被测对象的温度场，也不受被测介质的腐蚀等影响。由于感温元件不用与被测介质达到热平衡，其温度可以大大低于被测介质的温度。因此，从理论上说，这种测温方法的测温上限不受限制。另外，它的动态特性好，可测量处于运动状态的对象温度和变化着的温度。

非接触式温度测量仪表分为两类：一类是光学辐射式高温计，包括光学高温计、光电高温计、全辐射高温计、比色高温计等；另一类是红外辐射仪，包括全红外辐射仪、单红外辐射仪、比色仪等。

本节介绍目前广泛应用的单色辐射高温计、全辐射高温计、比色高温计、红外测温仪。

一、热辐射测温的基本原理

绝对黑体 (又称全辐射体) 的单色辐射力 $E_{0\lambda}$ 随波长的变化规律由普朗克定律确定，即

$$E_{0\lambda}=c_1\lambda^{-5}\left[\exp\left(\frac{c_2}{\lambda T}\right)-1\right]^{-1} \quad (2\text{-}7)$$

式中 c_1——普朗克第一辐射常数，$c_1=3.742\times10^{-6}\,\mathrm{W\cdot m^2}$；

c_2——普朗克第二辐射常数，$c_2=14\ 388\mu\mathrm{m\cdot K}$；

λ——辐射波长，μm；

T——绝对黑体温度，K。

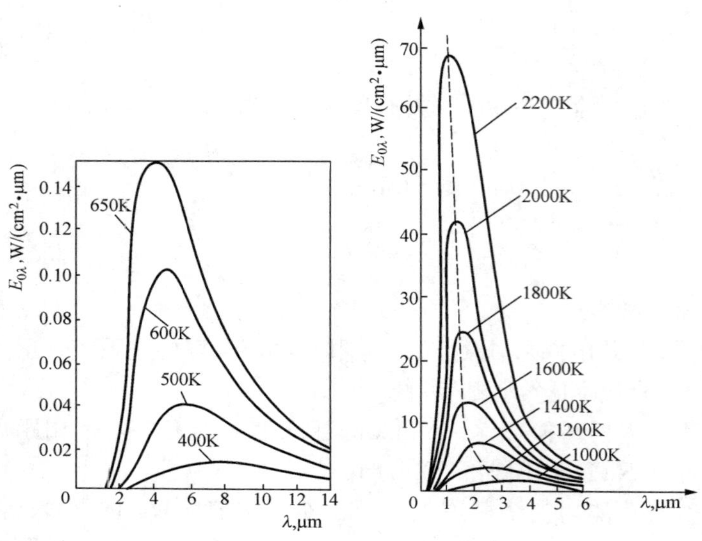

图 2-36 辐射强度与波长和温度的关系曲线

采用上述单位后，$E_{0\lambda}$ 单位为 W/（cm² · μm）。

在温度低于 3000K 时，式（2-7）可用维恩公式代替，误差不超过 1%，维恩公式为

$$E_{0\lambda}=c_1\lambda^{-5}\exp\left(-\frac{c_2}{\lambda T}\right) \quad (2\text{-}8)$$

式中符号与普朗克公式中的符号一样。维恩公式计算较为方便，是光学高温计的理论基础，但只适用于 3000K 以下。

普朗克公式的函数曲线如图 2-36 所示。从曲线可知，当温度增高时，单色辐射力随之增长，曲线的峰值随温度升高向波长较短的方向移动。单色辐射力峰值处的 λ_m 和温度 T 之间的关系由维恩位移定律给出：

$$\lambda_m T=2897\mu\mathrm{m\cdot K}$$

普朗克公式只给出了绝对黑体单色辐射力随温度变化的规律，若要得到波长 λ 为0～∞的全部辐射力的总和 E_0，可把 $E_{0\lambda}$ 对 λ 从 0～∞进行积分，得

$$E_0=\int_0^{\infty}E_{0\lambda}\mathrm{d}\lambda=\int_0^{\infty}c_1\lambda^{-5}(\mathrm{e}^{\frac{c_2}{\lambda T}}-1)^{-1}\mathrm{d}\lambda=\sigma_0 T^4 \quad (2\text{-}9)$$

式中 σ_0——斯忒藩-玻耳兹曼常数，$\sigma_0=5.67\times10^{-12}\,\mathrm{W/(cm^2\cdot K^4)}$。

式（2-9）称为绝对黑体的全辐射定律。它表明，绝对黑体的全辐射力和其热力学温度的四次方成正比。

如果物体的辐射光谱是连续的，而且它的单色辐射力 $E_\lambda=f$（λ）和同温度下的绝对黑体的相应曲线相似，即在所有波长下都有 $E_\lambda/E_{0\lambda}=\varepsilon$（$\varepsilon$ 为小于 1 的常数），则称该物体为“灰体”。该灰体的全部辐射力为 $E=\int_0^{\infty}E_\lambda\mathrm{d}\lambda$，同样有 $E/E_0=\varepsilon$。ε 为物体的特征参数，称为“光谱发射率”或“黑度系数”。自然界实际存在的物体不是绝对黑体。由于一般工程物体的 ε 值随波长变化不大显著，可近似地看作灰体，如锅炉各类受热面、炉膛火焰和含灰的高温烟气等均可视为灰体。

$E_{0\lambda}$ 与 E_0 随温度变化的曲线如图 2-37 所示。虚线表示当 $\lambda=0.65\mu$m 时 $E_{0\lambda}$ 随温度变化的曲线，实线表示 E_0 随温度变化的曲线。当温度升高时，单色辐射力要比全辐射力的增长快

得多。因此，单色辐射高温计比全辐射高温计灵敏度高，测量准确度高。

二、单色辐射高温计

由普朗克定律可知，物体在某一波长下的单色辐射力与温度呈单值函数关系，而且单色辐射力的增长速度比温度的增长速度快得多。根据这一原理制作的高温计称为单色辐射高温计。

当物体温度高于 700℃时，会明显地发出可见光，具有一定的亮度。物体在波长 λ 时的亮度 B_λ，和它的辐射力 E_λ 成正比，即

$$B_\lambda = cE_\lambda \tag{2-10}$$

式中　c ——比例常数。

根据维恩公式，绝对黑体在波长 λ 的亮度 $B_{0\lambda}$ 与温度 T_s 的关系为

$$B_{0\lambda} = cc_1\lambda^{-5}e^{-c_2/(\lambda T_s)} \tag{2-11}$$

实际物体在波长 λ 的亮度 B_λ 与温度 T 的关系为

$$B_\lambda = c\,\varepsilon_\lambda c_1\lambda^{-5}e^{-c_2/(\lambda T)} \tag{2-12}$$

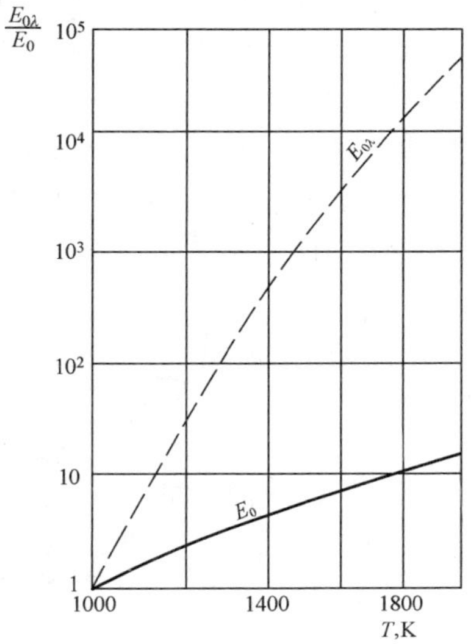

图 2-37　波长 λ=0.65 时单色辐射强度和全辐射能量与温度的关系曲线

由式（2-12）可知，用同一种测量亮度的单色辐射高温计来测量单色黑体系数 ε_λ 不同的物体温度，即使它们的亮度 B_λ 相同，其实际温度也会因为 ε_λ 的不同而不同。这就使得按某一物体的温度刻度的单色辐射高温计，不能用来测量黑度系数不同的另一个物体的温度。为了解决此问题，对这类高温计规定：单色辐射高温计的刻度按绝对黑体（$\varepsilon_\lambda=1$）的温度进行刻度。用这种刻度的高温计去测量实际物体（$\varepsilon_\lambda \neq 1$）的温度时，所得到的温度示值叫做被测物体的“亮度温度”。亮度温度的定义是：在波长为 λ 的单色辐射中，若物体在温度 T 时的亮度 B_λ 和绝对黑体在温度为 T_s 时的亮度 $B_{0\lambda}$ 相等，则把绝对黑体温度 T_s 叫做被测物体在波长为 λ 时的亮度温度。按此定义，根据式（2-11）和式（2-12）可推导出被测物体的实际温度 T 和亮度温度 T_s 之间的关系为

$$\frac{1}{T_s} - \frac{1}{T} = \frac{\lambda}{c_2}\ln\frac{1}{\varepsilon_\lambda} \tag{2-13}$$

由此可见，使用已知波长 λ 的单色辐射高温计测得物体的亮度温度后，必须同时知道物体在该波长下的黑度系数 ε_λ，才能用式（2-13）算出实际温度。因为 ε_λ 总是小于 1 的，所以测得的亮度温度总是低于物体实际温度的，且 ε_λ 越小，亮度温度与实际温度之间的差别就越大。

1. 光学高温计

灯丝隐灭式光学高温计是一种典型的单色辐射光学高温计，由于在测量时，灯丝要隐灭，由此得名。在所有的辐射式温度计中，光学高温计准确度最高。

光学高温计是根据被测物体光谱辐射亮度随温度升高而增加的原理，采用亮度比较法来实现对物体测温的。

国产 WGGZ 型光学高温计的结构原理如图 2-38 所示，主要由光学系统和电测系统组成。

光学系统由物镜和目镜组成望远系统。调节目镜的位置可使灯泡灯丝清晰可见；调节物镜位置可使被测物体成像于灯丝平面上，与灯丝比较亮度。通过调节 RH 的阻值大小来调节灯丝电流，从而控制灯丝亮度，由人眼睛判断亮度平衡与否，当亮度平衡时灯丝顶端的轮廓即隐灭于被测对象的影像中（见图 2-39）。由显示仪表指示出被测物体的亮度温度。红色滤光片使光路满足单色辐射的测温条件。灰色吸收玻璃的投用与否对应于高量程（1500～2000℃）和低量程（700～1500℃）。

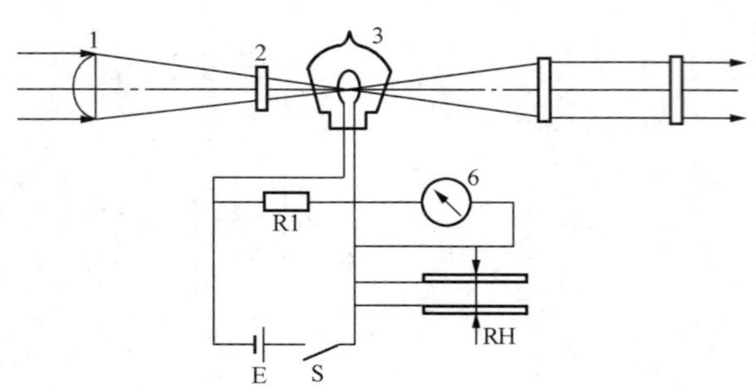

图 2-38 WGGZ 型光学高温计的结构原理

1—物镜；2—灰色吸收玻璃；3—高温计灯泡；4—目镜；5—红色滤光片；6—显示仪表；RH—电流调节变阻器；S—按钮开关；E—干电池

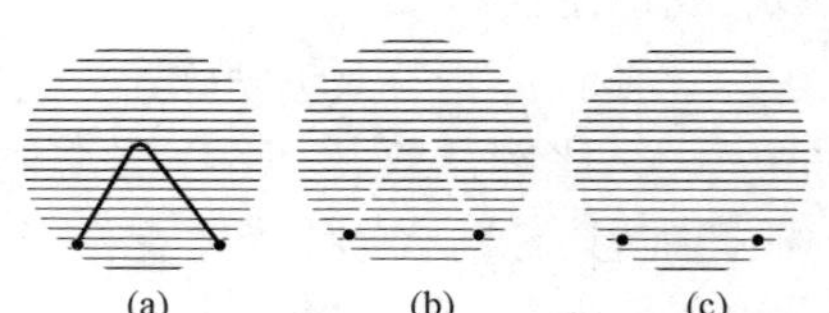

图 2-39 灯丝亮度调整

(a)灯丝太暗；(b)灯丝太亮；(c)隐丝(正确)

电测系统由灯泡（钨丝灯）、直流电路、电流调节变阻器 RH 和显示仪表组成。调节滑线电阻 RH 的阻值大小来改变钨丝灯中的电流，以控制灯丝的亮度。流过显示仪表 6 的电流与灯丝电流有确定的函数关系，因而仪表能指示出灯丝的亮度温度。当被测物像的亮度与灯丝的亮度平衡时，显示仪表显示的温度值也就是被测物体的亮度温度值。

2. 光电高温计

光电高温计是在光学高温计的基础上发展起来的，可以自动平衡亮度、自动连续记录被测温度示值的测温仪表。光电高温计用光电器件作为仪表的敏感元件，替代人的眼睛来感受辐射源的亮度变化，并转换成与亮度成比例的电信号，经电子放大器放大后，输出与被测物体温度相应的示值，并自动记录。为了减小光电器件、电子元件参数变化和电源电压波动对测量的影响，光电高温计采用负反馈原理进行工作。图 2-40 是 WDL 型光电高温计的工作原理。

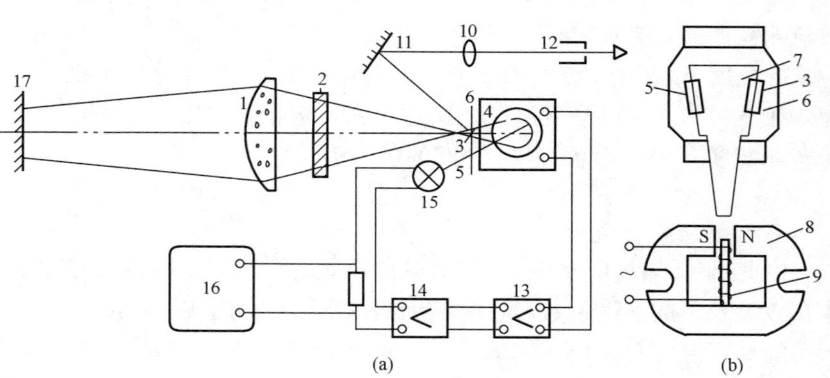

图 2-40 WDL 型光电高温计的工作原理

(a) 工作原理示意图；(b) 光调制器

1—物镜；2—光栏；3、5—孔；4—光电器件；6—遮光板；7—调制片；8—永久磁铁；9—励磁绕组；10—透镜；11—反射镜；12—观察孔；13—前置放大器；14—主放大器；15—反馈灯；16—电位差计；17—被测物体

被测物体的表面发出的辐射能量由物镜聚焦，通过光栏和遮光板上的孔 3，透过装于遮光板内的红色滤光片，射于光电器件（硅光电池）上。被测物体表面发出的光束必须盖满孔，这可用瞄准系统进行观察。瞄准系统由瞄准透镜、反射镜和观察孔组成。从反馈灯发出的辐射能量通过遮光板上的孔 5，透过同一块红色滤光片也投射在同一个光电器件上。在遮光板前放置着每秒振动 50 次的光调制器。在光调制器中，励磁绕组通以 50Hz 的交流电，由此产生的交变磁场与永久磁铁相互作用，使调制片产生 50Hz 的机械振动，交替打开和遮住孔 3 和孔 5，使被测物体表面和反馈灯发出的辐射能量交替地投射到光电器件上。当反馈灯和被测物体表面的辐射能量不相等时，光电器件就产生一个与两个单色辐射能量之差成正比的脉冲光电流，此电流送入前置放大器后再送到主放大器进一步放大。主放大器由倒相器、差动相敏放大器和功率放大器组成，功率放大器输出的直流电流流过反馈灯，当此电流的数值使反馈灯的亮度与被测物体的单色辐射亮度相等时，脉冲光电流为零，此时通过反馈灯的电流大小就代表了被测物体的温度。电位差计用来自动指示和记录通过反馈灯的电流大小，电位差计以温度刻度。

3. 使用单色辐射高温计的注意事项

（1）非黑体辐射的影响。被测物体往往非黑体，而且物体的黑度系数不是常数。物体黑度变化有时是很大的，使被测物体温度的示值有较大误差。为了消除这个误差，可人为地创造黑体辐射的条件，即把一根有封底的细长管插到被测对象中，在充分受热后，管底的辐射就近乎黑体辐射。这样，光学高温计所测管子底部的温度即可视为被测对象的真实温度。要求管子的长度与其内径之比不小于 10。

（2）中间介质的影响。高温计和被测物体之间的灰尘、烟雾和二氧化碳等气体，对热辐射会有吸收作用，因而造成测量误差。为减小误差，高温计与被测物体之间的距离为 1～2m 比较合适。

（3）对被测对象的限定。光学高温计不宜测量反射光很强的物体；不能测不发光的透明火焰。

另外，由于受被测物体黑度的影响，高温计测量的准确度比热电偶、热电阻低，且构造复杂、价格昂贵，不能测物体内部点的温度，因此，在使用上受到限制。光电高温计在更换反馈灯或光电器件时，必须对整个仪表重新进行调整和刻度。

三、全辐射高温计

1. 构造和原理

全辐射高温计是根据全辐射定律制作的温度计。由式（2-9）可知，当知道黑体的全辐射能量 E_0 后，就可以知道温度 T。图 2-41 为全辐射高温计。

物体的全辐射能由物镜聚焦后，经光栏，焦点落在装有热电堆的铂箔上。热电堆是由 4～8 支微型热电偶串联而成，以得到较大的热电势。热电偶的测量端被夹在十字形的铂箔内，铂箔涂成黑色以增大其吸收系数。当辐射能被聚集到铂箔上时，热电偶测量端感受热量，热电堆输出的热电势送到显示仪表，由此表显示或记录被测物体的温度。热电偶的冷端夹在云母片中，这里的温度比测量端低很多。在瞄准被测物体的过程中，观察者可以通过目镜进行观察，目镜前加有灰色滤光片，用来削弱光的强度，保护观测者的眼睛。整个外壳内壁面涂成黑色，以减少杂光的干扰同时创造黑体条件。

全辐射高温计按绝对黑体对象进行分度。用它测量辐射率为 ε 的实际物体温度时，其示

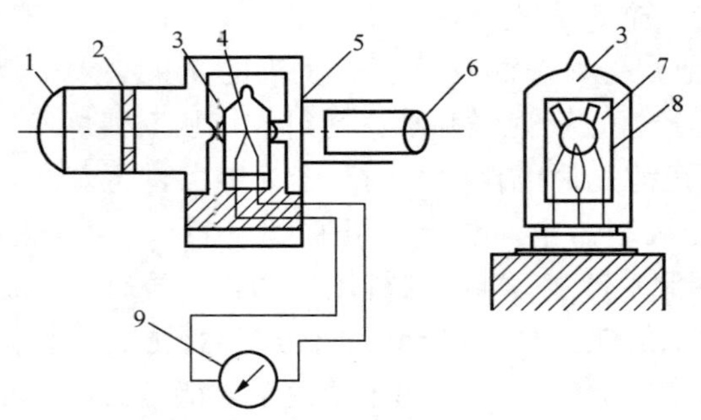

图 2-41　全辐射高温计

1—物镜；2—光栏；3—玻璃泡；4—热电堆；5—灰色滤光片；6—目镜；7—铂箔；8—云母片；9—显示仪表

值并非真实温度，而是被测物体的“辐射温度”。辐射温度的定义为：温度为 T 的物体，其全辐射能量 E 等于温度为 T_p 的绝对黑体全辐射能量 E_0 时，则温度 T_p 称为被测物体的辐射温度。按定义 $E=\varepsilon\sigma T^4$，$E_0=\sigma T_p^4$，当 $E=E_0$ 时，有

$$T=T_p\sqrt[4]{\frac{1}{\varepsilon}} \tag{2-14}$$

由于 ε 总是小于 1，因此 T_p 总是低于 T。因为全辐射高温计是按黑体刻度的，在测量非黑体温度时，其读数是被测物体的辐射温度 T_p，要用式（2-14）计算出被测物体的真实温度 T。

2. 使用全辐射高温计的注意事项

（1）全辐射体的发射率 ε 随物体的成分、表面状态、温度和辐射条件的不同而不同，因此应尽可能准确地确定被测物体的 ε，以提高测量的准确度。

（2）被测物体与高温计之间的距离 L 和被测物体的直径 D 之比（L/D）有一定的限制。每一种型号的全辐射高温计，对 L/D 的范围都有规定，使用时应按规定去做，否则会引起较大测量误差。

（3）使用时环境温度不宜太高，否则会引起热电堆冷端温度升高而增加测量误差。

四、比色高温计

光学高温计和全辐射高温计是目前常用的辐射式高温计，它们共同的缺点是受实际物体发射率的影响和辐射途径上各种介质的选择性吸收辐射能的影响。根据维恩定律制作的比色高温计可以较好地解决上述问题。

根据维恩定律可知，当温度增加时，绝对黑体的最大单色辐射力向波长减小的方向移动，使在波长 λ_1 和 λ_2 下的亮度比随温度而变化，测量亮度比的变化即可知道相应的温度，这便是比色高温计的测温原理。

对于温度为 T_s 的绝对黑体，由维恩定律可知，相应于 λ_1 和 λ_2 的亮度分别为

$$B_{0\lambda1}=cc_1\lambda_1^{-5}\exp\left[-c_2/(\lambda_1 T_s)\right]$$

$$B_{0\lambda2}=cc_1\lambda_2^{-5}\exp\left[-c_2/(\lambda_2 T_s)\right]$$

两式相除后取对数，可求出

$$T_s=\frac{c_2\left[(1/\lambda_2)-(1/\lambda_1)\right]}{\ln(B_{0\lambda1}/B_{0\lambda2})-5\ln(\lambda_2/\lambda_1)} \tag{2-15}$$

在式（2-15）中，λ_1 和 λ_2 是预先规定的值，只要知道在此两波长下的亮度比，就可求出被测黑体的温度 T_s。

若温度为 T 的实际物体的两个波长下的亮度比值与温度为 T_s 的黑体在同样两波长下的亮度比值相等，则把 T_s 称为实际物体的比色温度。根据比色温度的这个定义，应用维恩公式，可导出下面的公式：

$$\frac{1}{T}-\frac{1}{T_s}=\frac{\ln\ (\varepsilon_{\lambda1}/\varepsilon_{\lambda2})}{c_2\left(\frac{1}{\lambda_1}-\frac{1}{\lambda_2}\right)} \qquad (2\text{-}16)$$

式中 $\varepsilon_{\lambda1}$、$\varepsilon_{\lambda2}$——实际物体在 λ_1 和 λ_2 时的光谱发射率。

如已知 λ_1、λ_2、$\varepsilon_{\lambda1}/\varepsilon_{\lambda2}$ 和 T_s，就可以依据式（2-16）求出温度 T 值。

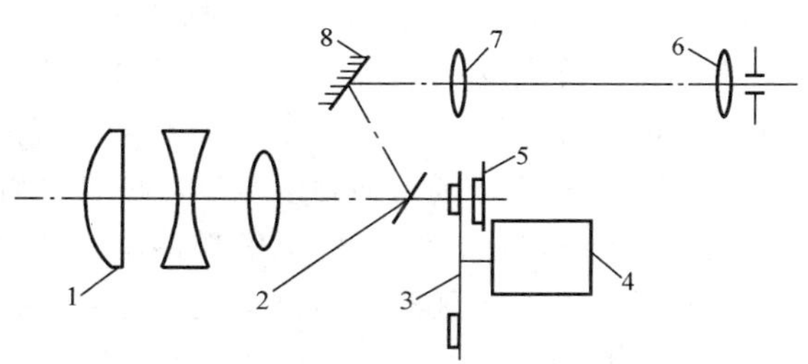

图 2-42 单通道光电比色高温计原理

1—物镜；2—通孔成像镜；3—调制盘；4—同步电动机；5—光电检测器；6—目镜；7—倒像镜；8—反射镜

比色高温计按光和信号检测方法可分为单通道和双通道式。单通道式采用一个光电检测元件（如硅光电池），光电变换输出的比值较稳定，但动态品质较差；双通道式结构简单，动态特性好，但测量准确度和稳定性较差。

图 2-42 所示为单通道光电比色高温计的工作原理。波长为 λ_1 和 λ_2 的两束光由调制盘调制后交替地投射到光电检测器（硅光电池）上，比值运算器计算出两束光辐射亮度的比值，最后由显示仪表显示出比色温度（图中未画）。测温时，通过目镜、反射镜等组成的瞄准系统观察，使比色温度计对准测温物体。

五、红外测温仪

前面介绍的几种辐射式测温仪表适于测 700℃以上的高温。随着光学材料及光敏检测元件材料的发展，辐射式测温仪的测温范围已扩展到较低的温度。红外测温仪是一种测温上限较低的仪表，可测 0～400℃范围的温度。

红外测温仪依据的是光谱辐射原理。根据光谱辐射的维恩定律，当物体温度较低时，光谱辐射出射度最高点向波长较长的红外线波长区迁移，红外测温仪就工作在这个红外线波长区，因此可测较低的温度。它的原理和结构与辐射高温计、光电高温计相似。

红外测温仪由光学系统、红外探测器、信号处理放大部分及显示仪表等部分组成。其中光学系统与红外探测器是整个仪表的关键，而且它们具有特殊的性质。红外光学材料又是光学系统中的关键器件，它是对红外辐射透过率很高，而对其他波长辐射不易透过的材料。红外探测器的作用是把接收到的红外辐射力转换成电信号。它有光电型和热敏型两种类型。光电型探测器是利用光敏元件吸收红外辐射后其电子改变运动状况而使电气性质改变的原理工作的，常用的光电探测器有光电导型和光生伏特型两种。热敏型探测器是利用了物体接收红外辐射后温度升高的性质，然后测其温度工作的。根据测温元件的不同，又有热敏电阻型、热电偶型及热释电型等几种。在光电型和热敏型探测器中，前者用得较多。

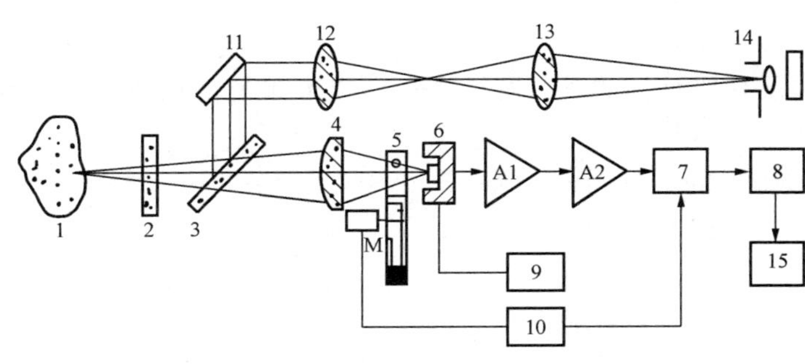

图 2-43 红外测温仪

1—被测物体；2—窗口；3—分光片；4—聚光镜；5—调制盘；6—红外探测器；7—相敏功率放大器；8—解调、整形部分；9—温度控制器；10—信号发生器；11—反光片；12、13—透镜；14—目镜；15—显示仪表

此处以图 2-43 所示的红外测温仪为例介绍其原理及结构。被测物体的辐射线由窗口进入光学系统，首先到达分光片。分光片由能透过红外线的专门光学材料制成，中间沉积了某种反射材料。红外线能透过分光片，而其他波长的辐射能被反射出去，不能透过。透过分光片的红外线经过聚光镜、调制盘被调制成脉冲红外光波，它投射到置于黑体腔中的红外光敏探测器上，最终转换成交变的电信号输出。使用黑体腔是为了提高光敏探测器的吸收能力，提高灵敏度。由于探测器输出的交变电信号与被测温度及黑体腔温度均有关，所以必须使黑体腔的温度恒定，以消除背景温度的影响。黑体腔的温度由温度控制器控制在 40℃。输出的电信号经运放 A1 和 A2 整形、放大后，送入相敏功率放大器，经解调、整形后的直流电流由显示器指示被测温度。由分光片反射出来的其他波长下的光波反射到反光片，经 12、13、14 组成的目镜系统，可以观察到被测目标及透镜上的十字交叉线，以对准被测目标。

作为分光片的光学材料应采用能透过相应波段辐射的材料。测量 700℃ 以上高温时，工作波段主要在 0.76～3.0μm 范围的近红外区，可采用一般光学玻璃或石英透镜；测中温（100～700℃）时的波段主要是在 3～5μm 的中红外区，多采用氟化镁、氧化镁等热压光学透镜；测低温（小于 100℃）时主要是 5～14μm 的中远红外段，多采用锗、硅、热压硫化锌等材料制成的透镜。

目前，国产的红外测温仪表的量程范围有 0～400℃和 0～1200℃两种，准确度为±1%。与其他辐射式仪表一样，用红外测温仪测非全辐射体温度时，对读数也须按发射率进行修正。一般在仪表中带有黑度修正装置，修正范围（发射率）为 ε_λ=0.1～1.0。

第八节　光 纤 传 感 器

以光导纤维作信息传输媒介的光纤通信，已得到广泛的应用。利用光导纤维的光纤传感器发展非常迅速。光纤传感器以其高灵敏度、抗电磁干扰、耐腐蚀、可挠曲、体积小、电绝缘性好，以及与光纤传输线路相容、便于与计算机连接等独特优点而备受关注。目前已研制出了测量压力、应变、位移、速度、流量、温度等 70 多种物理量的传感器。

一、概述

（一）光纤的结构和传光原理

光导纤维简称光纤，是一种多层介质结构的对称圆柱体，其结构如图 2-44 所示，它包括纤芯、包层和涂敷层。纤芯的折射率略大于包层的折射率。

众所周知，空气中的光是直线传播的。然而入射到光纤中，光却能限制在光纤中，且随光纤的弯曲而走弯曲的路线，并能传送很远。光纤的直径比光的波长大很多时，可用几何光学的方法来说明光在光纤内的传播。

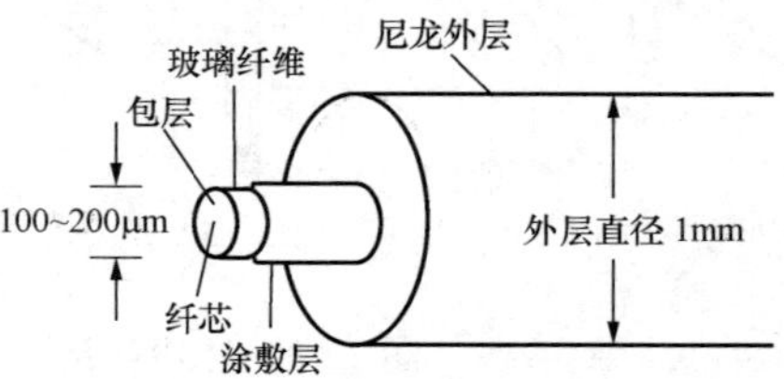

图 2-44　光纤结构

1. 数值孔径

假定光纤为理想直圆柱体，其基本特征是折射率 n 沿径向呈台阶状分布（即阶跃型光纤），沿轴向均匀分布。纤芯部分的折射率 n_1 高，包层部分的折射率 n_2 低。若光线垂直光纤端面入射，并与光纤轴线平行或重合，这时光线将穿过纤芯沿直线方向向前传播。如图 2-45 所示，当光线以某一角度入射光纤端面时，令 θ

表示光线在光纤端面上的入射角，θ'表示进入纤芯中的光线在包层界面上的入射角，由折射定律有

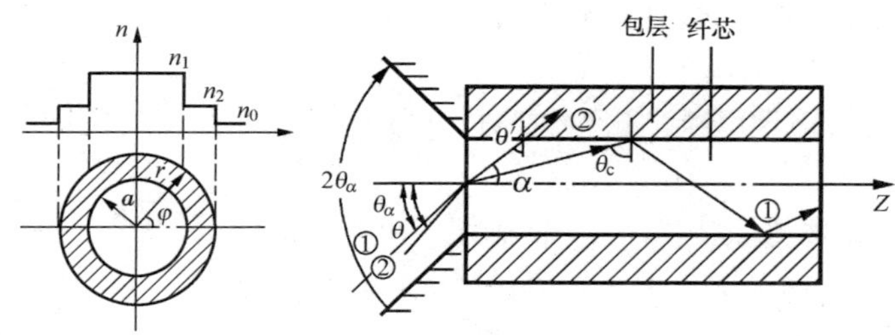

图 2-45 光纤导光原理示意

$$n_0\sin\theta=n_1\sin\alpha=n_1\cos\theta'=n_1\sqrt{1-\sin^2\theta'} \tag{2-17}$$

由于 $n_1>n_2$，所以在 $r=a$ 界面上，光线产生全反射的条件是

$$\sin\theta'\geqslant\sin\theta_c=n_2/n_1 \tag{2-18}$$

式中 θ_c——产生全反射的临界角，仅当 $\theta'\geqslant\theta_c$ 时才发生全反射。

把式（2-18）代入式（2-17）得

$$n_0\sin\theta\leqslant n_0\sin\theta_\alpha=n_1\sqrt{1-\sin^2\theta_c}=\sqrt{n_1^2-n_2^2}$$

这是光入射光纤端面时，入射角 θ 所必须满足的条件。式中 θ_α 是与 θ_c 相对应的端面入射角，称为光纤波导的孔径角。当 $\theta>\theta_\alpha$ 时，不产生全反射，将有部分光纤折射后进入包层，仅当 $\theta\leqslant\theta_\alpha$ 时，入射光线才能在纤芯和包层界面上不断地产生全反射，并向前传播。

习惯上定义光纤的数值孔径 NA 为

$$NA=n_0\sin\theta_\alpha=\sqrt{n_1^2-n_2^2}$$

若令 $\Delta=(n_1-n_2)/n_2$，当 $n_1\approx n_2$ 时，上式可简化为

$$NA=\sqrt{(n_1+n_2)\ n_1\Delta}\approx n_1\sqrt{2\Delta} \tag{2-19}$$

式（2-19）说明，若纤芯、包层的折射率差大（Δ 亦大），NA 值就大，即光纤的集光能力也就大。Δ 一般取 1%～5%。若入射光线所在媒介为空气（$n_0=1$），则 NA 值恒小于 1。

把光的传输当作光线在光纤中的行进的几何光学理论虽很直观，但只是一种近似。只有从光的电磁理论出发才能给予本质上的说明。

2．光纤模式

光纤模式简单地说就是光波沿光纤传输的途径和方式。光在光纤中传播的模式很多，这对信息的传输是不利的。因为同一光信号采取很多模式传输，会使这一光信号分裂为不同时间到达接收端的多个小信号，从而导致合成信号畸变，故希望模式数量越少越好。阶跃型的圆筒波导内传播的模式数量 V 可简单表示为

$$V=\frac{\pi d\ (n_1^2-n_2^2)^{\frac{1}{2}}}{\lambda_0} \tag{2-20}$$

式中 d——纤芯直径；

λ_0——真空中入射光的波长，若期望 V 小，则 d 不能太大，一般取几微米。

（二）光纤种类

本部分就用于传感器的特种光纤进行一般分类。

1. 按材料分类

（1）高纯度石英玻璃纤维。这种材料的光损耗比较小，在波长 $\lambda=1.2\mu m$ 时，最低损耗约 0.47dB/km。

（2）多组分玻璃光纤。用常规玻璃制成，损耗也很低。

（3）塑料光纤。用人工合成导光塑料制成，其损耗较大。在 $\lambda=0.63\mu m$ 时，达到 100～200dB/km，但质量小，成本低，柔软性好。适用于短距离导光。

2. 按折射率变化分类

（1）阶跃型。阶跃型光纤的纤芯与包层间的折射率是突变的。

（2）渐变型。渐变型光纤在横截面中心处折射率 n 最大，其值逐步由中心向外变小，到纤芯边界时，变为外层折射率 n_2。通常折射率变化为抛物线形式，即中心轴附近折射率变化大，而在接近边缘处折射率减小得很慢，保证传递的光束集中在芯轴附近前进。这类光纤有聚焦作用，故也称自聚焦光纤。

3. 按传输模式分类

（1）单模光纤。单模光纤通常指阶跃光纤中内芯尺寸很小，因而光纤传输的模式很少，原则上只能传一种模式的光纤。这类光纤传输性能好，频带宽，制成的传感器有较好的线性、灵敏度及动态范围。但由于芯径太细，给制造带来困难。

（2）多模光纤。多模光纤指阶跃型光纤中，纤芯尺寸较大，传输模式很多的光纤。这类光纤性能较差，带宽较窄，但制造工艺简单。

（三）光纤的传输特性

1. 传输损耗

由于光纤纤芯材料的吸收、散射及光纤弯曲处的辐射损耗等影响，光信号在光纤中的传播不可避免地要有损耗。

假设从纤芯左端输入一个光脉冲，其峰值强度（光功率）为 I_0，当它通过光纤时，其强度通常按指数关系下降，即光纤中任一点处的光强度为

$$I(L)=I_0 e^{-\alpha L} \tag{2-21}$$

式中 L——光沿光纤的纵向长度；

I_0——光进入纤芯始端的初始光强度；

α——强度衰减系数。

2. 色散

输入光纤的光束可以是强度连续变化的，也可是光脉冲。当光脉冲通过光纤传播时，其振幅因衰减而降低。此外，由于许多其他影响，光脉冲可展宽。若光脉冲变得太宽，它们将在时间和空间两方面都发生互相重叠或完全重合。因此，原来施加在光束上的信息就会丧失。在光纤中产生的脉冲展宽现象称为色散，它依赖于各种允许模式的传输速度差，以及模式速度随光波长度的变化。色散以光脉冲在光纤中每传输 1km 时脉冲宽度增加的纳秒（ns）数为单位来表征。

光纤色散使传输的信号脉冲发生畸变，从而限制了光纤的传输带宽。在光纤传感的某些应用场合，有时也需要考虑信号传输的失真问题。

采用单色光源（如激光器）可有效地减小材料色散的影响。多模色散是阶跃型多模光纤中脉冲展宽的主要根源。多模色散在梯度型光纤中大为减少，因为在这种光纤里不同模式的传播时间几乎彼此相等。在单模光纤中起作用的是材料色散和波导色散。材料色散又称折射率色散，它是由于材料的折射率随光波长的变化而变化的，光信号中各波长分量的光出现的脉冲展宽现象。波导色散是由于波导结构不同，某一波导模式的传播常数随信号角频率变化而引起的色散。

（四）光源与光电探测器

常用的光纤光源有发光二极管和二极管激光器。

光源的选择，除要求稳定性好、工作时间长、噪声低、使用方便外，还要考虑以下几个方面：

(1) 光源尺寸小，发光面积大。因光纤很细，为最大限度地利用光源，光源的尺寸要小，以使光集中地耦合进光纤。射入光纤的光强与光纤的粗细和 NA 有关，理论上希望两者能准确地匹配。

(2) 光源波长范围适当。当传输光含有不同波长时，光纤色散使信号失真，因此大多数光纤传感器都采用相干光源（波长范围小，可视为单色光）。对非相干光源，波长范围最好为 1.2～1.4μm。此范围内，光纤的色散最小。

(3) 光源辐射亮度大。为在光纤接收端得到尽可能大的光功率，光源的亮度要大。不同类型光纤接收同等功率时，所需光源辐射亮度相差很大。如接收 1mW 光功率，对单模光纤，光源亮度为 36×10^5W/（sr·cm^2）；对塑料包层石英光纤，光源亮度为 33W/（sr·cm^2）；对 250μm 芯径的光纤所需光源辐射亮度最低，大约为 2W/（sr·cm^2）。通常光源的选取要依据不同类型的光纤所需光源辐射亮度而定。常用光源中，激光器的亮度最大，可达 10^8～10^9W/（sr·cm^2）。

常用来检测光纤输出的光信号的探测元件是光敏二极管和雪崩光电三极管等光电元件。光电探测器的灵敏度、带宽等特性直接影响光纤传感器的总体性能。

二、光纤传感器的基本原理及分类

1. 光纤传感器的基本原理

光纤传感器是一种把被测的某种参数转换为可测的光信号的装置，主要由光源、光纤、光探测器和附加装置等组成。其基本原理是将来自光源的光经过光纤送入调制器，使被测参数与进入调制区的光相互作用后，导致光的光学性质（如光的强度、波长、频率、相位、偏振态等）发生变化，成为被调制的信号光，再经过光纤送入光探测器，经解调器解调后，获得被测参数。

2. 光纤传感器的类型

光纤传感器按光纤的使用方式不同可分为功能型（FF）传感器、非功能型（NFF）传感器。功能型传感器是利用光纤本身的特性（如光纤的折射率、传输光的强度等）随被测量而发生变化。由于功能型传感器是利用光纤作为敏感元件，故又称为传感型光纤传感器。非功能型传感器是利用其他敏感元件来感受被测量的变化，光纤仅作为光的传输介质，因此也称为传光型或混合型传感器。

功能型传感器中，按对光进行调制的方式不同，光纤传感器又可分为强度调制、相位调制、频率调制和偏振调制等类型。

3. 光纤传感器的特点

光纤传感器用光而不用电来作为敏感信息的载体，用光纤而不用导线来作为传递敏感信息的媒质，因此它有一些常规传感器所没有的特点，主要有如下几个方面：

（1）电绝缘性好。光纤本身是非金属材料，光纤的外层涂覆材料也不导电，因此光纤传感器具有良好的电绝缘性。由于测量时不会把高电压设备的高电位引出来，光纤传感器特别适用于高压供电系统及大容量电机的测试。

（2）抗电磁干扰能力强。这是光纤测量及光纤传感器极其独特的性能特征，因此光纤传感器特别适用于高压大电流、强磁场噪声、强辐射等恶劣环境中，能解决许多传统传感器无法解决的问题。

（3）防爆性能好，耐腐蚀。在光纤内部传输的是能量很小的光信息，因而不会产生火花、高温、漏电等不安全因素。又由于光纤本身耐腐蚀，故光纤传感器特别适用于易燃、易爆、有强腐蚀性的对象参数测量。

（4）高灵敏度。高灵敏度是光学测量的优点之一，利用光作为信息载体的光纤传感器的灵敏度很高，是某些精密测量与控制的必不可少的工具。

（5）体积小，重量轻。光纤可以做成非常小巧的传感器，用于特殊场合。

三、典型光纤传感器及应用

光纤传感器种类很多，工作原理也各不相同，但都离不开光的调制和解调。光调制就是把某一被测信息加载到传输光波上。这种承载了被测量信息的调制光再经光探测系统解调便可获得所需检测的信息。

用于测温的光纤传感器，按调制原理分有相干和非相干两类。在非相干型中，有辐射式、半导体吸收式、荧光式等；在相干型中，有偏振干涉、相位干涉及分布式温度传感器等。

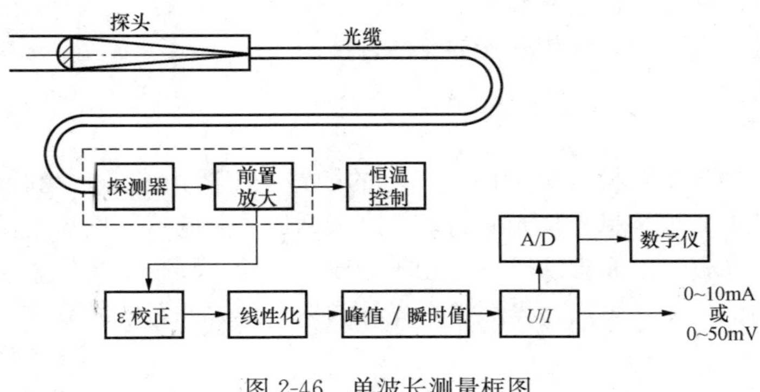

图 2-46　单波长测量框图

1. 辐射式温度传感器

这种温度传感器属于被动式温度测量（即无需光源），其测量原理是黑体辐射定律。由式（2-7）和图 2-36 可知，当温度为 500K 时，开始出现暗红色的辐射。随着温度的增加亮度也在加强。利用光电检测器测量亮度即光强变化，便能检测温度。这就是单波长测量原理。

单波长测温的框图如图 2-46 所示，被测辐射能量由探头中的物镜会聚，用滤色镜限制在工作光谱范围后再经光缆送至探测器，由探测器把光强信号变成电信号，经线性化，U/I 转换，A/D 转换就能由数字仪读出温度。

辐射式温度传感器的主要优点是非接触测量，可用于瞬时温度测量，能测高温，因而在冶金、窑炉、高频淬火、涡轮发动机、电厂、油库等方面得到广泛的应用。

2. 干涉型光纤温度传感器

温度变化能引起光纤中光的相位变化。通过光干涉仪来检测相位的变化可得温度值。图 2-47 为马赫-泽德干涉仪测温原理。干涉仪的信号臂和参考臂由单模光纤组成，参考臂置于恒温器中。一般认为，参考臂在测温过程中始终保持不变；而信号臂在温度的作用下，长度与折射率会发生变化。信号臂相位 ϕ 为

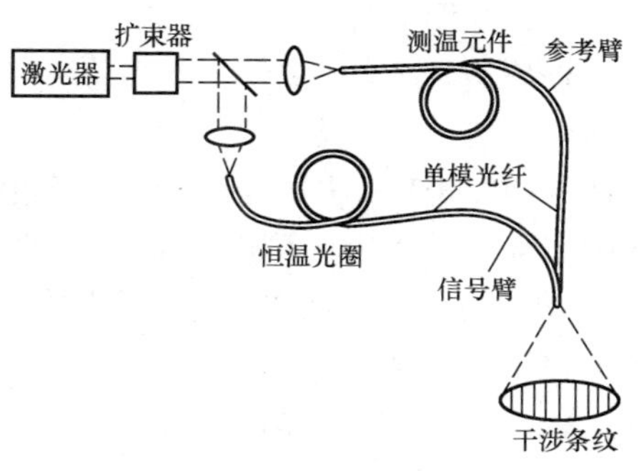

图 2-47 马赫-泽德干涉仪测温原理

$$\phi=\frac{2\pi}{\lambda}nL \tag{2-22}$$

式中 λ——光源波长；

n——纤芯折射率；

L——光纤长度。

对式（2-22）微分可得单位长度上相位变化

$$\frac{\mathrm{d}\phi}{L\mathrm{d}T}=\frac{2\pi}{\lambda}\left(\frac{\mathrm{d}n}{\mathrm{d}T}+\frac{n\mathrm{d}L}{L\mathrm{d}T}\right) \tag{2-23}$$

以氦-氖激光器为例，对 $n=1.456$ 的单模光纤有 $\frac{\mathrm{d}L}{L\mathrm{d}T}=5\times10^{-7}/℃$，$\frac{\mathrm{d}n}{\mathrm{d}T}=10\times10^{-5}/℃$，将这些值代入式（2-23）得

$$\frac{\mathrm{d}\phi}{L\mathrm{d}T}=107\ \mathrm{rad/(℃\cdot m)} \tag{2-24}$$

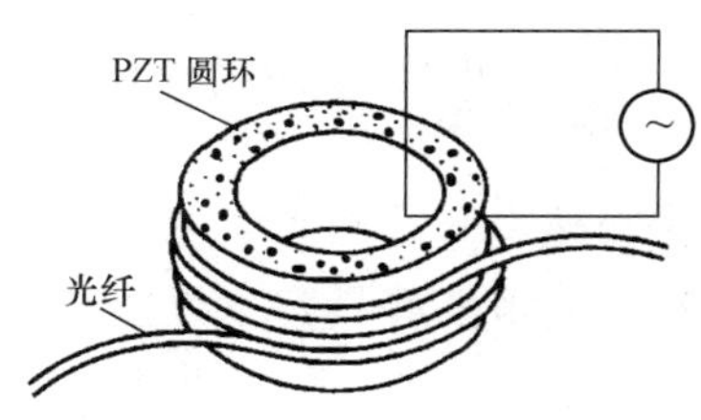

图 2-48 PZT 相位调制

式（2-24）表明，在 1m 长的光纤上，温度每变化 1℃则有 17 根条纹移动。通过对条纹计数就能测得温度。

最简单的相位调制如图 2-48 所示。在一个空心 PZT 陶瓷圆柱体上缠绕一圈或多圈光纤。当 PZT 圆柱体的直径随温度信号变化时，绕在 PZT 圆柱体上的光纤受应力作用也随之伸缩，对所传的光就产生了相位调制。

光纤受温度场作用，主要引起光纤长度和折射率发生变化，进而引起所传输光的相位变化。用简单的式子表示，即

$$\frac{\Delta\phi}{\phi}=\frac{\Delta L}{L}+\frac{\Delta n}{n} \tag{2-25}$$

式中 n——光纤折射率。

在火电厂的热力生产过程中，为了保证机组的安全经济运行，必须对温度进行准确、可靠和快速的测量。目前常用的感温元件有热电偶和热电阻。

一、感温元件

1. 热电偶

(1) 热电偶测温原理。将两种不同性质导体的一端焊接起来，即构成一支热电偶。当热电偶的两端温度不同时，在热电偶回路中将产生热电势；如果冷端温度恒定，则热电势只与热端温度有关。因此测出热电势，即可测得热端温度。

(2) 热电偶的基本定律。均质导体定律、中间导体定律和中间温度定律为制造和使用热电偶奠定了理论基础。

(3) 热电偶的结构类型。有普通型热电偶（由热电极、绝缘管、保护套管及接线盒等组成)、铠装热电偶（将热电极、绝缘材料和保护套管三者组合加工成一坚实整体)、热套式热电偶（用于大型机组的主蒸汽温度测量）等。

(4) 热电偶的冷端温度补偿。为了减小或消除热电偶冷端温度变化对测量的影响，可采用冷端温度计算法、恒温法、补偿导线法及冷端温度补偿装置法等，对热电偶的冷端温度进行修正和补偿。

在现场测温中，一般都是通过相应的补偿导线使热电偶的冷端远离热源，再利用冷端温度补偿器或者利用铜电阻（通过自动平衡式显示仪表、温度变送器的测量线路）对热电偶的冷端温度进行自动补偿。

(5) 热电偶的校验与安装。为了保证测量准确，热电偶在使用前、使用一段时间后要进行周期性的检验。工业用热电偶的检验项目主要有外观检查和允许误差检验两项。

对热电偶的安装部位及插入深度等应注意有利于测温准确，安全可靠及维修方便，而且不影响设备运行和生产操作。

(6) 热电偶常见故障原因及其处理方法。对热电势比实际值小、热电势比实际值大、热电势输出不稳定等故障现象出现的原因及处理措施进行分析说明。

2. 热电阻

(1) 热电阻测温原理。将热电阻插在测温场所，被测温度变化会引起金属阻值变化，测出电阻值，便可测得温度的数值。

(2) 常用热电阻。有铂热电阻（分度号为 Pt50、Pt100)、铜热电阻（分度号为 Cu50、Cu100)。其中铂热电阻的准确度高、稳定性好、性能可靠；铜热电阻的线性度好、灵敏度高，但测温上限不超过 150℃。

(3) 热电阻的结构类型。有普通型热电阻和铠装热电阻等。除感温元件外，热电阻的其余结构和热电偶基本相同。

(4) 热电阻的校验。热电阻的校验一般在实验室中进行。除标准铂热电阻温度计需要作三定点（水三相点、水沸点和锌凝固点）校验外，实验室和工业用的铂或铜热电阻温度计的校验方法有比较法和两点法两种。

(5) 热电阻故障原因及处理方法。对显示仪表指示值比实际值低或示值不稳、显示仪表指示无穷大、阻值与温度关系有变化、显示仪表指示负值等故障现象进行分析说明。

(6) 热电阻的选择与误差分析。热电阻的选用要根据测温范围、测温准确度、测温环境、成本等方面进行考虑。使用热电阻测温时要特别注意线路电阻的影响，因为线路电阻的变化使温度产生误差。所以必须测准导线电阻，再绕制线路调整电阻，使线路总电阻等于仪表的线路总电阻。

二、温度显示仪表及温度变送器

(1) 动圈式温度指示仪表。被测温度经热电偶（或热电阻）转换为直流毫伏（或电阻值）信号，输入仪表的测量线路并转换成电流。该电流流经处于永久磁场中的动圈时，动圈受力，产生偏转，其偏转角与电流大小成正比，固定在动圈上的指针便反映出温度的数值。

(2) 电位差计。按电压平衡原理工作。利用不平衡电桥的输出电压与被测热电势相比较，当两者差值为零时，被测热电势与桥路的输出电压相等。

(3) 平衡电桥。按平衡电桥原理工作。利用电桥平衡时相邻臂电阻比值相等的关系式，求出被测热电阻的阻值。

(4) 数字显示仪表由前置放大器、A/D 转换器、非线性补偿、标度变换以及显示装置等部分组成。与模拟显示仪表相比，数字显示仪表具有测量准确度高、无读数误差、测量速度快、便于信息处理等优点。

(5) 温度变送器。ITE 型热电偶（或热电阻）温度变送器与各种标准型热电偶（测温热电阻）配合使用，将被测温度信号线性地转换成 4～20mA（DC）或 1～5V（DC）的统一信号输出，其电路主要由线性化输入回路和放大输出回路两大部分组成。整机按负反馈平衡原理进行工作。当变送器平衡时，输出电流（或电压）与被测温度呈线性关系。

三、测温系统

1. 配热电偶的温度测量系统

(1) 热电偶 → 补偿导线 → 冷端温度补偿器 → XCZ-101 型动圈表。

(2) 热电偶 → 补偿导线 → XFZ-101 型动圈表。

(3) 热电偶 → 补偿导线 → 电位差计。

热电偶温度计在使用时，其各组成部分之间必须互相配套，极性要连接正确，否则会带来很大的测量误差。

2. 配热电阻的测温系统

(1) 热电阻 → 连接导线（三线制）→X$_{F}^{C}$Z-102 型动圈表。

(2) 热电阻 → 连接导线（三线制）→ 平衡电桥。

热电阻与所配套的仪表之间需采用三线制接法，以减小连接导线电阻随温度变化所造成的误差。

3. 采用温度变送器的测温系统

热电偶 → 补偿导线 → ITE 型热电偶温度变送器→温度显示仪表。

热电阻 → 连接导线 → ITE 型热电阻温度变送器→自动控制装置。

四、非接触式测温仪表

介绍了非接触式测温方法的理论基础及光学高温计、光电高温计、全辐射高温计、比色高温计和红外测温仪的工作原理。

五、光纤传感器

介绍了光纤传感器的基本原理及类型、特点，并分析了光纤温度传感器的工作原理。

复习思考题与习题

1. 温度测量在电厂的热力生产过程中的作用是什么？

2. 电厂常用的测温仪表有哪几种？它们的测温范围各是多少？

3. 电厂常用的标准化热电偶有哪几种？写出它们的分度号及测温范围。

4. 热电偶的基本定律有哪些？它们各有什么意义？

5. 为什么要对热电偶的冷端温度进行补偿？有哪几种方法？仅采用补偿导线能否消除冷端温度变化的影响？为什么？

6. 热电偶的结构有哪几种类型？各有何特征？

7. 用K型热电偶测量温度时，其仪表指示为520℃，而冷端温度为25℃，则实际温度为545℃，对吗？为什么？正确值应为多少？请从机械零点为0.25℃分别分析。

8. 热电偶和热电阻的测温原理是什么？

9. 电厂常用的热电阻有哪几种？写出它们的分度号、初始值及测温范围。工业用热电阻采用几线制测量线路？其目的是什么？

10. 图2-13中若出现表2-9所列的情况，试估计示值情况（在相应的空格中打√），并简述理由。已知显示仪表机械零位为20℃，冷端补偿器在20℃时平衡，其等效电阻为1Ω，要求显示仪表外接总电阻$R_W=15\Omega$。

表 2-9

序号	热电偶电阻值（Ω）	导线2		导线4		R_W（Ω）	补偿器电源电压（V）	t'_0（℃）	t_n（℃）	t_0（℃）	示值情况		
		性质	电阻值（Ω）	性质	电阻值（Ω）						正确	偏高	偏低
1	2	补偿线	5	铜线	4	3	4	40	30	25			
2	2	补偿线	5	铜线	3	3	4	40	30	30			
3	2	补偿线	5	铜线	3	4	0	60	25	20			
4	2	补偿线	5	铜线	3	4	−4	80	20	35			
5	2	铜线	3	铜线	2	8	0	70	35	20			
6	2	补偿线	7.5	铜线	2	3.5	4	70	35	20			
7	1.5	铜线	2.5	补偿线	5	5	0	70	30	20			
8	1.5	补偿线	7.5	补偿线	5	0	4	70	30	35			

11. 一支S分度热电偶，用铜导线直接接至动圈显示仪表，仪表量程为20～600℃。试问：(1) 当热电偶热端温度为20℃，冷端温度的两个连接点温度也为20℃时，回路中的热电势是多少毫伏？(2) 当热电偶热端温度为20℃，冷端中的铂铑热电极与铜线的连接点温度为100℃，而铂热电极与铜线的连接点温度为20℃时，回路中的热电势是否有变化？此时的示值是多少？

12. 绘出由热电偶、补偿导线、补偿器、动圈表、连接导线构成的测温系统原理图，并说明各部分的作用。

13. 配热电阻的温度测量系统有哪几种？

14. 在测量未知电势时，电位差计的准确度等级为什么比动圈式仪表高？

15. 电子电位差计的工作原理是什么？它由哪几部分组成？画出其组成方框图并简述其工作过程。

16. 电子自动电位差计和电子自动平衡电桥在测量原理、结构和应用等方面有何异同？

17. 数字显示仪表由哪些部分组成？有何特点？

18. 画出ITE型热电偶温度变送器的组成方框图，试述其各部分的作用及基本工作原理。

19. 画出ITE型热电阻温度变送器的组成方框图，试述其各部分的作用及基本工作原理。

20. 非接触测温方法的理论基础是什么？辐射测温仪表有几种？简述它们的工作原理。

21. 简述光纤传感器的基本工作原理及种类。

22. 结合学校实际，用数字显示仪表代替模拟显示仪表组成温度测量系统，掌握数字显示仪表的组态技术。

23. 按工程规范写出热电偶和热电阻的标准校验方法。

第三章　压力测量及仪表

教学提示

本章介绍了压力的概念、单位，压力表的种类；弹性式压力计的测压原理和动作原理；电容式压力变送器的特点、结构原理、调整及使用方法；智能型压力变送器的结构原理、调整及使用方法等内容。重点是弹簧管压力计和电容式压力变送器。

第一节　压力的概念及压力测量仪表的分类

一、压力测量的意义

压力是表征生产过程中工质状态的基本参数之一，只有通过压力及温度的测量才能确定生产过程中各种工质所处的状态。在发电厂中饱和蒸汽可以由压力直接确定其状态。在热力设备运行时，为了保证工质状态符合设计要求，取得最佳经济效益，压力和温度一样，都是不可缺少的测量参数。通过压力测量，还可以监视各重要压力容器，如除氧器、加热器等以及管道的承压情况，防止设备超压爆破。

二、压力的概念及单位

压力是指物体单位表面积所承受的垂直作用力，在物理学上称为压强，本章所讨论的压力均指流体对器壁的压力。在国际单位制（SI）和我国法定计量单位中，压力的单位是“帕斯卡”，简称“帕”，符号为“Pa”。

$1Pa=1N/m^2$，即 1N 的力垂直均匀作用在 $1m^2$ 的面积上，所形成的压力是 1Pa。过去采用的压力单位“工程大气压”（$1kgf/cm^2$）、“毫米汞柱”（mmHg）、“毫米水柱”（mmH_2O）等，均应换算为法定计量单位帕，其换算关系见表 3-1。

表 3-1　压力单位换算表

单位名称	符　号	与 Pa 换算关系
工程大气压	kgf/cm^2	$1kgf/cm^2=9.81\times10^4Pa$
毫米汞柱	mmHg	$1mmHg=1.33\times10^2Pa$
毫米水柱	mmH_2O	$1mmH_2O=9.81Pa$

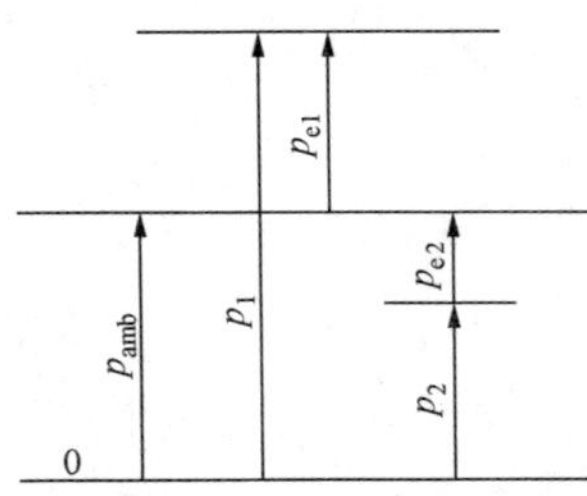

图 3-1　绝对压力与表压力关系示意

p_{amb}—大气压力；p_1—绝对压力；p_{e1}—与 p_1 对应的表压力；p_{e2}—与 p_2 对应的真空表压

由于地球表面存在着大气压力，物体受压的情况也各不相同，为便于在不同场合表示压力数值，所以引用了绝对压力、表压力、负压力（真空）和压力差（差压）等概念。表压力为正时简称压力，表压力为负时称负压力或真空。差压测量时，习惯上把较高一侧的压力称为正压，较低一侧的压力称为负压，而这个负压并不一定低于大气压，同样，这个正压也并不一定是高于大气压力，与前述的正压力、负压力概念不能混淆。这些概念的关系表示在图 3-1 上。

三、常用压力测量仪表的分类

测量压力和真空的仪表，按照信号转换原理的不同，大致可分为以下几种。

1. 液柱式压力计

根据液体静力学原理，被测压力与一定高度的工作液体产生的重力相平衡，可将被测压力转换成为液柱高度差进行测量。例如：U形管压力计、单管压力计、斜管压力计等。这类压力计的特点是结构简单、读数直观、价格低廉，但一般为就地测量，信号不能远传；可以测量压力、负压和压差；适合于低压测量，测量上限不超过0.1～0.2MPa；准确度通常为±0.02%～±0.15%。准确度高的液柱式压力计可用作基准器。

2. 机械力平衡方法

这种方法是将被测压力经变换元件转换成一个集中力，用外力与之平衡，通过测量平衡时的外力可以测得被测压力。力平衡式仪表可以达到较高的准确度，但是结构复杂。这种类型的压力、差压变送器在电动组合仪表和气动组合仪表系列中有较多应用。

3. 弹性力平衡方法

此种方法利用弹性元件的弹性变形特性进行测量。被测压力使测压弹性元件产生变形，因弹性变形而产生的弹性力与被测压力相平衡，测量弹性元件的变形大小可知被测压力。此类压力计有多种类型，可以测量压力、负压、绝对压力和压差，其应用最为广泛。例如弹簧管压力计、波纹管压力计及膜盒式压力计等。

4. 物性测量方法

基于在压力的作用下，测压元件的某些物理特性发生变化的原理。

（1）电测式压力计。利用测压元件的压阻、压电等特性或其他物理特性，可将被测压力直接转换成各种电量来测量。例如电容式变送器、扩散硅式变送器等。

（2）其他新型压力计。如集成式压力计、光纤压力计等。

第二节　液柱式压力计

液柱式压力计是利用液柱所产生的重力与被测压力平衡，并根据液柱高度来确定被测压力大小的压力计。所用液体称为封液，常用的有水、酒精、水银等。常用的液柱式压力计有U形管压力计、单管压力计、斜管微压计等。

液柱式压力计的原理如图3-2所示。在U形玻璃管中充有一定数量的液体，两端压力相等时，液面皆处于刻度0处。若其一端通以被测压力p，另一端通大气，则左右液面将出现高度差h，则所测压差Δp与h的关系式为

$$\Delta p = p - p_{amb} = \rho g\ (h_1 + h_2)\ = \rho g h \quad (3\text{-}1)$$

式中　$h=h_1+h_2$——左右支管中的液面高度差，m；

ρ——液体的密度，kg/m^3；

g——重力加速度，m/s^2；

p_{amb}——当地大气压。

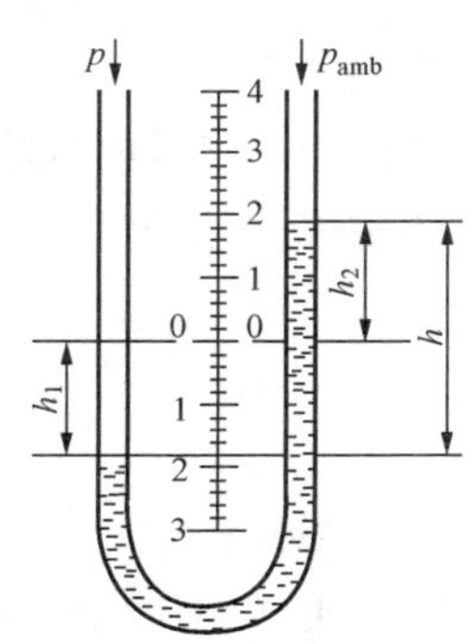

图3-2　液柱式压力计的原理

由于ρ和g为常数，故被测表压力与液面高度差成正比。在玻璃管外设置刻度标尺，便可直接读出表压力的值，如mmHg或mmH$_2$O的数。

液柱式压力计常用于测气体压力，气体的密度远小于液体，故管内气柱的重力影响可以忽略。又因管壁的膨胀系数远小于液体，如进行温度修正，一般只考虑液体密度随温度变化这一因素。

需要注意的是，考虑到管的内径可能不均匀，故必须分别读出 h_1 和 h_2，再相加得出液面高度差 h，不可用 $2h_1$ 或 $2h_2$ 代替 h。

还要注意读数时液体毛细作用和表面张力的因素。对凹形弯月面（例如水）以液面最低点为准；对凸形弯月面（例如汞）以液面最高点为准。

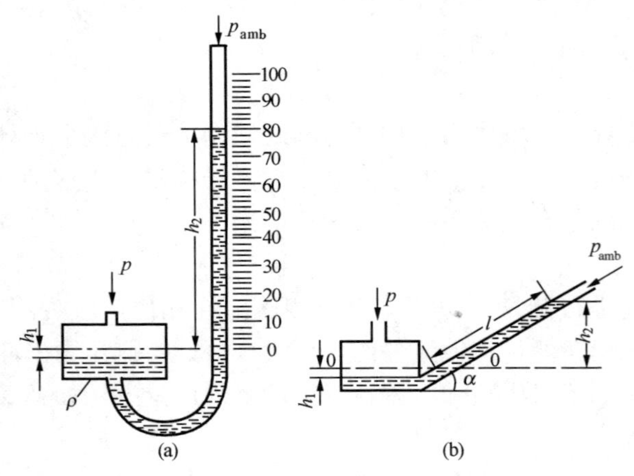

图 3-3 单管与斜管压力计
（a）单管压力计；（b）斜管压力计

为了简化读数方法，出现了单管压力计。它是将 U 形管的一侧管径改大，成为杯形，如图 3-3（a）所示。设杯的内径为 D，管的内径为 d，则表压力 Δp 为

$$
\begin{aligned}
\Delta p &= p - p_{amb} \\
&= \rho g\ (h_1 + h_2) \\
&= \rho g\left(\frac{d^2}{D^2}h_2 + h_2\right) \\
&= \rho g h_2\left(1 + \frac{d^2}{D^2}\right) \\
&\approx \rho g h_2
\end{aligned}
\tag{3-2}
$$

若 $D=31.6d$，则截面积之比可达 1000 倍，只要读出 h_2 便知被测压力，误差不超过 0.1%，甚至还可以把上式中括号内的数作为修正值，使误差更小。

在此基础上，为了使读数方便，可以把单管改为斜管，如图 3-3（b）所示。利用斜边大于高的关系，将读数标尺加长，有一定的放大作用，可用于测量较小压力，因而又称为斜管微压计。

液柱式测压原理也存在以下难以克服的缺点：

（1）量程受到液体密度的限制。除水银外，目前尚无密度大而化学稳定性好的液体，而水银又是人们所不愿意使用的有害物质。

（2）不适合测量剧烈变动的压力。由于 U 形管两端必须和被测压力及大气相通，压力突变时会使液体冲出管外。况且管内液体阻尼系数太小，虽然测微小变化的压力相当灵敏，但在动态性质上却是欠阻尼的，所以遇到压力的扰动就反复振荡许久方能使液柱静止。

（3）对安装位置有要求。除占用空间较大不够紧凑之外，还要求必须垂直，使得安装条件受到限制。

由于上述这些固有缺陷，近来液柱式测压仪表在工业上的应用已日益减少，特别是用水银的仪表已趋于淘汰，但在实验室中仍较常见，这是因为它简单、灵敏、准确。

第三节 弹性式压力计

用弹性敏感元件来测压的仪表称为弹性式压力计。它是基于弹性元件的变形输出（力或位移）来实现压力测量的，然后通过传动机构直接造成压力（或差压）的指示，也可以通过某种变送方法，实现压力（或差压）的远距离指示。根据弹性敏感元件的类型不同，弹性压力计通常可分为弹簧管压力计、膜盒式微压计、电接点压力计等几种类型。

弹性式压力计的组成一般包括几个主要环节，如图 3-4 所示。弹性元件是仪表的核心部分，其作用是感受压力并产生弹性变形，弹性元件采用何种形式要根据测量要求选择和设计；在弹性元件与指示机构之间的变换放大机构，其作用是将弹性元件的变形进行变换和放大；指示机构主要是指针与刻度标尺，用于给出压力指示值；调整机构适用于调整仪表的零点和量程。

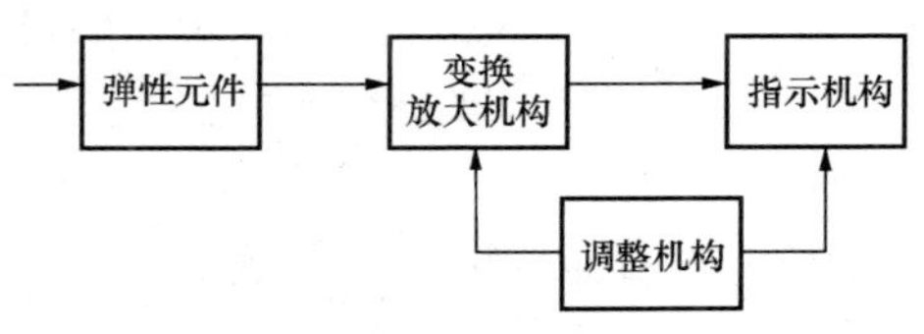

图 3-4　弹性式压力计的组成框图

一、弹性元件的特性

1. 输出特性

输出特性是指在平衡时作用在弹性元件上的被测压力 p_x 与元件相应的变形 x 或作用力 F 之间的关系，可表示为

$$F=f(p_x),\quad x=f(p_x) \tag{3-3}$$

弹性元件在被测压力（外部作用力）的作用下，产生弹性变形，同时为恢复原状，就会产生反抗外力作用的弹性力，而当弹性力与外部作用力平衡时，变形停止。弹性变形与外部作用力具有一定的关系，这样，弹性变形就反映了外部作用力的大小，而外部作用力则反映被测压力的大小。

弹性元件的输出特性决定了测压仪表的质量好坏。它与弹性元件的结构形式有关，与材料、加工和热处理有关。因此，目前还无法推导出输出特性的完整的理论公式，而是用实验、统计方法得到经验公式。

目前常见的测压用弹性元件有薄膜式（包括膜盒式）、波纹管式和弹簧管式三类。弹性元件常用铍青铜、磷青铜、不锈钢等材料制成。为提高弹性元件的耐温性、耐热性能，目前已研制出多种新型弹性材料，如钯金系无磁恒弹合金，锰钯系无膨胀恒弹合金等。

2. 刚度和灵敏度

弹性元件产生单位变形所需要的力（或压力）称为弹性元件的刚度；反之，单位作用力引起的变形（位移），即刚性的倒数，称为弹性元件的灵敏度。刚度大的弹性元件，其灵敏度较小，适用于大量程测压仪表；刚度小的弹性元件，适用于测微小波动压力。对于线性输出特性的弹性元件，其刚度和灵敏度均为常数，适于制作高准确度的仪表。

3. 弹性迟滞和弹性后效

弹性元件在其弹性变形范围内，加压力和减压力时，其输出特性曲线不重合的现象，称为弹性迟滞。对弹性元件所加压力虽在弹性极限之内，但在很快去掉压力后，弹性元件不能马上恢复到原状，而是要经过一段时间（有时长达几十分钟）以后，才能恢复原状的现象，称为弹性后效。弹性元件的弹性迟滞和弹性后效在实际工作中是同时产生的，它们造成了测压仪表的静态变差和动态误差。减小弹性元件迟滞和后效的一个措施，就是使弹性元件的工作负荷远小于比例极限（即取用线性输出特性范围）。

4. 温度特性

弹性元件的输出特性与其工作温度有关，温度变化造成测压仪表的温漂，增大了附加误差。为减小温度变化的影响可采用恒弹性合金材料制作弹性元件，也可在使用中进行温漂的实验修正。

二、弹簧管压力计

1. 弹簧管测压原理

弹簧管压力计是最常用的直读式测压仪表，它可用于测量真空或 $0.1\sim1\times10^3$ MPa 的压力。弹簧管（又称为波登管）是用一根扁圆形或椭圆形截面的管子弯成圆弧形而制成的。管子开口端固定在仪表接头座上，称为固定端。压力信号由接头座引入弹簧管内。管子的另一端封闭，称为自由端。当固定端通入被测压力时，弹簧管承受内压，其截面形状趋于圆形，刚度增大。弯曲的弹簧管伸展，中心角 α 变小，封闭的自由端外移。压力越大，自由端的位移就越大，自由端的位移通过传动机构带动压力计指针转动，指示被测压力。单圈弹簧管的工作原理如图 3-5 所示。

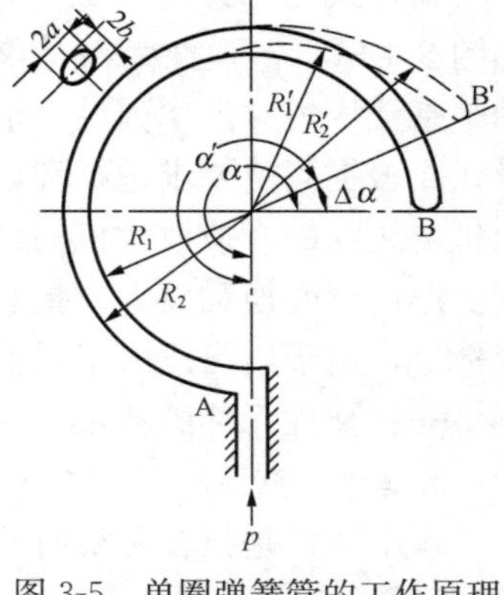

图 3-5　单圈弹簧管的工作原理

$R_1\alpha=R'_1\alpha'$，$R_2\alpha=R'_2\alpha'$

两式相减得　$\alpha(R_2-R_1)=\alpha'(R'_2-R'_1)$

由于 $R_2-R_1=2b$，$R'_2-R'_1=2b'$

则
$$2b\alpha=2b'\alpha' \tag{3-4}$$

经分析可知，弹簧管中心角 α 越大，椭圆形截面的短轴越小，角位移 $\Delta\alpha$ 就越大。所以增加弹簧管圈数，做成螺旋形或涡卷型多圈弹簧管，可以加大灵敏度和做功能力。多圈弹簧管常用于压力记录仪。

在相同的角度 α 之下，弹簧管椭圆（扁圆）形截面的短轴越小，其灵敏度越高，弹簧管长短轴的比值一般为 2～3。

同时也不难看出，圆形截面的弹簧管在压力增加时，其自由端不会发生移动。在一定压力下，弹簧管的输出位移除了和弹簧管的原始中心角 α、截面形状等参数有关外，还与弹簧管的材料性质（弹性模量 E 和泊松系数 μ）、壁厚 h、圈径 R 等有关。所以式（3-4）还不能全面反映弹簧管所受压力与输出位移之间的关系，目前只能通过实验得到经验公式。

2. 弹簧管压力计的结构

弹簧管压力计主要由弹簧管、齿轮传动机构、示数装置（指针和分度盘）以及外壳等几部分组成，其结构、传动机构及实物如图 3-6 所示。

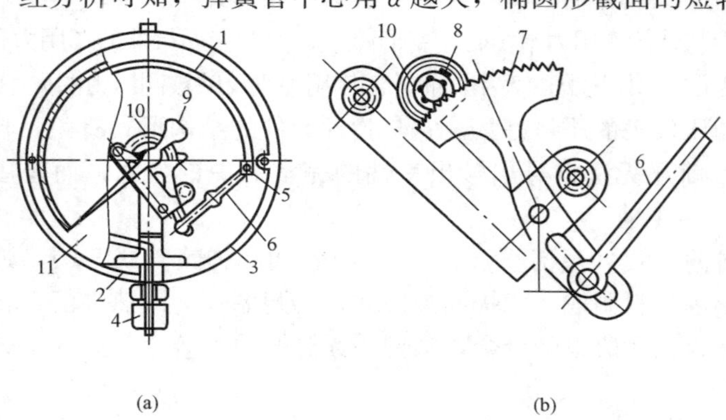

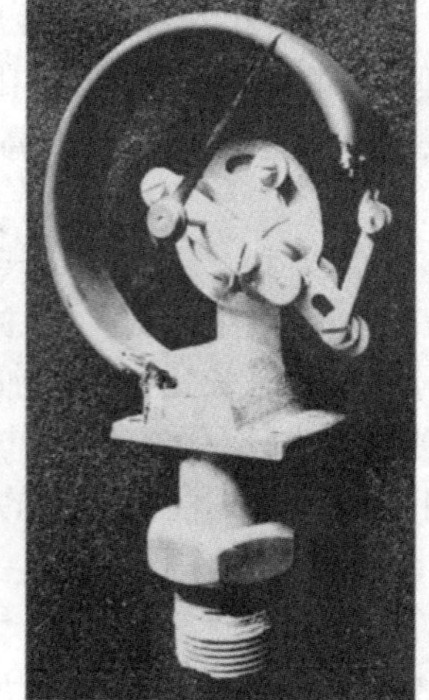

(c)

图 3-6　弹簧管压力计

（a）结构图；（b）传动机构；（c）实物

1—弹簧管；2—支管；3—外壳；4—接头；5—带有铰轴的销子；6—拉杆；7—扇形齿轮；8—小齿轮；9—指针；10—游丝；11—刻度盘

弹簧管椭圆的长轴与通过指针的轴芯的中心线相平行，自由端借助于拉杆和扇形齿轮以铰链的方式相连，扇形齿轮和小齿轮啮合，在小齿轮轴心上装着指针，为了消除扇形齿轮和小齿轮之间的间隙活动，在小齿轮的转轴上安装了螺旋形的游丝。

弹簧管的另一端焊在仪表的壳体上，并与管接头相通，管接头把压力计与需要测量压力的空间连接起来，介质由所测空间通过细管进入弹簧管的内腔中。在介质压力的作用下，弹簧管由于内部压力的作用，其断面受力趋于圆形，迫使弹簧管的自由端产生移动，这一移动距离即管端位移量，借助拉杆带动齿轮传动机构 7 和 8，使固定在齿轮 8 上的指针相对于分度盘旋转，指针旋转角的大小正比于弹簧管自由端的位移量，亦即正比于所测压力的大小，因此可借助指针在分度盘上的位置指示出待测压力值。

用于测量正压的弹簧管压力计称为压力表；用于测量负压的称为真空表。

单圈弹簧管压力计应用最广泛，一般的准确度等级为 1.0～2.5 级，精密的为 0.35、0.5 级。

3. 弹簧管压力计使用安装中的注意事项

为了保证弹簧管压力计正确指示和长期使用，一个重要的因素是仪表的安装与维护，在使用时应注意以下几点：

（1）在选用弹簧管压力计时，要注意被测工质的物性和量程。测量爆炸、腐蚀、有毒气体的压力时，应使用特殊的仪表。氧气压力表严禁接触油类，以免爆炸。仪表应工作在正常允许的压力范围内，操作压力比较稳定时，操作指示值一般不应超过量程的三分之二，在压力波动时，应在其量程的二分之一处。

（2）工业用压力表应在环境温度为－40～＋60℃、相对湿度不大于 80％的条件下使用。

（3）在振动情况下使用仪表时要装减振装置。测量结晶或黏度较大的介质时，要加装隔离器。

（4）仪表必须垂直安装，仪表安装处与测定点间的距离应尽量短，以免指示迟缓；无泄漏现象。

（5）仪表的测定点与仪表的安装处应处于同一水平位置，否则将产生附加高度误差；必要时需加修正值。

（6）仪表必须定期校验。

三、膜盒式微压计

膜盒式微压计常用于火电厂锅炉风烟系统的风、烟压力测量及锅炉炉膛负压测量，其结构如图 3-7 所示。测量范围为 150～4000Pa，准确度等级一般为 2.5 级，较高的可达到 1.5 级。

仪表工作时，压力信号从引压口、导压管引入膜盒内，使膜盒产生变形。膜盒中心处向上的位移，通过推杆使铰链块作顺时针转动，从而带动拉杆向左移动。拉杆又带动曲柄使转轴逆时针转动，从而使指针也逆时针转动而进行压力值指示。游丝可以消除传动间隙的影响。

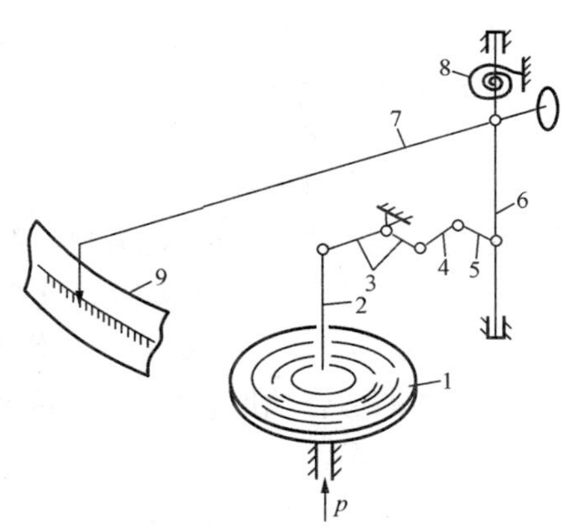

图 3-7　膜盒微压计结构

1—膜盒；2—推杆；3—铰链块；4—拉杆；5—曲柄；6—转轴；7—指针；8—游丝；9—刻度盘

四、电接点压力计

在热力生产过程中，不仅需要进行压力显示，而且需要将压力控制在某一范围内。例如，锅炉汽包压力、过热蒸汽压力等，当压力低于或高于给定值时就会影响机组的安全和经济运行。电接点压力计（见图 3-8）可用于电气发信号设备连锁装置和自动装置，以提醒运行人员注意，及时进行操作，保证压力尽快地恢复到给定值上。其测量工作原理和一般弹簧管压力计完全相同，但它有一套发信机构。在指示指针的下部有两个指针，一个为高压给定指针，一个为低压给定指针，利用专用钥匙在表盘的中间旋动给定指针的销子，将给定指针拨到所要控制的压力上限和下限值上。

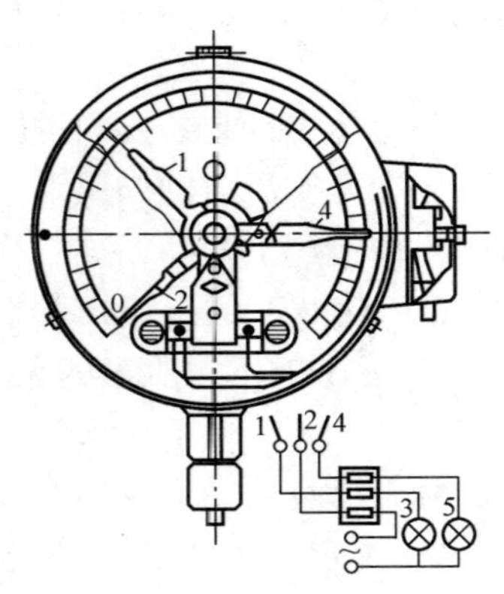

图 3-8 电接点压力计

1—低压给定指针及接点；2—指示指针及接点；3—绿灯；4—高压给定指针及接点；5—红灯

在高低压给定值指针和指示指针上均带有电接点。当指示指针位于高、低压给定指针之间时，三个电接点彼此断开，不发信号。当指示指针位于低压给定值指针的下方时，低压接点接通，低压指示灯亮，表示压力过低；当压力高过压力上限时，即指示指针位于高压给定指针的下方，高压接点接通，高压指示灯亮，表示压力过高。电接点压力计除作为高、低压报警信号灯和继电器外，还可以接其他继电器等自动设备，起连锁和自动操做作用。但这种仪表只能报告压力的高低，不能远传压力指示。触点控制部分的供电电压，交流的不得超过 380V，直流的不得超过 220V。触点的最大容量为 10V·A，通过的最大电流为 1A。使用中不能超过上述电功率，以免将触头烧掉。电接点压力计的准确度一般为 1.5～2.5 级。

第四节 压力表的选择与安装

一、压力表的选择

为了准确测量压力，必须根据被测对象的特点，适当地选用测压仪表。应根据被测压力的种类（压力、负压和压差），被测介质的物理、化学性质和用途（标准表、指示表、记录表和远传表等）以及生产过程所提的技术要求选择压力表，同时应本着既满足测量准确度、又经济的原则，合理地选择压力表的型号、量程和准确度等级。

1. 种类与结构形式

根据被测压对象的要求，可选用弹性式压力计或非弹性式压力计；就地读数的仪表可选用直读式，集中控制盘读数的可选用压力变送仪表；根据压力的种类（压力、负压和压差）选用不同量程的仪表（压力表、真空表和差压计）；根据使用场合不同，可选用不同外径（ϕ100、ϕ150、ϕ200、ϕ250 等）的仪表；根据安装条件不同选用不同外壳结构，如径向接头、不带边的适合就地安装，轴向接头适合盘式安装，带前边的适合控制盘安装，带后边的适合就地安装等。

2. 测压仪表的标尺上限

我国的测压仪表按系列生产，其标尺上限的刻度值为(1.0、1.6、2.5、4.0、6.3)×10^nMPa，其中 n 为 0 或正整数。为了减小相对误差，仪表的标尺上限值不能取得过大，考虑到弹性元件有滞后效应，仪表的标尺上限又不能取得太小。通常被测压力 p 应满足下列范围：

$$\text{测量平稳压力}\quad \frac{1}{3}p_{max}<p<\frac{2}{3}p_{max}$$
$$\text{测量波动压力}\quad \frac{1}{3}p_{max}<p\approx\frac{1}{2}p_{max} \qquad (3\text{-}5)$$

式中　p_{max}——选用仪表的标尺上限值。

3. 测压仪表的准确度等级

测压仪表的准确度等级是按国家标准系列化规定和仪表的质量确定的。目前我国规定的准确度等级，标准仪表有0.05，0.1，0.16，0.2，0.25，0.35；工业仪表有0.5，1.0，1.5，2.5，4.0等。实际选用时应按被测参数的测量误差要求和仪表的量程范围来确定。

【例3-1】 已知测点压力约为100MPa，测量误差不允许超过±4MPa，试选用测压仪表的标尺上限值和准确度等级。

解　(1) 若被测压力属于平稳压力，由式（3-5）可得测压仪表的标尺上限的范围为

$$p_{max}>\frac{3}{2}p=\frac{3}{2}\times100=150\ (\text{MPa})$$

此外

$$p_{max}<3p=3\times100=300\ (\text{MPa})$$

因而，选用测压仪表的量程为

0～160 MPa或0～250 MPa

若选0～160MPa的测压仪表，则其准确度等级α应满足：

$$\alpha\leqslant\frac{4}{160-0}\times100=2.5$$

若选0～250MPa的测压仪表，则其准确度等级α应满足：

$$\alpha\leqslant\frac{4}{250-0}\times100=1.6$$

即可选准确度等级2.5级，量程为0～160MPa的测压仪表或选准确度等级1.5级，量程为0～250MPa的测压仪表。

(2) 若属波动压力，由式（3-5）可得测压仪表的标尺上限的范围为

$$p_{max}\approx2p=2\times100=200\text{MPa}$$

根据这个范围，选用压力仪表的量程为

0～250 MPa

准确度的选取方法与前同，即选准确度等级1.5级，量程为0～250MPa的测压仪表。

二、压力表的安装

压力表的安装方式如图3-9所示，在安装时必须满足以下要求：

(1) 取压管口应与工质流速方向垂直，与设备内壁平齐，不应有凸出物和毛刺。测点要选择在其前后有足够长的直管段的地方，以保证仪表所测的是介质的静压力。

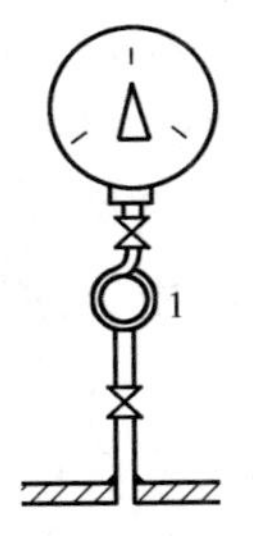

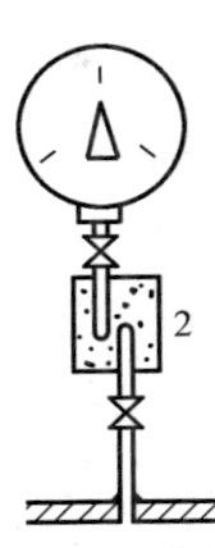

图3-9　压力表安装示意

1—环形圈；2—凝汽管；3—隔离容器

(2) 防止仪表传感器与高温或有害的被测介质直接接触。测量高温蒸汽压力时，应加装凝汽管；测量含尘气体压力时，应装设灰尘捕集器；对于有腐蚀性的介质，应加装充有中性介质的隔

离容器；对于测量高于60℃的介质时，一般加环形圈（又称冷凝圈）。

（3）取压口的位置。测量气体介质时，一般位于工艺管道上部；测量蒸汽介质时，应位于工艺管道的两侧边上，这样可以保持测量管路内有稳定的冷凝液，同时防止工艺管道底部的固体介质进入测量管路和仪表；测量液体时，应位于工艺管道的下部，这样可以让液体内析出的少量气体顺利地返回工艺管道，而不进入测量管和仪表。

（4）取压口与压力计之间应加装隔离阀，以备检修压力表用。

第五节 压力（差压）变送器

为适应集中检测、热工保护、自动调节等热工测量和自动化的需要，通常希望将测压弹性元件输出的位移或力变换成统一的电信号，为此产生了压力（差压）变送器。下面只介绍电厂常用的几种压力（差压）变送器。

一、电容式压力（差压）变送器

（一）电容式变送器的特点

电容式变送器用于连续测量流体介质的压力、差压、流量、液位等热工参数，将它们转换成直流电流。其类型分为差动电容式和单端电容式两种，前者发展较快，品种较多。本节介绍1151系列差动式变送器。1151电容式压力变送器结构上由测量和转换两部分串联构成，如图3-10所示。由图可见，被测差压Δp作用在金属膜片上，使膜片产生微小位移Δd，引起差动电容的电容量发生变化，再由测量电路和放大输出电路将电容量的变化转换为标准电流信号。因此，电容式差压变送器是由各个环节串联构成的无整机负反馈回路的开环式结构的仪表。它采用24V（DC）集中供电，4～20mA（DC）电流信号制，是两线制传输式仪表。作为一种新型差压变送器具有以下主要特点：

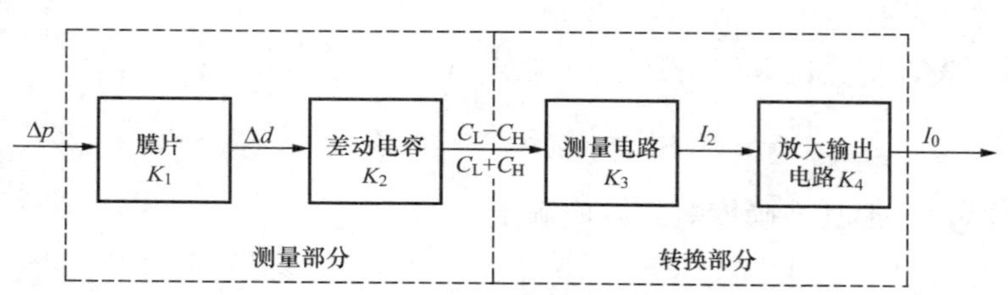

图3-10 1151电容式压力变送器的总体结构

（1）结构方面。因为采用微位移式工作原理，并以差动电容作为检测元件，整个变送器无机械传动和机械调整部分；感测部分零部件很少，测量电路也不复杂；结构简单，体积和质量小；另外，变送器结构组件化，线路板插件化，基型品种的外形尺寸统一，压力、差压感测部分只采用一种结构形式，对于不同的测量范围，只需改变测量膜片的厚度即可，所以通用化、系列化程度高，安装维护方便。

（2）性能方面。变送器除中央测量膜片作为可动电极产生微小位移之外，无其他可动零部件，而且电容的相对变化量较大；测量膜片采用预先张紧（具有预紧应力的）工艺，所受压力与位移呈线性关系，故准确度高（±0.2%～±0.5%），线性度好；由于结构简单，测量膜片的质量小，故动态响应快，耐振动、冲击；固定电极采用球面形状，过载保护性能好；敏感部件采用全焊接对称式结构，可承受环境温度影响以及介质温度、压力急剧变化的影响；此外，静压影响也极小。因此，电容式变送器能满足现代工业生产对检测、变送仪表提出的高准确度、高稳定性、高可靠性的要求。

（3）使用方面。电容式变送器品种齐全，测量范围为 0.123kPa～7MPa，最高工作压力为 32MPa，被测压力最高可达到 42MPa。仪表的调整使用也方便。

由此可见，电容式变送器优点很多，在几种新型微位移式变送器中，它以结构简单，测量范围较宽，技术性能好而得到广泛的应用。

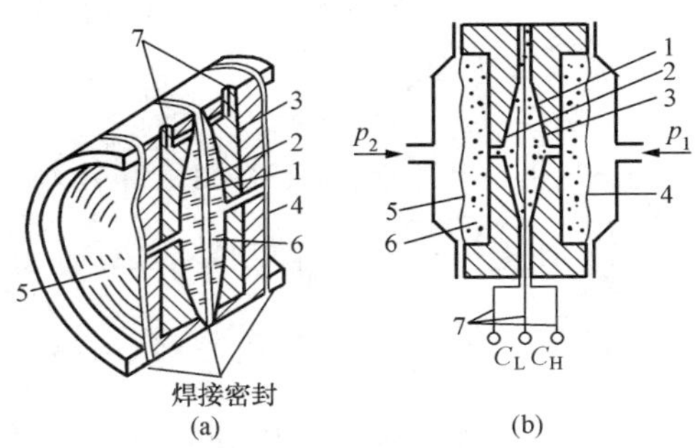

图 3-11　测量部分结构原理

（a）结构；（b）结构示意

1—测量膜片（可动电极）；2、3—固定电极；4、5—隔离膜片；6—工作液体；7—引线

（二）测量部分的结构原理

测量部分的作用是把被测压力或差压的变化转换成差动电容值的变化。

1. 测量部分的结构

1151 系列电容变送器采用球面形结构。图 3-11 所示为该变送器的结构原理，测量部分主要由测量膜片、固定电极、刚性绝缘体、隔离膜片、基体、工作液体、引线等组成。测量膜片与固定结构两个电容器 CH 和 CL。当被测差压 Δp 进入变送器的高、低压室时，经隔离膜片和工作液体的传达室递进而作用在测量膜片上，则测量膜片发生挠曲，产生与差压成比例的微小位移 Δd。因此，测量膜片与固定电极之间距离发生变化使 C_H 减小，C_L 增大，这样就将被测差压转换成电容量的变化。

2. 差压-位移转换

本变送器中，无论被测差压高或低，都采用金属平膜片做敏感元件以得到相应的位移。平膜片形状简单，根据它的压力-位移物质性和微小位移的情况，在测量较高压力时采用结构尺寸恰当的厚膜片，测量较低压力时采用张紧的薄膜片，两种情况下均可得到良好的线性特性。设测量膜片位移为 Δd，被测压差为 Δp，则有

$$\Delta d = K_1 \Delta p \tag{3-6}$$

式中　K_1——与膜片结构尺寸和材料性质有关的比例系数。

3. 位移-电容转换

固定电极都是部分球面形的。它们与平膜片分别构成球面电容 CH 和 CL。由于固定电极球面的球体半径较大，固定电极与可动电极间距离较小，所以球面容器的特性近似于平行板电容器的特征。下面用平行板电容器来讨论位移 Δd 与电容间的转换关系。

差动平行板电容器如图 3-12 所示，其电容量可表示为

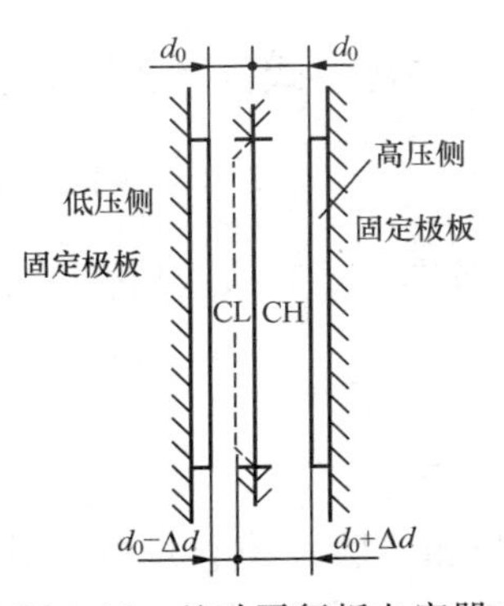

图 3-12　差动平行板电容器

$$C_H = \frac{\varepsilon A}{d_0 + \Delta d}, \quad C_L = \frac{\varepsilon A}{d_0 - \Delta d} \tag{3-7}$$

式中　ε——极板间介质的介电常数；

A——电容极板的有效面积；

d_0——极板间初始距离，m；

Δd——可动电极的位移，m。

式（3-7）中，电容 C_H 和 C_L 与可动电极位移 Δd 之间为非线性关系。如果取电容之差比电容之和，解得

$$\frac{C_L - C_H}{C_L + C_H} = \frac{\Delta d}{d_0} = K_2 \Delta d \tag{3-8}$$

将式（3-6）代入式（3-8），可得

$$\frac{C_L - C_H}{C_L + C_H} = K_1 K_2 \Delta p \tag{3-9}$$

式（3-9）即为电容式变送器测量部分差压-电容转移关系式，由此可得出结论：

（1）比值$\frac{C_L - C_H}{C_L + C_H}$与被测差压 Δp 成正比；

（2）比值$\frac{C_L - C_H}{C_L + C_H}$与介电常数 ε 无关，从设计原理上消除了介电常数的变化带来的误差；

（3）如果差动电容结构完全对称，可得到良好的线性转换关系。

由上述分析可知，如果在转换部分设计一种电路，使电路中电流为

$$I_i = K_3 \frac{C_L - C_H}{C_L + C_H}$$

则

$$I_i = K_3 K_2 K_1 \Delta p \tag{3-10}$$

那么，就可将被测差压 Δp 成比例地转换成电流信号。

（三）转换部分的工作原理

转换部分的作用是将电容比$\frac{C_L - C_H}{C_L + C_H}$的变化转换成标准输出电流信号［4～20mA (DC)］，同时还具有零点调整、零点迁移、量程调整和阻尼调整、线性调整等功能。

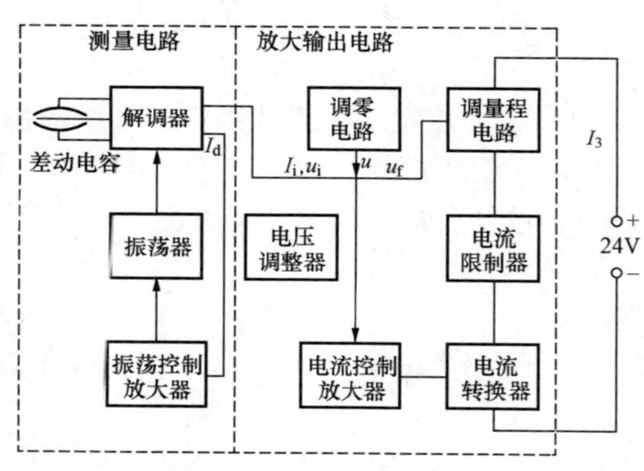

图 3-13 转换电路方框图

1151 系列电容式差压变送器的转换部分电路方框图如图 3-13 所示。转换部分电路又可分为测量电路和放大输出电路两部分。测量电路包括振荡器、解调器和振荡控制放大器，其任务是将电容比$\frac{C_L - C_H}{C_L + C_H}$转换成电流信号 I_i。放大输出电路包括电流控制放大器、电流转换器、调零电路、调量程电路、电流限制器和电压调整器，其作用是将 I_i 转换成直流 4～20mA 的统一信号。

（四）电容差压变送器的调校与使用

电容差压变送器是无整机负反馈回路的开环式仪表。因此，调校电容式差压变送器是以开环结构为依据的。

1. 量程调整范围

任何一台差压变送器都有一个从最小量程到最大量程的量程范围。电容式差压变送器的输入输出关系为

$$\Delta I_0 = K_4 K_3 K_2 K_1 \Delta P$$

式中　K_2、K_3——常数。

式中只有 K_1 和 K_4 可以用来改变仪表的量程。K_1 是差压与测量膜片位移间的转换系数，膜片厚度不同，K_1 也不同。因此，制造厂采用几种不同厚度的膜片，制造出几种不同

量程范围的差压变送器，但它们的外形尺寸却几乎相同。对于已造好的电容式差压变送器，K_1 为常数。K_4 是放大输出电路的闭环放大倍数。调整电位器 R32 可以改变 K_4 的大小，从而调整差压变送器的量程。用 R32 调整变送器的量程，只能在变送器最小量程和最大量程之间连续可调。例如，对于一台量程范围为 0～（6350～38 100）Pa 的变送器，差压的满度值只能是 6350～38 100Pa 之间的某个数值，不能小于 6350Pa，也不能大于 38 100Pa。如果超出这个量程范围，必须换用另一种量程范围的变送器。通常 1151 系列电容式差压变送器的最大量程与最小量程之比为 6。

2. 零点调整范围

1151 系列差压变送器的正迁移量为其最小量程的 500%，负迁移量为其最小量程的 600%。必须注意的是，无论任何情况，进行零点迁移之后，测量膜片所承受的差压值都不能超过变送器的最大量程值，否则将使膜片处于差压和位移关系的非线性区域，而给测量差压带来很大误差，甚至使变送器无法工作。例如，对于量程范围为 0～(6350～38 100)Pa 的变送器，原量程为 0～25 400Pa，不能迁移为 25 400～50 800Pa。虽然此时正迁移量仅为 100%，但在量程上限时膜片所承受的差压已超过最大量程值。在使用中必须保证使正迁移量与量程值之和不超过变送器最大量程值。同样的道理，负迁移时的迁移量在数值上也不能超过变送器最大量程值。

3. 零点和量程的调整

调整零点和进行零点迁移对量程没有影响，但调整量程则会影响零点，无零点迁移时影响较小。下面讲述一般的调校方法和步骤。

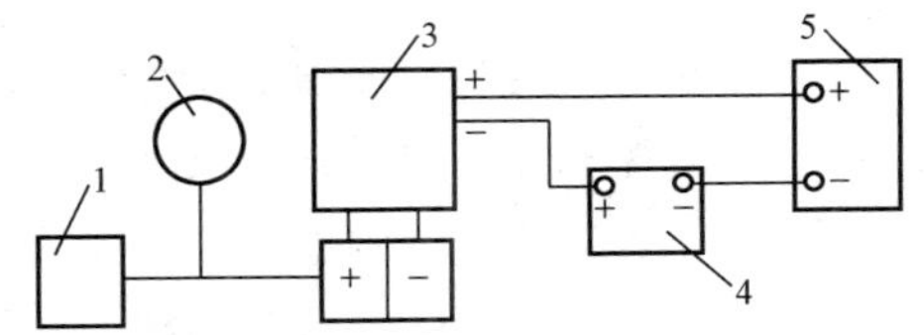

图 3-14 电容差压变送器校验线路图

1—加差压设备；2—差压显示仪表；3—变送器；4—0.2 级直流电流表（或数字电流表）；5—24V（DC）电源

按图 3-14 所示的校验线路图接好线，经检查无误后接通电源。

在变送器输入差压为零时，调零点调整电位器 R35，使输出电流 I_0 为 4mA。给变送器加满量程的差压信号，调整量程调整电位器 R32，使输出电流为 20mA。反复进行零点和量程的调整直至零点和量程均满足精度要求为止。

将被测差压范围分为四等分，按 0、25%、50%、75%、100%逐点输入相应的差压值，则变送器输出电流为 4、8、12、16、20mA，其误差应小于基本允许误差。如果超差，应重新进行上述各项的调整，必要时应进行线性调整。

低、中、高压电容式变送器准确度为 0.2 级，包括线性、变差和重复性的综合误差。而线性误差为调校量程的±0.1%，变差为调校量程的±0.5%，重复性误差为调校量程的±0.5%。

在调好变送器准确度之后，进行零点迁移。根据正迁移或负迁移，将插接件 SW1 插在相应的位置上。然后给变送器加零点迁移信号，调整零点调整电位器 R35，使变送器输出电流为 4mA，则零点迁移调整完毕。最后还应检查一下量程和零点，必要时可进行微调。

4. 改变量程时的调校方法

当需要将电容式差压变送器从原有量程调为另一个所需量程时，可用下述方法进行调整，其连接线路仍如图 3-14 所示。

在变送器输入差压为零时，调零点调整螺钉（即电位器 R35），使输出电流为 4mA 。这时，变送器量程为原有量程。然后调整变送器量程到需要值，其方法如下：当原有量程大于所需量程时，应在变送器输入差压为零的情况，调整量程调整螺钉（即电位器 R32），直至输出电流由 4mA 上升到等于下式表示的数值为止：

$$I_0=4\times\frac{原有量程}{所需量程}$$

当原有量程小于所需量程时，应先给变送器加原有量程差压值，这时变送器输出电流为 20mA。然后调整量程调螺钉，直至输出电流从 20mA 下降到下式表示的数值为止：

$$I_0=20\times\frac{原有量程}{所需量程}$$

在输入差压为零的情况下，再次调整零位，使输出电流回到 4mA。这时，变送器的量程就接近所需量程的数值。

给变送器加入所需量程的满度差压值，输出电流应为 20mA；否则，还要微调量程和零点，直至量程和零点均满足要求为止。

必须注意，调整零点不影响量程，但调整量程会影响零点。调整量程影响零点的量为量程调整量的 1/5。为了补偿这个影响，最简单的方法是超调量程调整量的 25%。例如，在给变送器加所需量程满度差压值时，其输出电流为 19.90mA。这时，应先通过量程调整螺钉将输出电流调为 20.025mA，然后再通过零点调整螺钉将输出电流调为 20mA，则变送器的量程就精确地调到了所需的数值。这样调整的道理是：在调整量程时使输出电流从 19.90mA 增加到 20.025mA，增加量为 0.125mA。由此引起零点增加的量为 0.125/5＝0.025mA，所以应通过调整零点将输出电流降低 0.025mA。

上述为调整变送器量程的方法，是以电容式差压变送器的开环结构为依据的。当将量程从原有的量程调到所需量程时，测量膜片位移变化的倍数是“所需量程/原有量程”。所以，为了使变送器在所需量程时输出电流为 20mA，就必须使放大输出电路闭环放大倍数 K_4 变化“原有量程/所需量程”倍。例如，将量程从 25 400Pa 调到 12 700Pa 时，测量膜片位移减小一半。所以，为了使变送器量程在 127 000Pa 时输出电流为 20mA，就必须使放大输出电路闭环倍数 K_4 增大一倍。因此，在不加差压的情况下，调量程 K_4 增大一倍，则变送器输出电流就由 4mA 上升到 8mA，再通过调整零点使输出电流回到 4mA，这样就将量程从 25 400Pa 调到了 12 700Pa。

另外，电容式差压变送器在制造厂已将线性调到最佳状态，所以一般不需要在现场调整。

高静压会使变送器量程发生微小变化而产生误差，这是一个系统误差，可以在变送器安装之前，根据实际使用的静压来调校量程，就能消除这一误差。这一误差的大小与量程范围有关，可以在仪表安装使用说明书中的查得。

图 3-15 智能变送器及通信器外形

二、智能型压力变送器

20 世纪 80 年代初，随着计算机技术和通信技术的飞速发展，美国霍尼韦尔（Honeywell）公司率先推出了 ST3000 系列智能压力变送器。图 3-15 所示为智能变送器及通信器外形。

智能式变送器的核心是微处理器，利用微处理器的运算和存储能力，可以对传感器的测量数据进行计算、存储和数据处理，包括对测量信号的调整（如滤波、放大、A/D 转换等）、数据显示、自动校正和自动补偿等；还可以通过反馈回路对传感器进行调节，使采集数据达到最佳。由于微处理器具有各种软、硬件功能，因而可以完成传统变送器难以完成的工作。智能式变送器降低了传感器的制造难度，极大地提高了传感器的性能。

ST3000 系列智能变送器具有优良的性能和出色的稳定性。它能测量气体、液体和蒸汽的流量、压力和液位。对于被测量的差压输出 4～20mA 模拟信号和数字信号，其工作原理框图如图 3-16 所示。

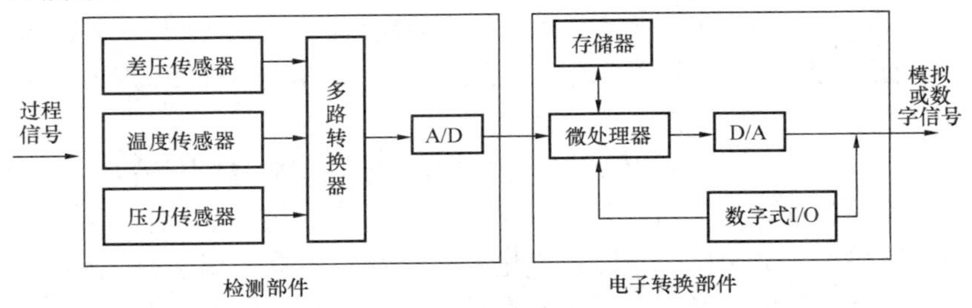

图 3-16 ST3000 系列变送器工作原理框图

ST3000 系列变送器由检测部件和电子转换部件两大部分组成。其检测部件为高级扩散硅传感器，当被测过程压力或差压作用在隔离膜片上时，通过封入液传到膜盒内的传感器硅片上，使其应力发生变化，因而其电阻值也跟着变化。通过电桥产生与压力成正比的电压，再经 A/D 转换器转换成数字信号后送电子转换部件中的微处理器。在传感器的芯片上，还有两个辅助传感元件：一个是温度传感器，用于检测表体温度；另一个是压力传感器，用于检测过程静压。温度和压力的模拟值也被转换成数字信号，并送至转换部件中的微处理器。微处理器对以上信号进行转换和补偿运算后，输出相应的 4～20mA 模拟量信号或数字量信号。

在制作变送器过程中，所有的传感器经受了整个工作范围内的压力和温度循环测试，测试数据由生产线上的计算机采集，经微处理器处理后，获得相应的修正系数，传感器的压力特性、温度特性和静压特性分别存放在电子转换部件的存储器中，从而保证变送器在运行过程中能精确地进行信号修正，保证了仪表的优良性能。

存储器还存储所有的组态，包括设定变送器的工作参数、测量范围、线性或开方输出、阻尼时间、工程单位选择等，还可向变送器输入信息性数据，以便对变送器进行识别与物理描述。存储器为非易失性的，即使断电，所存储的数据仍能保持完好，以随时实现智能通信。

ST3000 采用 DE 和 HART 通信协议，它可以和手持终端或对应过程控制系统在控制室、变送器现场或在同一控制回路的任何地方进行双向通信，具有自诊断、远程设定零点和量程等功能。

ST3000 的手持通信器带有键盘和液晶显示器。它可以接在现场变送器的信号端子上，就地设定或检测，也可以在远离现场的控制室中，接在某个变送器的信号线上进行远程设定及检测。

手持通信器可以进行组态、变更测量范围、校准变送器及自诊断。

由于智能型变送器具有长期稳定的工作能力和良好的总体性能，每五年才需校验一次，可远离有危险生产现场，所以具有广阔的应用前景。

目前常用的智能压力（差压）变送器有霍尼韦尔的ST3000/100系列和ST3000/900系列，罗斯蒙特（Rosemount）的3051C和1151S系列及日本横河的EJA系列等。

罗斯蒙特的1151S智能变送器是在1151模拟变送器的基础上开发出来的，它的膜盒和模拟式的相同，也是电容式δ室传感器，但其电子部件不同。1151模拟变送器采用的模拟电子线路，输出4～20mA模拟信号，1151S智能变送器是以微处理器为核心部件的专用集成电路，并加了A/D和D/A转换电路，整个变送器的电子部件仅由一块板组成，既可输出4～20mA模拟信号，又能在其上面叠加数字信号，可以和手持终端或其他支持HART通信协议的设备进行数字通信，实现远程设定零点和量程。1151S智能变送器基本精度为±0.1%，最大测量范围为模拟式的2倍，量程比为1∶15，各项技术性能都比1151模拟变送器有所提高。

罗斯蒙特的3051C与1151S的传感器都是电容式的，但膜盒部件有所不同。3051C将电容室移到了电子罩的颈部，远离过程法兰和被测介质，不与过程热源直接接触，仪表的温度性能的抗干扰特性提高。3051C的检测部件增加了测温传感器，用于补偿环境温度变化引起的影响。3051C的检测部件还增加了传感器存储器，用于存储膜盒制造过程中，在整个工作范围内的温度和压力循环测试信息和相应的修正系数，从而保证变送器运行中能精确地进行信号修正。提高了仪表的准确度，增加了零部件间的互换性，缩短了维修过程。3051C的整机性能较1151S有较大提高，3051C属于高性能智能变送器，而1151S属于低性能经济型智能变送器。

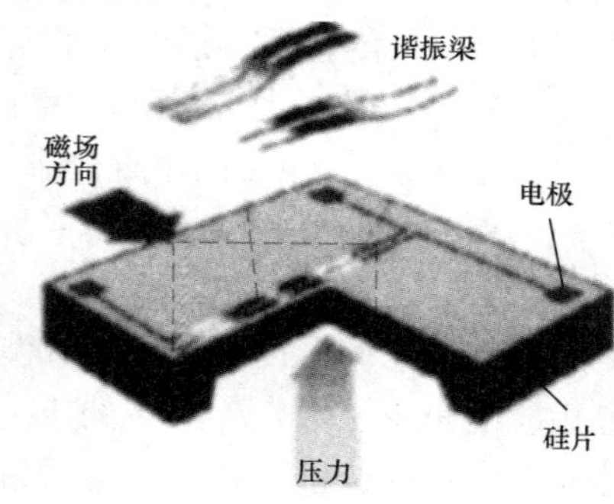

图3-17　硅谐振式传感器原理

日本横河公司EJA智能变送器的敏感元件为硅谐振式传感器，如图3-17所示。它是一种微型构件，体积小、功耗低、响应快，便于和信号部分集成。在一个单晶硅芯片表面的中心和边缘采用微电子加工技术制作两个形状、尺寸、材质完全一致的H形状的谐振梁，谐振梁在自激振荡回路中做高频振荡。当硅片受到压力作用，单晶硅片的上下表面受到的压力不等时，将产生形变，导致中心谐振梁因压缩力而频率减小，边缘谐振因受拉伸力而频率增加。两频率之差直接送到CPU进行数据处理，然后经D/A转换成4～20mA直流模拟信号并在模拟信号上叠加一个BRAIN/HART数字信号进行通信。利用测量两个谐振频率之差，即可得到被测压力或差压。

硅谐振传感器中的谐振梁、硅膜片、空腔被封在微型真空中，既不与工作液体接触，在振动时又不受空气阻力的影响，所以仪表性能稳定。

目前我国企业广泛采用的智能型变送器大多是既有数字输出信号，又有模拟输出信号的混合式智能变送器，通常又称为Smart变送器。它与全数字式现场总线智能变送器相比，在仪表结构与实际功能上是有区别的。

三、模拟型变送器与智能型变送器的比较

1. 模拟型变送器的特点

（1）结构简单。模拟型变送器基于微位移检测和转换技术，是微位移平衡式变送器，体

积和质量小。

(2) 准确度较高。电容式、扩散硅式、振弦式等变送器都是0.25级，稳定性也好。

(3) 测量范围较宽，静压误差较小。所有参数设定通过机械调整、使用方便。

(4) 采用二线制传输信号，本质安全防爆。

2. 智能型变送器的特点

(1) 在检测部件中，除了压力传感元件外，一般还有温度传感元件。产品采用微机械电子加工技术、超大规模的专用集成电路和表面安装技术，因此仪表结构紧凑，可靠性高，体积很小。

(2) 准确度高，误差一般为±0.1%～±0.2%，有的还能达到±0.075%；测量范围很宽，量程比达到40、50、100甚至400；其他如温度性能、静压性能、单向过载性能等也比模拟型变送器有很大的提高。

(3) 智能变送器内装有微处理器，可以在手持通信器（手持终端）上进行组态，远方设定仪表的零点和改变量程，对于操作人员难以到达的场合尤其方便。

(4) 能自诊断故障，对非线性、温漂、时漂等进行自动补偿。数据处理方便准确，可根据内部程序自动处理数据，如进行统计处理、去除异常数值等。

(5) 具有双向通信功能。微处理器不但可以接收和处理传感器数据，还可将信息反馈至传感器，从而对测量过程进行调节和控制。可进行信息存储和记忆，能存储传感器的特征数据、组态信息和补偿特性等。

(6) 具有数字量接口输出功能，可将输出的数字信号方便地和计算机或现场总线等连接。

3. 现场总线型智能变送器的特点

现场总线智能变送器是在原有变送器的基础上根据现场总线通信协议开发出来的一种变送器，它是现场总线控制系统FCS的基础。其特点如下：

(1) 全数字式。在混合式智能变送器中，由于开发时的条件限制，还保留有模拟信号，叠加其上的数字信号只用于传递辅助信息，用于变送器的校验、组态和诊断。但在现场总线变送器中，模拟信号已没有必要，是全数字结构，因此仪表结构简单，准确度提高。

(2) 现场总线通信方式。在混合式智能变送器中，通信标准不是国际上规定的现场总线通信标准，通信速率很慢，而且不同公司的变送器通信协议也不相同，相互之间不能互换和互相操作。而现场总线智能变送器是现场总线控制系统的一部分，它的通信标准和现场总线标准是同一个，双向传输，串行，既能和上位机系统通信，又能和现场设备通信，一对导线上可传输多种信息，不同厂家、不同型号的变送器，只要功能类同，就可以进行互换和相互操作。

(3) 准确度提高。在混合式智能变送器中，由于通信速度太慢，只是一些辅助信息用数字传送，主要信息仍用4～20mA模拟信号传送，信号经D/A转换，会产生转换误差。同时，传输模拟信号过程中，由于周围电磁环境的干扰，信号会产生畸变，产生传输误差。而现场总线智能变送器由于采用了全数字的仪表结构和数字传输，所以在系统中不需要A/D和D/A转换。这样，不但仪表本身的准确度提高，而且信号的传输精度也会提高。

(4) 功能增强。在模拟通信方式下，一对导线只能传送一个信号，只能测量一个被测参数；而在现场总线通信方式下，一对传输导线上可以传输多个信息，一台变送器带有多个敏感元件，可测量和传送多个被测参数。数字传感器和微处理器相结合，加上按现场总线标准的通信方式，使得变送器的功能大为增强。现场总线变送器已不是传统意义上的变送器，而是同时起着变送、控制和通信的作用，集变送、控制和通信于一身。在系统中，每台变送器都是一个网络节点，它们和操作站、维护管理系统、上位机一样，平等地挂在总线上，共同完成系统的自动化任务。

第六节　压力取样及管路敷设

一、压力测点位置的选择

压力测点位置的选择，除根据本章第三节所述压力表测点开孔位置的各项规定外，还应符合下列要求：

（1）水平或倾斜管道上压力测点的安装方位。对于气体介质，应使气体内的少量凝结液能顺利流回工艺管道，不至于因为进入测量管路及仪表而造成测量误差，取压口应在管道的上半部；对于液体介质，应使液体内析出的少量气体能顺利流回工艺管道，不至于因为进入测量管路及仪表而导致测量不稳定，因此取压口应在管道的下半部，但是不能在管道的底部，最好是在管道水平中心线以下并与中心线成0°～45°夹角的范围内；对于蒸汽介质，应保持测量管路内有稳定的冷凝液，同时要防止工艺管道底部的固体杂质进入测量管路和仪表，因此蒸汽的取压口应在管道的上半部及水平中心线以下，并与中心线成0°～45°夹角的范围内。

（2）测量低于0.1MPa压力的测点，其标高应尽量接近测量仪表，以减少由于液柱引起的附加误差。

（3）测量汽轮机润滑油压的测点，应选择在油管路末段压力较低处。

（4）凝汽器的真空测点应在凝汽器喉部的中心点上取。

（5）煤粉锅炉一次风压的测点，不宜靠近燃烧器，否则将受炉膛负压的影响而不真实。其测点的位置离燃烧器应不小于8m，且各测点至燃烧器间的管道阻力应相等。二次风压的测点，应在二次风调节门和二次风喷口之间。

（6）炉膛压力的测点，应能反映炉膛内的真实情况。若测点过高，接近过热器，则负压偏大；若测点过低，距火焰中心近，则压力不稳定，甚至出现正压，故一般取锅炉两侧喷燃室火焰中心上部。

（7）锅炉烟道上的省煤器、预热器前后烟气压力测点，应在烟道左、右两侧的中心线上。左右两侧压力测点的安装位置必须对称，并与相应的温度测点处于烟道的同一横断面上。

二、取压装置的形式和安装

取压装置用于取容器或管道的静压力，其端头应与内壁齐平，不得伸入内壁，且均无毛刺；否则会使介质产生阻力，形成涡流，并受动压力影响而产生测量误差。

取压装置的形式根据被测介质的特性来考虑，常用的有以下几种：

（1）测量蒸汽、水、油等介质压力的取压装置由取压插座、引压管和取源阀门组成。

（2）测量含有微量灰尘的气体压力时，取压装置应有吹洗用的堵头和可拆卸的管接头。水平安装时，取压管应倾斜向上，通常在炉墙和烟道上安装的取压管与水平线所成夹角一般大于30°。

(3) 测量气、粉混合物压力时，取压装置必须带有足够容积的沉淀器将煤粉与空气分离后，靠煤粉重量返回气、粉管道。根据周围的环境，取压装置分为带有直立沉淀器的取压装置和防堵的风压取压装置两种。前者适用于周围空间较宽广的场所。

(4) 带疏水容器的凝汽器真空取压装置包括扩容管、疏水容器、回水管等部分。扩容管从凝汽器喉部插入并向下倾斜，经引压管引至疏水容器的上部。疏水容器下不接回水管，回水管经一定高度的水封U形管与热水井相通。测量仪表的引压管从疏水容器的顶部接出。疏水容器的安装标高应使容器中位线高于凝汽器的最高水位。这样，疏水容器的上半部在运行中始终处于汽侧，测量仪表的引压管内不会因水封而受影响。

三、引压管路的敷设

(1) 对水平敷设的引压导管应有3%～5%的坡度，以便排除导管内积水（当被测介质为气体时）或积汽（当被测介质为水时）。

(2) 引压导管的长度一般不超过50～60m，一般内径为6～10mm，可以减少测量滞后。更长距离时要使用远传式仪表。

(3) 当被测介质容易冷凝或冻结时，引压管路需有保温伴热措施。

第七节　压力测量系统故障分析

一、压力测量系统的故障分析概述

在火电厂机组运行过程中，压力监测及调节系统能否正常运行关系到整个机组的安全运行，因此对压力测量系统的故障及时做出判断并排除显得非常重要。压力测量系统包括被测对象、压力变送器、显示仪表以及引压管路。在实际应用时，必须详细了解整个测量系统的辅助设施及连接形式，如取压装置、导压管、根部阀、表前阀、放空阀、接线端子排、穿线管、供电装置以及电源开关等。对被测对象的特性也要熟练掌握，如被测介质的物理、化学特性，被测介质的压力源及压力控制方式等。

只有对压力测量系统的各个环节都了解清楚后，才能正确分析系统故障。在生产过程中，压力测量系统的故障都是通过显示仪表的现象判断整个测量系统是否故障，再通过这些现象分析故障原因并判断故障部位。

二、典型故障分析

下面列举一些常见故障现象，并分析其原因。

1. 参数指示值为零

显示仪表指示为零的原因很多，主要有以下几个：

(1) 仪表未接通电源。

(2) 显示仪表本身故障。

(3) 显示仪表无输入信号或输入信号为零。

(4) 压力变送器故障无输出信号。

(5) 导压管、根部阀未开或管路堵塞。

(6) 仪表之间连接导线断路或接线端子接触不良。

(7) 被测对象无压力。

在排查故障原因时，应该以先易后难，先简后繁的原则来进行：

（1）检查仪表电源是否接通。如电源指示灯亮，则说明电源已接通，否则应查明原因，接通电源。

（2）根据相关仪表观察系统内是否应有压力指示。如其他仪表有指示，则检查该仪表有无输入信号（用万用表），如输入信号大于4mA，则说明该显示仪表本身有故障。

（3）如无输入信号，或输入信号小于或等于4mA，应检查压力变送器。关闭表前阀或根部阀，打开放空阀（操作时应了解介质特性，是否有毒、有害，温度高低，是否允许就地放空），检查压力变送器是否有4mA电流，如没有，检查电源是否正常；如有4mA电流指示，说明压力变送器正常，应该检查导压管是否堵塞，根部阀是否开启等。

（4）检查压力变送器若无电源指示，应检查电源及连线是否有断路故障。若有电源指示而无电流指示，说明该变送器故障。

2. 参数指示值到最大值

显示仪表指示最大值主要原因有以下几个：

（1）对于具有“断路故障指示”的仪表，可能是线路断开。

（2）显示仪表本身故障。

（3）压力变送器故障。

（4）导压管内介质凝固或结冰。

（5）系统压力大于或等于仪表指示最大值。

排查故障的顺序如下：

（1）先观察其他相关仪表指示是否正常，如其他仪表指示正常，则检查该仪表的输入信号；如其他仪表也超压，说明是工艺原因。

（2）检查仪表输入信号，若输入信号不是20mA以上，则说明显示仪表故障。

（3）若输入信号大于20mA，检查压力变送器，关闭表前阀或根部阀，打开放空阀；如有介质放出，变送器仍指示最大，说明变送器故障。

（4）如无介质放出，说明放空阀堵塞以及内部介质凝固或冷冻，应该疏通导压管。具体方法应视现场情况而定，如是冬季，应检查导压管的伴热和保温。如温度正常，则可能是氧化物沉积，如允许放空，可放空处理；如不允许放空，可用压力泵疏通。

3. 参数指示值偏高或偏低

参数指示值偏低的主要原因有：

（1）导压管及阀门泄漏；

（2）连接导线接触不良，线路电阻过大；

（3）变送器或显示仪表量程偏大；

（4）变送器或显示仪表零位漂移，零位迁移偏大。

参数指示值偏高的主要原因有：

（1）变送器或显示仪表量程偏小；

（2）变送器或显示仪表零位漂移；

（3）变送器或显示仪表零位迁移偏小。

排除故障的方法如下：

（1）用代替法更换变送器或显示仪表；

（2）检查仪表或变送器的零位；

（3）检查变送器回路电阻是否超过 250～600Ω；

（4）检查导压管路有无泄漏；

（5）检查变送器零位迁移是否正确。

三、其他故障判断

1. 主蒸汽压力指示值未高于安全门开启压力设定值，安全阀已起跳

工作人员可对照相关仪表，如该蒸汽测量系统的温度指示值正常，则表明安全阀未调合适；如各点温度升高，则表明压力指示值低于真实压力值。

2. 压力指示值波动

如压力波动虽大，但缓慢，一般应从工艺上查原因。如压力波动呈快速振荡状态，要多从参数整定及仪表本身查原因。如负荷、温度变化以及操作不当，均会引起设备内部压力变化，这应从工艺操作上找原因。另外，对各参数的平时压力波动情况应心中有数，分清是异常还是正常情况，并可参照其他工艺参数做出判断。

本章小结

在工业生产过程中，压力的测点多且测量范围宽。因此，确保压力测量的准确可靠，是保证生产安全经济运行的重要条件。

压力（差压）测量系统如下：

（1）p（取压口）→引压导管→弹簧管压力计或膜盒式微压计；

（2）p（或 Δp）→引压导管→压力（压差）变送器→显示、记录或调节仪表。

1. 弹性式压力计

（1）原理。它是根据弹性元件受压后产生弹性变形的原理制成的。弹性元件有膜片、膜盒、波纹管和弹簧管等。

（2）弹簧管式压力计。在被测压力的作用下，弹簧管产生弹性变形，其自由端产生位移。该位移经齿轮差动机构进行放大并转换为指针的角位移。由于自由端的位移与被测压力成正比，仪表指针便指示出压力的大小。它用于测量真空、中压和高压，应用十分广泛。弹性式压力计除用于压力的指示外，如装有上下限给定指针及附加相应的电气线路，构成电接点压力计，可用于双限报警。

（3）弹性式压力计的使用。为了确保压力测量准确，除正确选用压力表外还要注意正确的安装，对测压系统中取压口位置的选择和安装、连接管道的敷设和切断阀的安装等尤其需要注意。

（4）膜盒式微压计。膜盒在被测压力作用下，其自由端产生位移，该位移借助于连杆传动机构的传递和放大，带动指针显示被测压力值，它主要用于微压的测量。

2. 压力变送器

压力信号变送器是将压力信号转换为电信号的变送器，以实现压力的远程检测和控制。压力信号的变送方法很多，本章主要讲述两种：

（1）1151 系列电容式变送器。其作用是将压力、差压、流量、液位等热工参数，转换成 4～20mA（DC）的统一信号，便于显示和自动控制。电容式变送器是将被测压力、差压转换成电容量的变化，再经测量电路转换为 4～20mA（DC）的统一信号。

(2) 智能型压力变送器是一种成功地应用了集成技术、微机控制技术及数据通信技术的新型仪表。它功能丰富，组态灵活，结构轻巧，具有自诊断功能。利用现场通信器，在中央控制室就可以对 1500m 以内的各个智能型压力变送器进行各种运行参数的选择和标定。

复习思考题与习题

1. 什么叫压力、绝对压力、指示压力（表压力）和负压力？

2. 已知汽轮机凝汽器内的绝对压力为 0.004MPa，气压表测定的环境压力为 0.1MPa，求凝汽器内的真空值。

3. 压力的国际单位是什么？其意义是什么？常用的压力单位有哪些？

4. 简述弹性式压力计的测压原理。常用的弹性元件有哪些？

5. 简述弹簧管式压力计的动作原理。能否选用圆形截面的弹簧管？

6. 测量高温蒸汽时，表计前应装设什么装置？

7. 什么叫电容式变送器？1151 系列电容式变送器由哪几部分组成？各部分的作用是什么？

8. 如何对 1151 电容式压力变送器进行零点调整、零点迁移、满量程调整及量程范围调整？零点和满量程调整是否有影响？为什么？

9. 当差压变送器与被测压差的取样点不在同一水平面上时，显示仪表的示值是否需要修正，为什么？

10. 模拟变送器只要采用了微处理器，就成为智能变送器了。这话对吗？为什么？

11. 1151 模拟变送器与 1151S 智能变送器有何区别？

12. 智能型压力变送器有何特点？

13. 压力测量系统常见的故障主要有哪些？如何处理？

14. 按工程规范列出弹性压力（压差）变送器的校验方法。

第四章　流量测量及仪表

教学提示

本章讲述流量的概念和单位，流量测量方法及其测量、显示仪表分类，差压式流量计的组成、测量原理，节流装置的结构，差压式流量计的安装，容积式流量计的原理，超声波流量计测量原理及基本方法，智能流量计的结构原理及使用。本章重点内容是差压式流量计。

第一节　流量测量概述

一、流量的概念及单位

在火力发电厂的热力生产过程中，流量是反映生产过程中物料、工质或能量的产生和传输的量。由于流体（水、蒸汽、煤、油等）的流量直接反映设备效率、负荷高低等运行情况，因此，要连续监视水、汽、煤、油等的流量或总量。监视的目的是多方面的，例如：为了进行经济核算，需测量锅炉原煤消耗量及汽轮机蒸汽消耗量；锅炉汽包水位的调节，应以给水流量和蒸汽流量的平衡为依据；监测锅炉每小时的蒸发量及给水泵在额定压力下的给水流量，能判断该设备是否在最经济和安全的状况下运行等。可见，连续监视、测量流体的流量对于热力设备的安全、经济运行有着重要意义。

单位时间内通过管道横截面的流体数量，称为瞬时流量 q，简称流量，即

$$q=\frac{\mathrm{d}Q}{\mathrm{d}t} \tag{4-1}$$

式中　$\mathrm{d}Q$ ——$\mathrm{d}t$ 时间内流过的流体量，单位取质量或体积的相应单位；

$\mathrm{d}t$ ——时间间隔，单位为 s、min 或 h。

按物质量的单位不同，流量有“质量流量 q_m”和“体积流量 q_V”之分，它们的单位分别为 kg/s 或 $\mathrm{m^3/s}$。上述两种流量之间的关系为

$$q_m=\rho q_V \tag{4-2}$$

式中　ρ ——被测流体的密度。

瞬时流量是判断设备工作能力的依据，它反映了设备当时是在什么负荷下运行的，所以流量监测的内容主要在于监测瞬时流量。一般我们所说的流量就是指的瞬时流量。

从 t_1 至 t_2 这一段时间间隔内通过管道横截面的流体数量称为流过的流体总量。例如，在 24h 内汽轮机消耗的主蒸汽量，热力网 24h 内对外供应的热汽（水）量等。检测流体总量，是为热效率计算和成本核算提供必要的数据。显然，流体流过的总量可以通过在该段时间内瞬时流量对时间的积分得到，所以流体总量又称为积分流量或累计流量，计算式为

$$Q=\int_{t_1}^{t_2} q\mathrm{d}t \tag{4-3}$$

总量的单位是 kg、$\mathrm{m^3}$。流体总量除以得到总量的时间间隔就称为该段时间内的平均流量。测量瞬时流量的仪表称为流量表（或流量计）；测量总量的仪表称为计量表，它通常由流量

计再加积分装置组合而成。

在表示流量大小时，要注意所使用单位的不同。由于流体的密度受压力、温度的影响，所以在用体积流量表示流量大小时，必须同时指出被测流体的压力和温度的数值。当流体的压力和温度参数未知时，体积流量的资料只“模糊地”给出了流量，所以严格地说要用“标准体积流量”（标准状况下 m^3/s）。“标准体积流量”是指在温度为20℃（或0℃），压力为 1.013×10^5Pa下的体积流量数值。在标准状态下，已知介质的密度 ρ 为定值，所以标准体积流量和质量流量之间的关系是确定的，能确切地表示流量。

二、流量测量的方法及流量计的分类

（一）流量测量方法

测量流量的方法很多，各种方法的选用应考虑到流体的种类（相态、参数、流动状态、物理化学性能）、测量范围、显示形式（指示、报警、记录、积算、控制等）、测量准确度、现场安装条件、使用条件、经济性等。目前工业上常用的流量测量方法大致可分为容积式、速度式和质量式四类。

1. 速度式流量计

以测量流体在管道内的流速 v 作为测量依据，在已知管道截面积 A 的条件下，流体的体积流量 $q_V=vA$，而质量流量由体积流量乘以流体密度 ρ 得到，即质量流量 $q_m=q_V\rho=vA\rho$。属于这一类的流量仪表很多，例如涡轮式流量计、涡街流量计、超声波流量计以及电磁流量计等。

2. 差压式流量计

以测量流体通过安装在管道中的节流元件时产生的差压来反映流量的大小。例如节流变压降（差压）式流量计、均速管式流量计以及转子流量计等。

3. 容积式流量计

以单位时间内所排出流体的固定容积 V 作为测量依据。属于这一类的流量计有椭圆齿轮流量计、腰轮流量计等。如果单位时间内排出次数为 n，则体积流量 $q_V=nV$，而质量流量则是 $q_m=nV\rho$。

4. 质量式流量计

测量所流过的流体的质量 m。目前这类仪表有直接式和补偿式两种，如科里奥利质量流量计。这种质量流量计具有被测流量不受流体的温度、压力、密度、黏度等变化的影响，是一种处在发展中的流量测量仪表。

（二）流量计分类

不同流量计的结构和原理不同，产品型号也很多，严格地给予分类比较困难。大致分类见表4-1。

表4-1 流量计的分类

类型	典型产品	工作原理	主要特点
差压式流量计	标准孔板 标准喷管 差压变送器 智能流量计	流体通过节流装置时，其流量与节流装置前后的差压有一定的关系；差压变送器将差压信号转换电信号送到智能流量计进行显示	技术比较成熟，应用广泛，仪表出厂时不用标定

续表

类　型	典型产品	工　作　原　理	主　要　特　点
容积式流量计	椭圆齿轮流量计 腰轮流量计 刮板流量计	椭圆形齿轮或转子被流体冲转，每转一周便有定量的流体通过	准确度高，灵敏，但结构复杂
超声波流量计	超声波流量计	超声波在流动介质中传播时的速度与在静止介质中传播的速度不同，其变化量与介质的流速有关	非接触式测量，对流场无干扰、无阻力，不产生压损，安装方便，可测量有腐蚀性和黏度大的流体，输出线性信号
电磁流量计	电磁流量计	导电性液体在磁场中运动，产生感应电动势，其值和流量成正比	适于测量导电性液体
质量流量计	直接式质量流量计	利用流体在振动管内流动时所产生的与质量流量成正比的科氏力的原理来制成的	测量范围大、准确度高；测量管内无零部件，可测量其他流量计难以测量的含气流体、含固体颗粒液体等；可同时测量流体的质量、密度、温度等

在火电厂中，以速度式测量方法中的差压式流量计使用最为广泛。本章以差压式流量计为重点，另外还介绍了一些常用的其他流量测量仪表。

第二节　差压式流量计

差压式流量计是工业生产过程中使用得最多的流量计，同时也是目前生产较为成熟的流量测量仪表之一。它是基于流体流动的节流原理，利用流体流经节流装置时产生的压力差与其流量有关而实现流量测量的。它由节流装置、导压管路、差压计或差压变送器及其显示仪表三部分组成。差压式流量计的特点是：方法简单，仪表无可动部件，工作可靠，寿命长，量程比大约为 3∶1，管道内径在 50～1000mm 范围内均能应用，几乎可测各种工况下的单相流体流量；不足之处是对小口径管的流量测量有困难，压力损失较大，仪表刻度为非线性，测量准确度不很高，维护工作量也较大，且感测组件与显示仪表必须配套使用。就显示仪表而言，差压和流量标尺的刻度值中，任何一个值不相同时，仪表就无互换性。尽管如此，它仍是目前热力设备中使用最广的流量测量仪表。

一、差压式流量测量原理

差压式流量计的工作是基于流体流动的节流原理。在流体管道内，加一个孔径较小的阻挡件，当流体通过阻挡件时，流体产生局部收缩，部分位能转化为动能，收缩截面处流体的平均流速增加，静压力减小，在阻挡件前后产生静压差，这种现象称为节流，阻挡件称为节流件。对于一定形状和尺寸的节流件，在一定的测压位置和前后直管段情况，以及一定参数的流体和其他条件下，节流件前后产生的差压值随流量而变，两者之间有确定的关系。因此，可通过测量差压来测量流量。图 4-1 所示为流体流经孔板时的压力和流速变化情况。

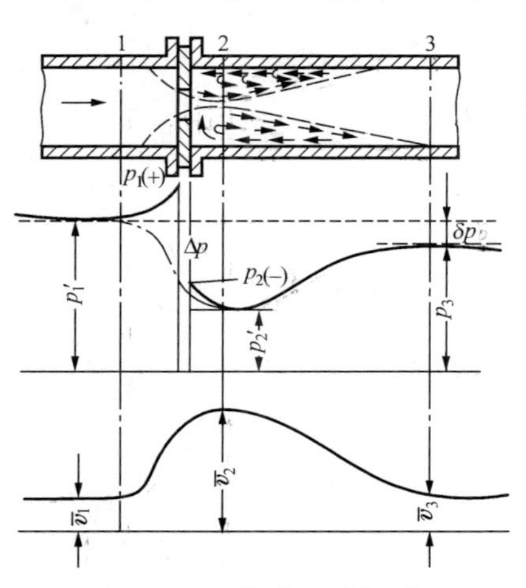

图 4-1　流体流经孔板时的压力和流速变化情况

截面 1 处流体未受节流件影响，流束充满管道，流

束直径为 D，流体压力为 p'_1，平均流速为 $\bar{v}_1$，流体密度为 ρ_1。

截面 2 是节流件后流束收缩为最小的截面，对于孔板，它在流出孔以后的位置，对于喷管，在一般情况下，该截面的位置在喷管的圆筒部分之内。此处流束中心压力为 p'_2，平均速度为 $\bar{v}_2$，流体密度为 ρ_2，流束直径为 d'。

进一步分析流体在节流装置前后的变化情况可知：

(1) 沿管道轴向连续向前流动的流体，由于遇到节流装置的阻挡（近管壁处的流体受到节流装置的阻挡最严重），流体的一部分压头转化为静压头，节流装置入口端面近管壁处的流体静压 p_1 升高（即 $p_1>p'_1$），即比管道中心处的静压力大，形成节流装置入口端面处的径向压差。这一径向压差使流体产生径向附加速度 v_r，从而改变流体原来的流向。在 v_r 的影响下，近管壁处流体质点的流向就与管中心轴线相倾斜，形成了流束的收缩运动。同时，由于流体运动有惯性，所以流束收缩最严重（即流束最小截面）的位置不在节流孔中，而位于节流孔之后，并且随流量大小而改变。

(2) 由于节流装置造成流束局部收缩，同时流体保持连续流动状态，因此在流束截面积最小处的流速达最大。根据伯努利方程和位能、动能的互相转化原理，在流束收缩截面积最小处流体的静压力最低。流束最小的截面上各点的流动方向完全与管道中心线平行，流束经过最小截面后向外扩散，这时流速降低，静压升高，直到恢复到流束充满管道内壁的情况。图 4-1 中实线代表管壁处静压力，点划线代表管道中心处静压力。涡流区的存在，导致流体能量损失，因此，在流束充分恢复后，静压力（p_3）不能恢复到原来的数值 p'_1，静压力下降的数值就是流体经节流件的压力损失 δp。从上述可看出，节流装置入口侧的静压力 p_1 比出口侧的静压力 p_2 要大。前者称为正压，常以“+”标记，后者称为负压，常以“－”标记。并且，流量 q 越大，流束局部收缩和位能、动能的转化也越显著，节流装置两端的差压 Δp 也越大，即 Δp 可以反映 q，这是节流式流量计的工作原理。

二、差压-流量转换公式

流量公式就是指差压和流量之间的关系式，可通过伯努利方程和流动连续性方程来推导。但必须指出，要完全从理论上计算出差压和流量之间的关系，目前是不可能的，因为关系式中的各系数只能靠实验确定。设流经水平管道的流体为不可压缩性流体，并忽略流动阻力损失，对截面 1 和 2 可写出下列伯努利方程和流动连续性方程：

$$\frac{p'_1}{\rho}+\frac{\bar{v}_1^2}{2}=\frac{p'_2}{\rho}+\frac{\bar{v}_2^2}{2} \tag{4-4}$$

$$\rho\frac{\pi}{4}D^2\bar{v}_1=\rho\frac{\pi}{4}d'^2\bar{v}_2 \tag{4-5}$$

因质量流量 $q_m=\rho\frac{\pi}{4}d'^2\bar{v}_2$，将式（4-4）和式（4-5）代入可得

$$q_m=\sqrt{\frac{1}{1-\left(\frac{d'}{D}\right)^4}}\frac{\pi}{4}d'^2\sqrt{2\rho(p'_1-p'_2)} \tag{4-6}$$

经过简化推导，在节流装置、显示仪表以及流体性质确定以后，上述各项系数均为常数，因此式（4-6）可变成为

$$q_m=K\sqrt{\Delta p} \tag{4-7}$$

式中　K——与流体性质和管道局部阻力系数等有关的常数。

式（4-7）说明当K为定值时，流量与差压的平方根成正比关系，这就是差压与流量之间的定量关系。

三、差压式流量计的组成和标准节流装置

图 4-2 所示为差压式流量计的组成。节流装置产生的差压信号，通过压力传输管道引至差压计，经差压计转换成电信号或气信号送至显示仪表。

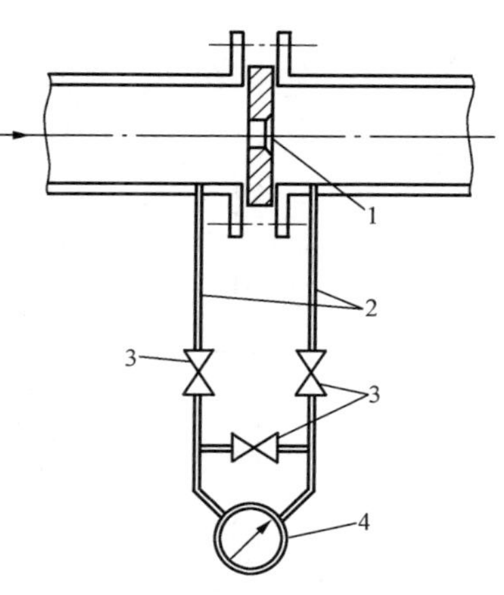

图 4-2　节流式流量计的组成
1—节流元件；2—引压管路；3—三阀组；4—差压计

（一）标准节流件

标准节流装置包括标准节流件、取压装置和前后直管段。节流件的形式有很多，有标准孔板、标准喷管、文丘里管、1/4 圆喷管等，如图 4-3 所示。还可以利用管道上的管件（弯头等）所产生的差压来测量流量，但由于差压值小，影响因素很多，很难测量准确。

经过长期研究和使用，资料比较齐全的是目前使用最广泛的标准孔板和标准喷管节流件。这两种形式节流件的外形、尺寸已标准化。同时还规定了它们的取压方式和前后直管段要求，包括节流件、取压装置、节流件前后直管段和法兰在内的整套装置总称为“标准节流装置”。标准节流装置是指符合国际建议和国家标准规定的节流装置。通过大量试验求得标准节流装置的流量与差压的关系，并据此制定“流量测量节流装置国家标准”。凡按照此标准设计、制作和安装的节流装置，不必经过单独标定即可应用，测量准确度一般为±(1%～2%)，能满足工业生产的要求。

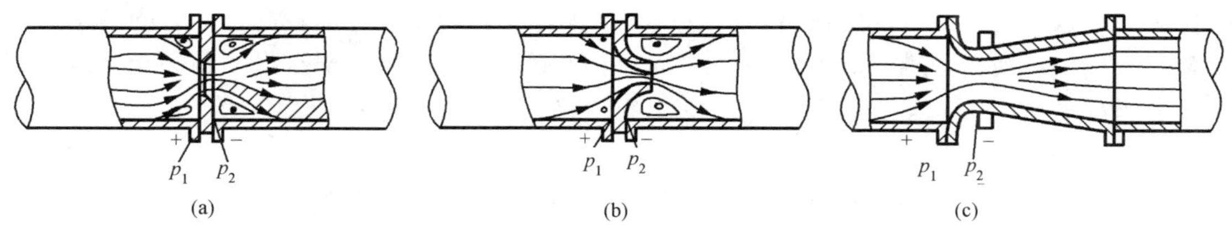

图 4-3　标准节流装置示意
（a）孔板；（b）喷嘴；（c）文丘里管

标准节流装置只适用于测量直径大于 50mm 的圆形截面管道中的单相、均质流体的流量。它要求流体充满管道，在节流件前后一定距离内不发生流体相变或析出杂质现象；流速小于声速；流动属于非脉动流；流体在流过节流件前，其流束与管道轴线平行，不得有旋转流。下面介绍标准节流件及其取压装置。

1. 标准孔板

标准孔板是用不锈钢或其他金属材料制造，具有圆形开孔、开孔入口边缘尖锐的薄板。孔板开孔直径d是一个重要的尺寸，其值应取不少于四个单测值的平均值，任意单测值与平行值之差不超过 0.05%。图 4-4 为标准孔板的结构。图中所注的尺寸在“标准”中均有具体规定。标准孔板的结构简单，体积小，加工方便，成本低，因而在工业上应用最多。但其测量准确度较低，压力损失较大，而且只能用于清洁的流体的测量。

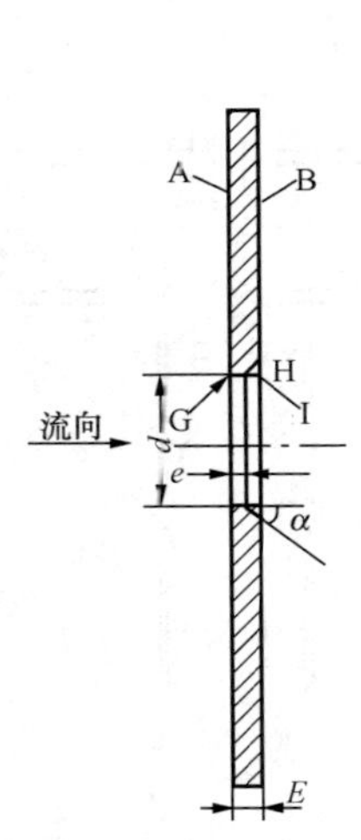

图 4-4 标准孔板结构

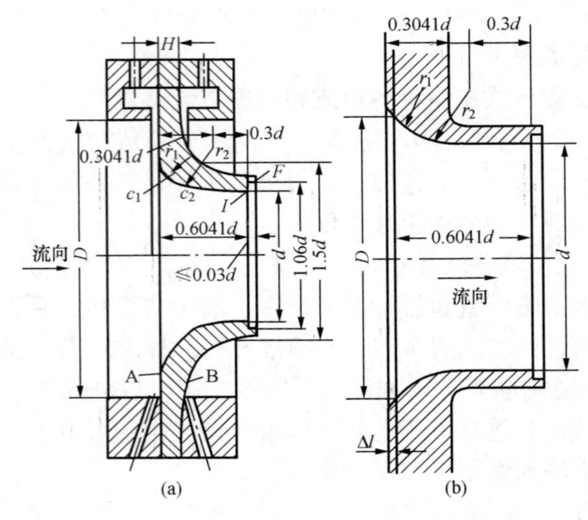

图 4-5 标准喷嘴

(a) $d\leqslant(2/3)D$；(b) $d>(2/3)D$

2. 标准喷嘴

标准喷嘴是由两个圆弧曲面构成的入口收缩部分和与之相接的圆柱形喉部组成的，如图 4-5 所示。孔径尺寸 d 是喷嘴的关键尺寸。此外，如尺寸 H、r_1、r_2，端面 A、B 等均须符合“标准”规定。标准喷嘴的取压方式仅采用角接取压。标准孔板与标准喷嘴的选用，除了应考虑加工易难、静压损失 δp（孔板比喷管大）多少外，尚须考虑使用条件满足与否。标准喷嘴的形状适应流体收缩的流型，所以压力损失较小，测量准确度较高。但它的结构比较复杂，体积大，加工困难，成本较高。然而由于喷嘴的坚固性，一般选择喷嘴用于高速的蒸汽流量测量。

3. 文丘里管

文丘里管具有圆锥形的入口收缩段和喇叭形的出口扩散段，如图 4-3（c）所示。它能使压力损失显著减少，并有较高的测量准确度。但加工困难，成本高，一般用在有特殊要求，如低压损、高准确度测量的场合。它的流道连续变化，所以可以用于脏污流体的流量测量，并在大管径流量测量方面应用较多。

（二）取压装置

标准节流装置规定了由节流件前后引出差压信号的几种取压方式，有角接取压、法兰取压、径距取压等，如图 4-6 所示。图中 1—1、2—2 所示为角接取压的两种结构，适用于孔板和喷嘴。1—1 为环室取压，上、下游静压通过环缝传至环室，由前、后环室引出差压信号，故可以得到均匀取压；2—2 表示钻孔取压，取压孔开在节流件前后的夹紧环上，这种

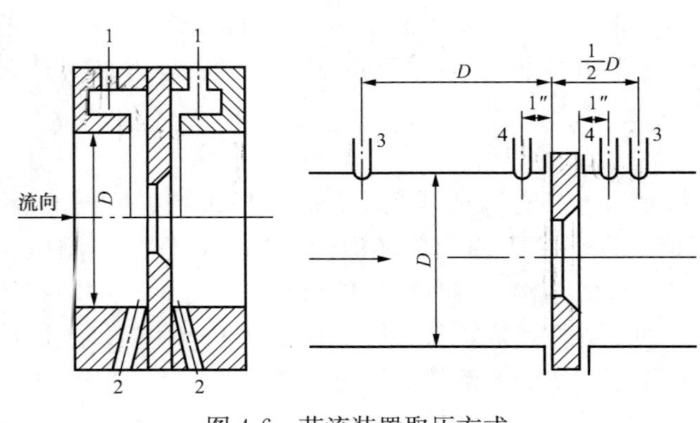

图 4-6 节流装置取压方式

方式在大管径（$D>500$mm）时应用较多；3—3 为径距取压，取压孔开在前、后测量管段上，适用于标准孔板；4—4 为法兰取压，上、下游侧取压孔开在固定节流件的法兰上，适用于标准孔板。取压孔大小及各部件尺寸均有相应规定，可以查阅有关手册。

（三）测量管段

为了确保流体流动在节流件前达到充分发展的湍流速度分布，要求在节流件前后有一段足够长的直管段。最小直管段长度与节流件前的局部阻力件形式及直径比有关，可以查阅手册。节流装置的测量管段通常取节流件前 $10D$，节流件后 $5D$ 的长度，以保证节流件的正确安装和使用条件。整套装置事先装配好后整体安装在管道上。

四、差压式流量计的安装

标准节流装置的流量系数是在节流件上游侧 $1D$ 处形成流体典型紊流流速分布的状态下取得的。如果节流件上游侧 $1D$ 长度以内有旋涡或旋转流等情况，则引起流量系数的变化，故安装节流装置时必须满足规定的直管段条件。

1. 节流件上下游侧直管段长度的要求

安装节流装置的管道上往往有拐弯、扩张、缩小、分岔及阀门等局部阻力出现，它们将严重扰乱流束状态，引起流量系数变化，这是不允许的。因此在节流件上下游侧必须设有足够长度的直管段。节流装置的安装管段如图 4-7 所示。在节流件 3 的上游侧有两个局部阻力件 1、2，节流装置的下游侧也有一个局部阻力件 4。在各阻力件之间的直管段的长度分别为 l_0、l_1 和 l_2。如在节流装置上游侧只有一个局部阻力件 2，就只需 l_1 和 l_2 直管段。直管段必须是圆形截面的，其内壁要清洁，并应尽可能光滑平整。

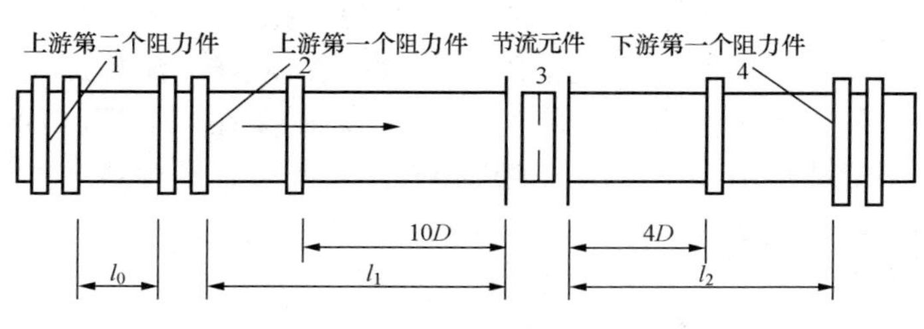

图 4-7　节流装置管段与管件

2. 节流件的安装要求

安装节流件时必须注意它的方向性，不能装反。例如孔板以直角入口为“+”方向，扩散的锥形出口为“−”方向，安装时必须使孔板的直角入口侧迎向流体的流向。

节流件安装在管道中时，要保证其前端面与管道轴线垂直；还要保证其开孔中心轴与管道同轴。夹紧节流件用的垫片，包括环室或法兰与节流件之间的垫片，夹紧后不允许凸出管道内壁。在安装之前，最好对管道系统进行冲洗和吹灰。

3. 差压计信号管路的安装

流量测量时使用的差压计与节流装置之间用差压信号管路连接，信号管路应按最短的距离敷设，一般总长度不超过 60m。差压信号管路敷设要满足以下条件：① 所传送的差压，不因信号管路而发生额外误差；②信号管路应带有阀门等必要的附件，使得能在生产设备运行条件下冲洗信号管路，现场校验差压计以及在信号管路发生故障情况下能与主设备隔离；③信号管路与水平面之间应有不小于 1∶10 的倾斜度，能随时排出气体（对液体、蒸汽介质）或凝结水（对于气体介质）；④为了能防止有害物质（如高温介质）进入差压计，在测量腐蚀性介质时应使用隔离容器，如信号管路中介质有凝固或冻结的可能，应沿信号管路进行保温及蒸汽或电加热，此时应特别注意防止两信号管路加热不均匀，或局部汽化造成误差。

下面介绍几种不同情况下信号管路安装的一般原则：

（1）测量液体流量的信号管路。主要是防止被测液体中存在的气体进入并存积在信号管路内，造成两信号管路中介质密度不等而引起误差。因此取出口最好在节流装置取压室的中心线下方45°的范围内，以防止气体和固体沉积物进入。为了能随时从信号管路中排出气体，管路最好向下斜向差压计。如差压计比节流件高，则在取压口处最好设置一个U形水封。信号管路最高点要装设气体收集器，并装有阀门，以便定期排出气体。

（2）测量蒸汽流量时的信号管路。主要是保持两信号管路中凝结水的液位在同样高度，并防止高温蒸汽直接进入差压计。因此在取压口处一定要加装凝结容器，容器截面要稍大一些（直径约75mm）。以取压室到凝结容器的管道应保持水平或向取压室倾斜，凝结容器上方两个管口的下缘必须在同一水平高度上，以使凝结水液面等高。其他如排气等要求同测量液体时的相同。

（3）测量气体流量时的信号管路。测量气体流量时，主要是防止被测气体中存在的凝结水进入并存积在信号管路中，因此取压口应在节流装置取压室的上方，并希望信号管路向上斜向差压计。如差压计低于节流装置，则要在信号管路的最低处装设集水器，并装设阀门，以便定期排水。差压计一般都装有五只阀门，其中两只作隔离阀，一只作平衡阀，打开平衡阀可检查差压计的零点，另两只是用于冲洗信号管路和现场校验差压计。操作阀门时应特别注意防止差压计单向受压而造成损坏。

五、差压式流量计的使用

差压式流量计包括标准节流装置、差压变送器和流量显示仪表。差压变送器已在第三章中做过介绍，目前使用最多的是弹性式差压计，形式很多。此处是用来测量流量的，因此工业上流量测量用的差压计标尺一般都是以流量分度的，并刻出最大流量处的差压值。如前所述，流量标尺与节流件是相配套的。改变节流件的形式和尺寸或者改变被测介质的种类和参数，都必须重新分度标尺。由于流量与差压之间为开方关系，因此差压计标尺上的流量分度是不均匀的，越接近标尺上限，分格越大，这造成读数困难。对于要进行流量积算求得累计流量或者要将流量信号输入调节系统的流量计，必须对流量标尺进行线性化，即实现开方运算，然后通过差压计累计装置或电子积算线路进行流量累计。

目前在火电厂中对主蒸汽流量的测量都采用差压式流量计。而差压式流量计的节流装置是在额定压力和温度以及正常流量下设计计算的。因此，差压式流量计只有在额定压力工况下，流量公式中的系数K才为定值，其流量和差压之间才有确定的对应关系。

但是，在实际运行中，蒸汽压力是经常变化的，因此流量公式中的系数K也要发生变化，其中蒸汽密度ρ的变化对系数K的影响最大，所引起的测量误差也大。尤其在机组滑参数运行、变工况运行以及启停过程中所引起的测量误差就更大，有时蒸汽流量指示值会比给水流量指示值大1倍多。因此，必须对蒸汽的密度，即对蒸汽的压力和温度参数进行校正。中小型电厂采用组合仪表自动校正；大型电厂可通过组装仪表中的运算组件、计算机的准确运算功能等进行校正，也可采用带压力、温度自动补偿的智能流量表，以确保流量测量的准确性。

测量蒸汽流量时，为保证两根信号管内的凝结水高度相等并防止高温蒸汽直接进入差压变送器，在取压孔处一定要装设凝结容器。容器截面要大一些（直径约75mm）。两个容器应位于同一水平面上，容器至取压孔两连接管孔的下沿必须在同一水平高度上。凝结容器与节流装置之间不应设切断阀。差压变送器应装设在节流装置下方，如果不得不装在其上方时，信号管路应先向下、然后再弯向上方，同时信号管路的最高点处应加装集气器。

应用差压变送器远传流量信号时，差压变送器的启停操作必须遵守一定顺序：启动时，应先打开平衡门，使正负压室相通，再打开正压门，然后关闭平衡门，最后打开负压门，使仪表投入运行。停止时，则先关闭正压门，然后打开平衡门，最后关闭负压门，以防止仪表损坏。

六、智能流量显示仪表

根据前面的分析可知，当被测流量参数与设计流充装置时的数值不一致时，流量公式中的许多参数都会发生变化，产生较大的测量误差。为了消除误差，真实地反映出流量值，必须对流量测量进行压力温度补偿，这在流量测量系统中实现起来比较复杂。目前在工业生产中采用一种具有压力温度自动补偿的智能流量计。下面介绍 WC-83 系列智能流量计。

WC-83 系列智能流量计，主要是与差压变送器配合用于各种介质的流量和总量测量，并能对压力和温度变化进行自动补偿，尤其适用于电厂主蒸汽流量的测量。该仪表的核心部分是单片机系统，它具有快速、准确的运算功能和控制功能；与差压（流量）、压力、温度变送器配合，能方便地对差压信号进行开方运算；对被测量介质由于压力、温度变化所产生的测量误差能进行快速修正；对瞬时流量能进行累计积算；能测试仪表本身是否正常，具有自诊断功能等，故称为智能流量计。WC-83 系列智能流量计采用标准化设计，根据标准信号值的不同，它有 WC-83-Ⅰ型和 WC-83-Ⅱ型两种型号，Ⅰ型的输入、输出信号为0～10mA（DC）；Ⅱ型的为 4～20mA（DC）。因此，它能方便地与 DDZ-Ⅱ、DDZ-Ⅲ型仪表及组装仪表接口。该仪表不仅能输出模拟量标准信号，还能以数字形式显示测量值，并具有断电保持功能。智能流量计的结构简单、适应性广、测量准确、可靠性高，所以应用广。

1. 仪表的组成

WC-83 系列智能流量计由电流频率变换器、单片机（包括时钟和 EPROM 程序内存）、显示器、键盘、断电保持电池和整机电源组成，其组成方框图如图 4-8（a）所示，这些硬件

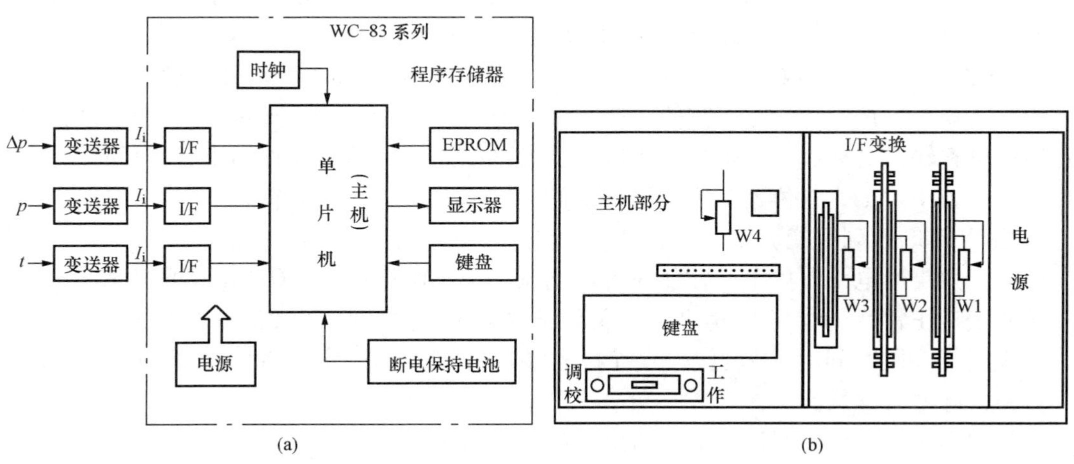

图 4-8　WC-83 系列智能流量计的组成和内部结构

（a）组成方框图；（b）内部结构

部分与软件构成微机系统。来自差压变送器、压力变送器、温度变送器的标准电流信号［0～10mA（DC）或4～20mA（DC）］，作为流量计的输入信号 I_i，分别经相应的电流/频率变换器（I/F）转换成0～1kHz的线性脉冲信号，再送入单片机中。在控制信号作用下，微机按程序有步骤地对输入信号进行采样，进行快速运算、校正及累计，所有数据每6s刷新一次。计算所得的瞬时流量值和测量累计值由显示器进行数字显示。由于微机运算速度快、准确度高，因而提高了流量测量的准确性和可靠性。

2. 仪表的使用

用户通过开关或键盘向微处理器CPU发出各种操作命令。微处理器执行预先存入EPROM中的应用程序，在应用程序的控制下，被测量被转换成相应的数字量并存入数据存储器RAM中。然后，微处理器对被测量进行各种运算和处理，并将中间结果或最后结果输出显示和记录，自动地完成用户所希望的测量任务。

仪表的面板布置如图4-9所示。显示器采用六位LED数码管，显示内容包括符号及数值。面板上各按钮的作用及仪表内的工作/调校开关作用如下：

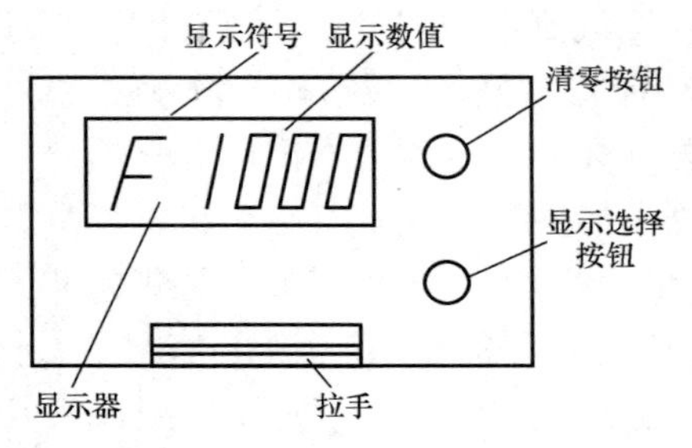

图4-9 仪表面板布置

（1）显示选择按钮。仪表对各参数的测量值显示，由该按钮进行选择。按动该按钮，可显示被测介质的瞬时温度C、瞬时压力P、瞬时流量F和累计流量（无符号）。连续按下这个按钮，可依次显示四个参数值，如显示：

F　1000 表示瞬时流量为1000t/h；

C　550.0 表示瞬时温度为550℃；

P　17.00 表示瞬时压力为17MPa；

95　200.5 表示累计流量为95 200.5t。

（2）清零按钮。开机或重新整定参数时，对仪表清零。按动此按钮，显示器显示F—0。

（3）工作/调校开关。仪表在投入运行前，需通过键盘输入各个数据，这时要将该开关置于“调校”位置。接通电源后，仪表显示F—0，表示仪表处于正常就绪状态；如显示其他的字或数，则按“清零”按钮，使显示F—0，仪表等待系数输入，使用者便可通过键盘依次输入各个数值。例如，输送P—参数时，应先按下功能键盘“P—”，显示屏将显示P—0，再依次按下P值（如数字键的0.080），显示屏应显示P—0.080，表示输送正确。如果传送数据有误，可按动“清零”按钮，便可将此刻以前输入的数据全部清除，再重新设置参数。所有资料输送完毕后，再按显示按钮，仪表显示F—0，调校工作结束。最后将“工作/调校”开关置于“工作”位置，仪表仍显示F—0，仪表即可投入运行。

使用WC-83系列智能流量计仪表时，应注意以下几点：

（1）仪表需通电12h以上，才能对备用电池充好电，此时才具有断电保持功能。

（2）表计正常运行时（工作/调校开关位于“工作”位置），按“清零”按钮不起清零作用。仪表运行一段时间后，需更改参数时，必须将开关置于“调校”位置，方可通过“清零”按钮清除原有参数。

（3）仪表一般显示瞬时流量值，值班结束，可选择显示总量。

（4）仪表不用时，应将“工作/调校”开关置于“调校”挡，以防止机内断电备用电池损坏。

第三节 其他流量计

一、超声波流量计

1. 超声波及其在检测中的工作原理

声波是一种机械波，是机械振动在介质中的传播过程，当振动频率在十余赫到万余赫时可以引起听觉，也称可闻声波；更低频率的机械波称为次声波；20kHz 以上频率的机械波称为超声波，这是人耳听不见的。超声波的波长较短，近似直线传播，在固体和液体介质内衰减比电磁波小，能量容易集中，可形成较大强度，产生剧烈振动，并有很多特殊作用。超声学是一门学科，已有几十年的历史，其应用范围很广泛。超声检测技术是利用较弱的超声波来进行各种检验和测量，介质的许多非声学特性和介质的某些状态参量都可用超声方法来加以测定。在超声检测技术中要涉及超声波的产生和接收，即所谓的超声波换能器技术，超声波换能器的材料和结构即是超声换能器的主要问题。

超声波换能器的作用是使其他形式的能量转换成超声波的能量（发射换能器）和使超声波能量转换成其他易于检测的能量（接收换能器）。电能的应用最为方便，因此一般是应用电能和超声波能量相互转换的电声换能器。用适当的发射电路把电能加到发射换能器上可使其作超声振动，并在周围的介质中产生超声波。接收换能器是把接收到的超声波信号转换成电信号，采用相应的接收电路获得适当的电信号输出。在超声波检测中往往用一个超声波换能器既做发射换能器又做接收换能器。在超声波检测中最常用的是压电换能器。

1918 年，法国的朗之万发明了利用石英晶体的压电效应制成的电声换能器，开始了超声波技术的应用。到 20 世纪 30 年代，开发了磁制伸缩材料。20 世纪 40 年代后期，应用钛酸钡压电陶瓷。20 世纪 50 年代末期，广泛应用性能更好的锆钛酸铅压电陶瓷，PZT-4 和 PZT-5 是应用较多的锆钛酸铅压电陶瓷。

压电材料可以分为两大类，第一类是天然或人工制造的压电单晶体，如石英；第二类是人工烧制的多晶压电陶瓷，如上述锆钛酸铅压电陶瓷。

压电片的振动方式很多，如薄片的厚度振动、纵片的长度振动、横片的长度振动等。当同一换能器既用来发射脉冲波又用来接收回波时，为了缩短无法辨别接收信号和发射信号的区域，往往要求脉冲的持续时间越短越好，有的甚至是单个脉冲。为了改善效果，除在电路上采取措施外，也可在压电片的背后加上吸声块，使得向背后发射的能量被吸声块所吸收，吸声块的底部可做成楔形以进一步减小回波。

2. 超声波检测技术在流量测量中的应用

对于大管道流量测量，采用差压式流量计时，标准节流装置制作很困难，测量也很难做到准确。而采用超声波流量计则不然，具体地说超声波流量计具有以下特点：

（1）由于超声波流量计采用非接触测量的方法，因此可以在特殊条件下（如高温高压、易爆、强腐蚀等）进行测量。即使在一般条件下，接触式流量计（如差压式、流量计等）会对流体的流动产生一定的阻力，而且在黏性比较大的流体中使用时，准确度会显著降低。而超声波流量计不会产生附加阻力，也很少受流体黏性的影响。可见超声波流量计属于非接触式测量，对流体场无干扰，无阻力件，不产生压力损失。

（2）安装方便。只要将管外壁打磨光，抹上硅油，使其接触良好即可。

（3）超声波流量计受介质物理性质的限制比较少，适应性较强。例如电磁流量计和激光流量计对不导电和不透明的流体就难以应用，而超声波流量计则不受影响，可测量各种介质。适合于腐蚀性、黏性、混浊度大的流体，而且测量准确度高。

（4）输出信号为线性的。超声波流量计的测量原理是：超声波在流动介质中传播时，其传播速度与在静止介质中的传播速度不同，其变化量与介质流速有关。测得这一变化量就能求得介质的流速，进而求出流量。例如超声波在顺流和逆流中的传播情况，如图 4-10 所示。图中 F 和 F2 为发射换能器，J1 和 J2 为接收换能器，u 为介质流速，c 为介质静止时声速。顺流中超声波的传播速度为 $c+u$，逆流中超声波的传播速度为 $c-u$，顺流和逆流之间速度差与介质流速 u 有关。测得这一差值即可求得流速 u，进而通过计算得到流量值 $q_V=Au$。测量速度差的方法很多，常用的有时间差法、相位差法和频率差法。

图 4-11 所示为超声波在管壁间的传播轨迹。介质静止时超声轨迹为实线，它与轴线之间的夹角为 θ。当介质平均流速为 u 时，传播的轨迹如虚线所示，它与轴线间夹角为 θ'。速度 c_u 为两个分速度（u 和 c）的向量和，为了使问题简化，认为 $\theta=\theta'$（因为一般情况下，$c \gg u$），这时可得 $c_u = c + u\cos\theta$ 。

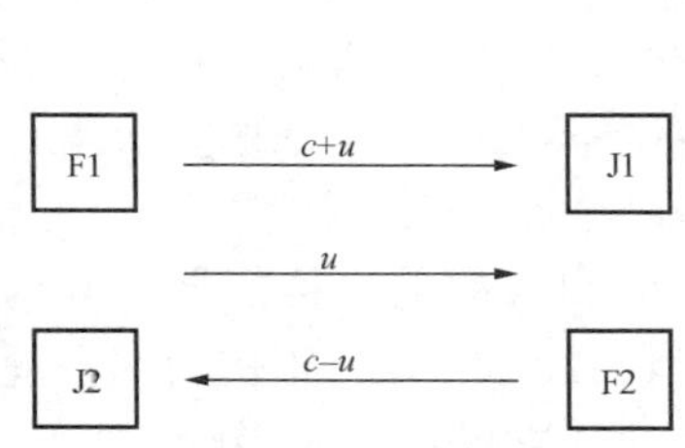

图 4-10　超声波在顺、逆流中的传播情况

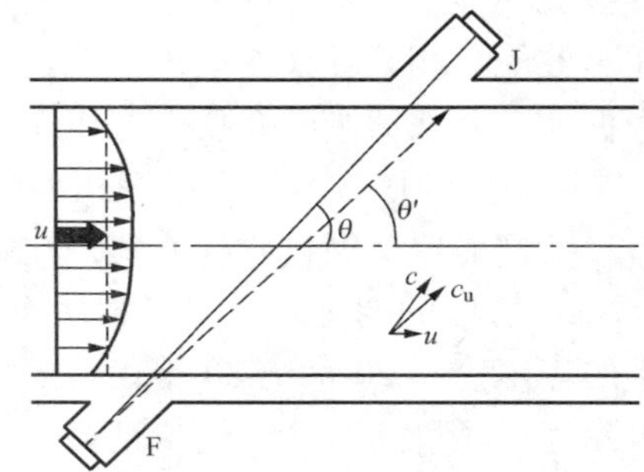

图 4-11　超声波在管壁间的传播轨迹

近年来超声波流量测量技术迅速发展，它已经成为流量测量技术中的一个重要分支。除了液体流量的测量，在气体和气粉体（双相流体）流速测量方面，超声波方法也有其可取之处，在气体介质方面可测出瞬时和脉动流速，它还能同时测出气体温度。在火电厂中采用气动方式输送煤粉燃料，需要测得煤粉的质量流量，采用一般方法难以获得满意的结果，而超声波法可以单独测量粉状物质的点速度（如超声多普勒法），也可以测量煤粉气流的流速（如相差法等），然后根据粉状材料颗粒大小计算颗粒物质的流速；或者配合以气粉体密度测量，获得气粉体质量流量。

超声波流量计虽然具有许多的优点，但也存在一些缺点：当液体中有气泡或有噪声时，会影响声波传播；超声波流量计实际测定的是流体速度，它将受速度分布不均匀的影响，虽可以校正，但不十分准确，故要求超声波流量计前后分别有 $10D$ 和 $5D$ 的直管道长度；另外从以上的分析可知，超声波流量计结构较复杂，成本较高。

二、电磁流量计

1. 测量原理

电磁流量计的原理是法拉第电磁感应定律。图 4-12 是其原理示意，在工作管道的两侧有一对磁极，另有一对电极安装在与磁力线和管道垂直的平面上。当导电流体以平均速度 $\overline{v}$

流过直径为 D 的测量管道段时切割磁力线，于是在电极上产生感应电动势 E，电动势方向可由右手定则判断。如磁场的磁感应强度为 B，则感应电动势为

$$E = C_1 BD\bar{v} \tag{4-8}$$

式中　C_1——常数。

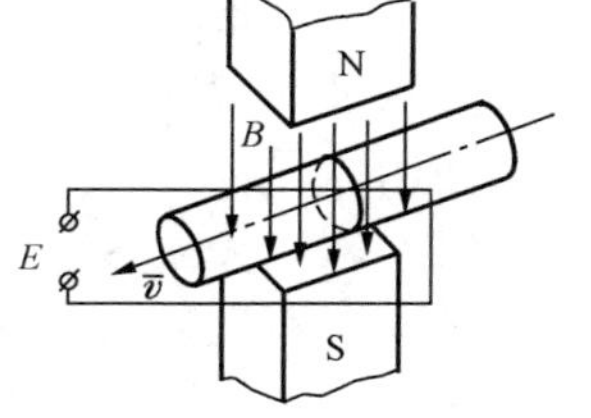

图 4-12　电磁流量计原理示意

因为流过仪表的容积流量为

$$q_V = \frac{1}{4}\pi D^2\bar{v} \tag{4-9}$$

合并式（4-8）和式（4-9），得

$$q_V = \frac{\pi}{4C_1}\frac{D}{B}E \quad 或 \quad E = 4C_1\frac{B}{\pi D}q_V = Kq_V \tag{4-10}$$

式中　K——电磁流量计的仪表常数，$K = 4C_1\dfrac{B}{\pi D}$。

当仪表口径 D 和磁感应强度 B 一定时，K 为定值，感应电动势与流体容积流量存在线性关系。为了避免极化作用和接触电位差的影响，工业用电磁流量计通常采用交变磁场，缺点是干扰较大。采用直流磁场对于真实地反映流量的急剧变化有利，故适用于实验室等特殊场合或用来测量不致引起极化现象的非电解性液体，如液态金属等。

2. 基本结构

电磁流量计主要由电磁流量变送器、电磁流量转换器两部分组成。电磁流量变送器将被测介质的流量转换为感应电动势，经电磁流量转换器放大为电流信号输出，然后由二次仪表进行流量显示、记录、积算和调节。

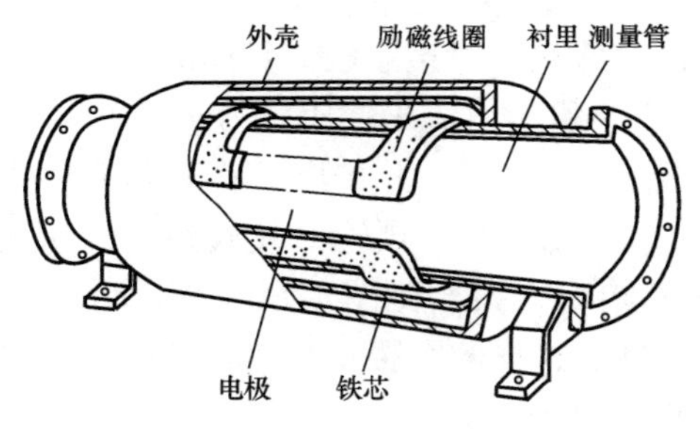

图 4-13　电磁流量变送器结构

电磁流量变送器的结构如图 4-13 所示，为了避免磁力线被管道壁所短路和降低涡流损耗，测量导管应由非导磁的高阻材料制成，一般为不锈钢、玻璃或某些具有高电阻率的铝合金。在用不锈钢等导电材料做导管时，测量导管内壁及内壁与电极之间必须有绝缘衬里，以防止感应电动势被短路。衬里材料视工作温度而异，常用耐酸搪瓷、橡胶、聚四氟乙烯等。电极与管内衬平齐，电极材料常用非导磁不锈钢制成，也有用铂、金或镀铂、镀金的不锈钢制成。

产生交变磁场的励磁线圈结构根据导管口径不同而有所不同，图 4-13 所示的适合大口径导管（100mm 以上），将励磁线圈分成多段，每段匝数的分配按余弦分布，并弯成马鞍形驼伏在导管上下两边，在导管和线圈外边再放一个磁轭，以便得到较大的磁通量并提高导管中磁场的均匀性。

3. 基本特点

电磁流量计无可动部件和插入管道的阻流件，所以压力损失极小。其流速测量范围很宽（0.5～10m/s），口径从 1mm 到 2m 以上，反应迅速，可用于测量脉动流、双相流以及灰浆等含固体颗粒的液体流量。如果截面上流速分布是轴对称的，则层流、紊流等流动状态不影响测量的准确性；如果截面上的流速分布是不对称的，而在电极附近及两电极之间的流量分配较多，则仪表指示的流量将大于实际流量；相反，如果在与电极成 90°方向的区域里流量

分配得多，则指示值将偏小。一般要求在电磁流量计之前有长度为 $5D\sim10D$ 的直管段，仪表准确度可达±1%以上。被测流体必须是导电的，电导率一般要求为(20～50)×10^{-8}S/m以上，不能用于测量气体、蒸汽、石油制品等。另外，仪表使用温度、压力不能过高，目前使用温度不应超过200℃；安装地点要远离强磁场和振动源；使用中还应注意，测量的准确度会受测量导管内壁，特别是电极附近积垢的影响。由于电磁流量计价格昂贵，影响了它的推广使用。

三、容积式流量计

由计量流体的体积来测量流量是一种古老的方法，如翻斗式流量测量设备就是用一个容器接受液体，等该容器内液体达到一定量时，容器自动翻转而排空容器内的液体，然后重新接受液体而开始一个新循环，通过计量单位时间内容器的翻转次数来测量流量。

概括地说，这种方法是用一个固定容积的容器周期性地吸入、排出等量体积的流体来测量流体流量的。由此发展起来的连续计量流体体积的容积流量计，由于直接测量流体的体积，所测流量理论上与流体的黏性、密度和流态无关。

另外，测量流体体积是用来标定一般流量计的方法，因此设计、制造精良的容积流量计具有准确度高的特点，一般可达到0.1%～0.5%的准确度。

由于这些特点，容积式流量计常用于流体性质变化大而测量准确度要求高的石油、食品和化工行业。

1. 腰轮流量计

腰轮流量计又称为罗茨流量计，其工作原理如图4-14所示。在进出流量计流体的压力差的推动下，两个相同尺寸的腰轮分别绕各自的固定轴反向旋转，它们的相位差为90°。它们之间的相位差是由一对相互啮合的齿轮保证的，而两个腰轮不直接接触。具体的工作过程如图4-14所示。流体由流量计的入口进入，压力为 p_1，再由出口流出，压力为 p_2。

腰轮B在 p_1 与 p_2 的压差作用下顺时针旋转［见图4-14（a)］，并排出腰轮B与壳体之间计量空间内的流体到流量计的出口［见图4-14（b)］。与此同时，腰轮B旋转运动通过两个啮合的齿轮传递到腰轮A使其反时针方向旋转。随着腰轮A旋转到图4-14（c）所示位置时，腰轮A作用和图4-14（a）时腰轮B的作用完全一样。这样两个腰轮交替将流体从流量计入口扫入它们和流量计的壳体之间的计量空间内，再排出到流量计出口。

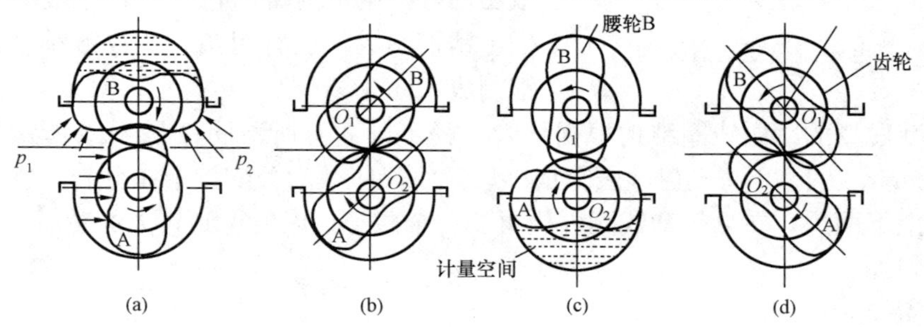

图4-14 腰轮容积式流量计工作原理

不难看到，在理想的情况下，所有流体只有通过腰轮与流量计壳体之间的计量空间才能流过流量计，而一个腰轮旋转一圈排到出口的流体体积是计量空间的容积。因此，通过测量腰轮的旋转数，可知道流过流量计的流体体积；腰轮的单位时间旋转次数乘上两倍的计量空间容积就是体积流量。

为使流量计运转的阻力小，并运转平稳，腰轮之间和腰轮与流量计壳体之间都是不接触而且有 0.1mm 左右的间隙。这样，流体会在压力差 $\Delta p = p_1 - p_2$ 的作用下，通过这些间隙从流量计入口直接流动到出口，而造成流量计量误差。

2. 刮板流量计

除了腰轮流量计外，在实际工程中还常用一种称作刮板流量计的容积流量计。其工作原理更直观。如图 4-15所示，流体在流量计进、出口差压作用下，推动流量计的刮板和转子一起转动。刮板在一个固定的凸轮作用下，可以沿径向运动而伸出和收回。当某一刮板转到流量计壳体的计量空间的起始点 B 时，处于计量空间内的流体随着前一刮板正好转过计量空间的终止点 C 时，而开始排出到流量计出口；与此同时，流量计入口处的流体开始再次充满计量空间。在流量计转子旋转一周之后，有 6 倍计量空间容积的流体经过流量计。同样，测量转子的转速，可知流体的体积流量。

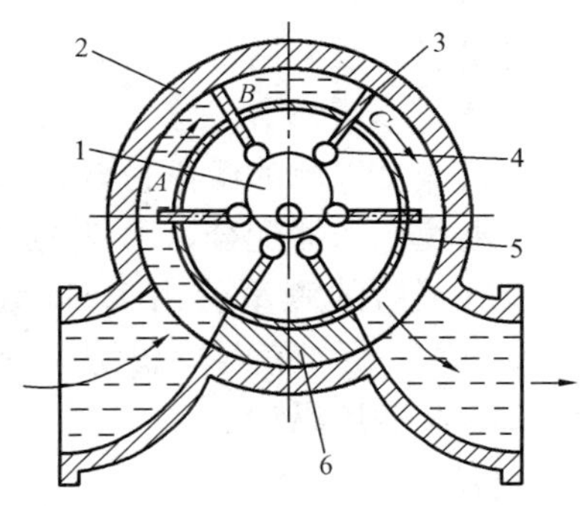

图 4-15　刮板流量计工作原理
1—凸轮；2—外壳；3—刮板；4—滚轮；5—转子；6—计量容积

我们看到，上述容积流量计都有转动部件，而且转子之间和转子与壳体之间都有严格的间隙要求，因此它们只能应用于清洁流体的流量测量。为使容积流量计用于含杂质，特别是含固体颗粒的工业流体，刮板可以做成有弹性的，这种流量计称为弹性刮板流量计。

弹性刮板流量计现在广泛用于石油、能源工业领域。

本章小结

一、差压式流量计

差压式流量计是目前工业中应用较广的一种流量计，通常工业生产中的水、汽等流量测量都采用这种流量计。

1. 差压式流量计的测量原理及组成

该流量计是利用流体流经节流件时产生差压的原理进行流量测量的，它由标准节流装置、传压管路及差压计等所组成。

2. 标准节流装置

用来产生差压的节流件、取压装置及节流件前后的直管段等，总称为标准节流装置。

（1）标准节流件。电厂常用的标准节流件是孔板和喷嘴。其中，孔板的结构最简单，应用最广，而喷嘴则多用在大型机组的蒸汽流量测量中。

（2）节流件的取压方式。对标准孔板，其取压方式为角接取压和法兰取压；对标准喷嘴，只采用角接取压。角接取压时，又有环室取压和单独钻孔取压两种结构形式。

（3）对节流件前后直管段要求。当节流件前后遇有弯头、阀门等局部阻力件时，节流件前后直管段 l_1 和 l_2 必须符合规定要求。只有符合国家标准的节流装置，其流量与差压之间的关系才可按国家标准直接计算确定，不必再经实验进行分度。

3. 流量公式

表示差压与流量之间关系的公式称为流量公式。它是根据伯努利方程和流体流动的连续性方程导出的，可简化为 $q_m = K_m\sqrt{\Delta p}$ 及 $q_V = K_V\sqrt{\Delta p}$，即流量与差压的平方根成正比。因此，测出节流装置所产生的差压由差压计直接显示流量，其刻度往往是不均匀的。对于火电厂大型机组广泛采用带有压力、温度自动补偿的智能流量计进行显示。

4. 智能流量显示仪表

该仪表是以单片微机为核心的智能化流量显示仪表。其作用是：与差压变送器、压力变送器或温度变送器配合，测量流体的流量和总量，并能对压力、温度变化进行自动补偿，经运算及补偿后的测量值由 LED 数码管进行数字显示，也能输出 0～10mA（DC）或 4～20mA（DC）标准信号，供记录调节用。

二、其他流量计

1. 超声波流量计

超声波流量计的测量原理是超声波在流动介质中传播时，其传播速度与在静止介质中的传播速度不同，其变化量与介质流速有关。测得这一变化量就能求得介质的流速，进而求出流量，即 $q_V = Av$（A 是管道截面积，v 是流速）。

2. 电磁式流量计

电磁式流量计无可动部件和插入管道的阻流件，所以压力损失小，但被测流体必须是导电的。尤其适合非电解性液体。

3. 容积式流量计

容积式流量计是用一个固定容积的容器周期性地吸入、排出等量体积的流体来测量流体流量的。由于直接测量流体的体积，所测流量理论上与流体的黏性、密度和流态无关。

复习思考题与习题

一、名词解释

瞬时流量；标准体积流量；标准孔板；累积流量；标准节流装置；标准喷嘴。

二、填空题

1. 火电厂中最常用的流量测量仪表是________式流量计，它由 ______________等几部分组成。

2. 常用的标准节流装置有____________和____________等，火电厂广泛采用的是________、________。

3. 角接取压的定义是________；角接取压的方式有________和________。

4. 流量测量中差压变送器输出的信号与流量的关系是________。

5. 比例积算器和________配合使用，可测量某一段时间内________的累计值。

6. 充满管道的流体流经管道内的节流装置，流束将在节流件处形成________，从而使________增加，________降低，于是在节流件前后产生了________。

三、问答题

1. 流量测量仪表有哪些种类？

2. 标准节流件有哪几种？各有什么优缺点？

3. 标准节流装置有哪些安装要求？

4. 差压式流量计由哪几部分组成？试述节流件的测量原理。

5. 何谓标准节流装置？电厂常用的节流件是什么？其取压方式有何规定？标准节流件在管道中的安装方向应怎样？

6. 导出流量公式的根据是什么？试写出其简化公式。简化公式说明了什么？

7. 流量与差压之间有什么关系？在显示流量时，为使读数方便，刻度应均匀，应如何处理？

8. 智能显示仪表面板上的两个按钮的作用是什么？显示器如果显示 $F1004$ 及 9923.66 其意义是什么？“工作/调校”开关的作用是什么？仪表长期不用时，应将其置于何挡？

9. 简述超声波流量计的工作原理。

10. 简述电磁式流量计的基本原理及特点。电磁式流量计使用有哪些局限性？

第五章　水位测量及仪表

教学提示

本章主要介绍常用的三种水位测量仪表：就地水位计、差压式水位计、电接点水位计的组成、工作原理、误差产生的原因，水位计使用中经常出现的故障和处理措施以及水位计的安装知识。同时还介绍了直读式、静压法、浮力法、超声波法等测量方法测量物位的测量原理。

火电厂中一般要测量锅炉汽包水位、凝汽器水位、除氧器水位和各种水箱水位等。汽包水位的测量对于保证锅炉、汽轮机等主要设备的安全运行非常重要。汽包水位过高会造成蒸汽带水，使蒸汽品质恶化，轻则使管道和汽轮机结垢加重，降低效率，重则使机组发生严重事故；水位过低会破坏锅炉水循环，使水冷壁局部过热甚至发生爆管。因此，及时准确地测量汽包水位，并将其控制在规定的范围内，对保证火电厂安全、经济运行有重要意义。

测量汽包实际水位，涉及问题较多，在技术上还有一定困难。这是由于：①汽包水位很不稳定，总是上下波动，这种快速波动在水位计中不容易反映出来；②汽水界面不明显，汽包内实际汽水界面模糊不清；③沿汽包横向及轴向各处水位不一致，一般沿汽包轴向中间水位高，两端低，沿横向，在上升管较密的一侧水位较高；④锅炉蒸汽负荷突然变化会造成虚假水位。目前，水位测量方法及仪表种类很多，本章以火电厂中常用的水位计为例，重点介绍云母水位计、差压式水位计和电接点水位计的结构、原理及其使用。

第一节　就地水位计

就地水位计指的是就地安装指示的水位计，较成熟的产品有玻璃管水位计、云母水位计、双色水位计等。云母水位计结构简单、显示清晰、指示值可靠，因此成为火电厂测量汽包水位的主要方法之一。云母水位计主要用于高压锅炉汽包水位测量。对于低压或中压锅炉，连通器采用平板玻璃制造，称为玻璃水位计。双色水位计是在云母水位计基础上改进而成的。

一、云母水位计

1. 云母水位计的基本结构及工作原理

云母水位计测量汽包水位的原理和结构如图 5-1（a）中可见，水位计的上部与汽包的蒸汽空间相通，水位计的下部与汽包的饱和水相通，构成一个连通器。根据连通器原理，水位计中水面高度与汽包水位相等，因此从水位计的水面高度便可看出汽包的水位值。水位计主要由一个连通器和一个标尺组成，在连通器的上方和下方与汽包连接处分别装有阀门，以便接通或断开水位计，如图 5-1（b）所示。

根据连通器的平衡原理得

$$H\rho' g = H'\rho_1 g + (H - H')\rho'' g \tag{5-1}$$

式中　H——汽包内的实际水位高度；

H'——水位计显示的水位高度；

ρ'、ρ''——汽包压力下的饱和水、饱和蒸汽的密度；

ρ_1——水位计中水的密度；

g——重力加速度。

2. 云母水位计的测量误差

云母水位计虽然可直接测量水位，但其测量仍有误差，这是由于水位计向周围空间散热，连通器内水柱温度低于汽包内的饱和水温度的缘故。水位计内的水为汽包压力下的过冷水，其密度 ρ_1 大于相同压力下的饱和水密度 ρ'，因此水位计指示的水位值 H' 比汽包内实际水位 H 要低，如图 5-1（a）所示。

由式（5-1）可得出连通器式水位计的测量误差为

$$\Delta H = H' - H = -\frac{\rho_1 - \rho'}{\rho' - \rho''}H' \tag{5-2}$$

由式（5-2）可以看出，水位计散热越多，ρ_1 越大，测量误差 ΔH 也就越大。此外，汽包压力越高，对应的 ρ' 减小，ρ'' 增大，在同样散热条件下测量误差也越大。这种现象在高水位时显得更明显，即水位越高，水位计指示值就越偏离汽包实际水位。一般高压锅炉在高水位运行时，该误差值可达 100～150mm，正常水位（即零水位）时，一般可达 50mm 左右。中压锅炉在正常水位时，一般误差为 30mm 左右。

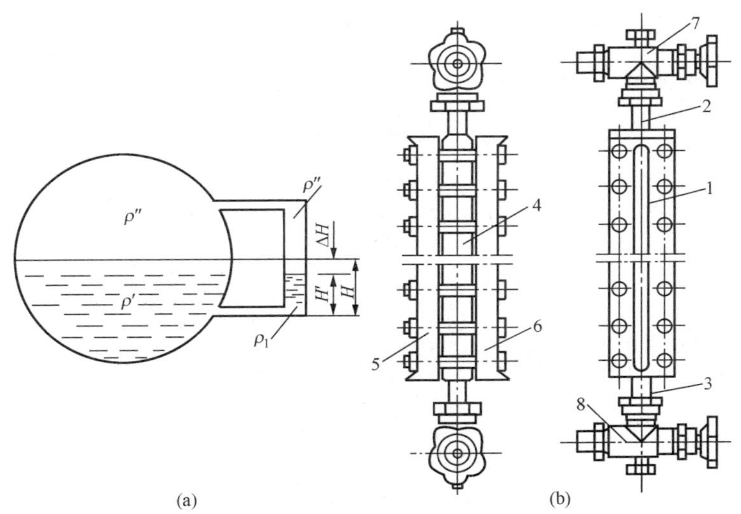

图 5-1　云母水位计

（a）测量原理；（b）基本结构

1—云母（玻璃）板；2、3—上、下金属管；4—水位计体；

5、6—前后夹板；7、8—阀门

为了减小和消除云母水位计的误差，应尽力减少水位计向四周的散热量。一般采用在水位计水侧至连通器处加保温的方法，以减小水柱温度与汽包饱和水温度之差。

二、双色水位计

1. 双色水位计工作原理

双色水位计是在云母水位计的基础上，利用光学系统改进其显示方式的一种连通器式水位计。双色水位计将云母水位计的汽水两相无色显示变成红绿两色显示，即汽柱显红色，水柱显绿色，提高了显示清晰度，克服了云母水位计观察困难的缺点。这种水位计可在就地目视监视水位，还可采用彩色工业电视系统远传至控制室进行水位监视。

图 5-2 为双色水位计原理结构示意。光源发出的光经过红色和绿色滤光玻璃 10、11 后，红光和绿光平行到达组合透镜，由于透镜的聚光和色散作用，形成了红绿两股光束射入测量

室。测量室是由水位计本体钢座、云母片和两块光学玻璃板以及垫片等构成的。测量室截面成梯形，内部介质为水柱和蒸汽柱［见图5-2（b）、（c）］，连通器内水和蒸汽形成两段棱镜。当红、绿光束射入测量室时，绿光折射率较红光大（光折射率与介质和光的波长有关）。在有水部分，由于水形成的棱镜作用，绿光偏转较大，正好射到观察窗，人们看见水柱呈绿色，红光束因出射角度不同未能到达观察；在测量室内蒸汽部分棱镜效应较弱，使得红光束正好到达观察窗口，而绿光因没发生折射不能射到窗口，因此所见汽柱呈红色。

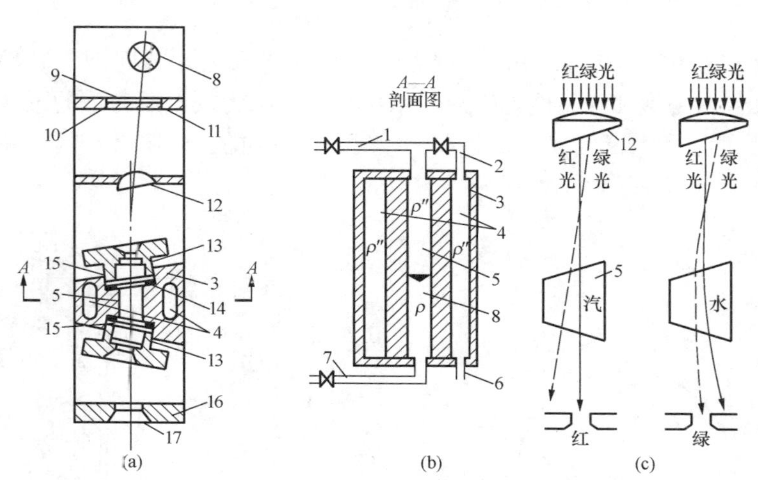

图5-2 双色水位计原理结构示意
(a) 基本结构；(b) 测量室；(c) 光路系统
1—汽侧连通管；2—加热用蒸汽进口管；3—水位计钢座；4—加热室；5—测量室；6—加热用蒸汽出口管；7—水侧连通管；8—光源；9—毛玻璃；10—红色滤光玻璃；11—绿色滤光玻璃；12—组合透镜；13—光学玻璃；14—垫片；15—云母片；16—保护罩；17—观察窗

当用于超高压及以上压力的锅炉汽包水位测量时，水位计的光学玻璃由长条形板改做成多个圆形板，这样玻璃板小，装配容易，受力较好，而水位计显示窗也由长条形（称为单窗式）变为沿水位高度排列的圆形窗口，称为多窗式双色牛眼水位计。该结构的缺点是小窗之间有一段不透明，观察水位变化趋势不如单窗式。

为了减小由于测量室温度低于被测容器内水温而引起的误差，双色水位计还设有加热室对测量室加热，使测量室温度接近容器内水温。当被测对象为锅炉汽包时，加热室应使测量室水温接近饱和温度，并维持测量室中的水有一定的过冷度。否则汽包压力波动时，水位计内水沸腾而影响测量。

2. 工业电视监视汽包水位

就地安装的双色水位计可以通过工业电视远距离观察其水位的指示值，这样可大大减轻工作人员的劳动强度。

工业电视监视系统由双色水位计、彩色摄像机、彩色监视器等部分组成，如图5-3所示。摄像机将摄取的双色水位信号转换成电信号，再通过视频电缆传送到集控室内的彩色监视器上显示，便可看到汽红、水绿的“牛眼”

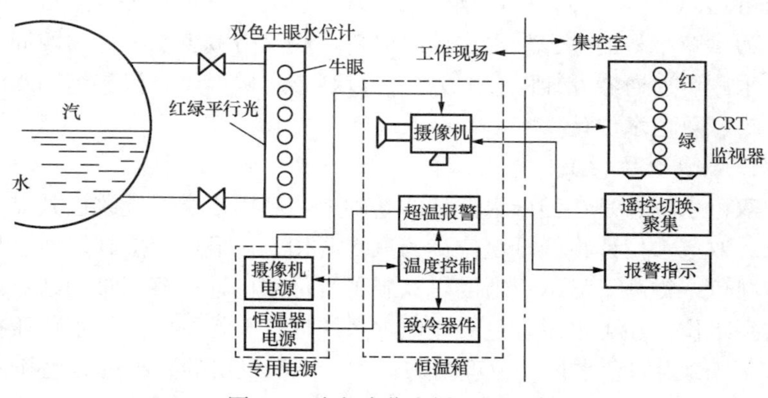

图5-3 汽包水位电视监视系统

式水位信号，从而看出水位的变化。

由一台摄像机、一台监视器组成的监视方式，称为单路单点监视方式。由多台摄像机和一台监视器组成的监视系统，称为多路单点监视方式。采用后种监视方式时，需在系统中增加一个多路转换器。

利用工业电视监视汽包水位，图像清晰、直观、可信度高，大大增强了锅炉运行的安全性。

三、双色水位计的安装

双色水位计通过汽、水阀门分别与汽包汽侧、水侧相连接，形成连通体，利用连通器的原理使水位计的水位与汽包相一致，水位计与汽包的连接如图 5-4 所示。

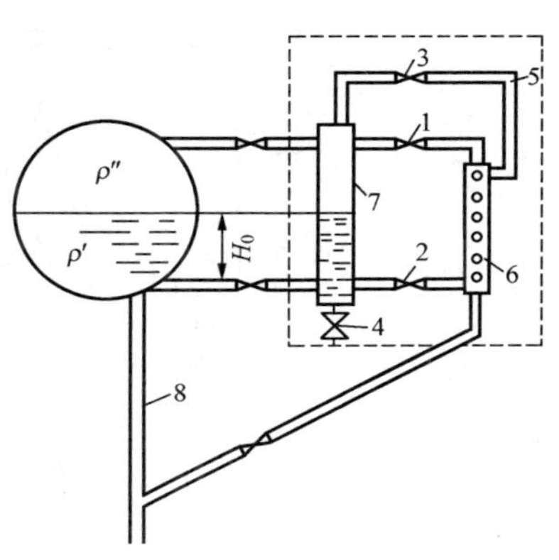

图 5-4　水位计与汽包的连接
1—汽阀；2—水阀；3—加热阀；4—排污阀；5—加热管；6—水位计本体；7—凝结水管；8—锅炉下降管

水位计与汽包的连通管，应保证管道的倾斜度不小于 100∶1，对于汽侧取样管应使取样孔侧高，对于水侧取样管应使取样孔侧低。汽水侧取样管、取样阀门和连通管均应保温良好。由于水位计安装位置的环境温度与汽包内温度相差很大，因此，水位计的显示水位低于汽包实际水位，具体数值随汽包工作压力等级不同而有所不同。

四、故障分析与处理方法

运行中水位计常发生水位显示不清或泄漏现象，原因分析及处理方法见表 5-1。

表 5-1　运行中水位计常见故障原因分析及处理方法

故　障	缺　陷　原　因	处理方法及注意事项
显示不清	红、绿颜色调整不好	重新调整水位计灯座角度、红绿玻璃架位置和反光镜角度
	出现假水位	重新投水位计
	摄像头位置不正确	调整摄像头位置
	水位计灯坏	更换新灯柱（或灯泡）
	水位计云母结垢	冲洗水位计或更换新的云母组件
泄漏	汽包超压运行	注意汽包运行压力，一般水位计不参与锅炉超压试验
	水位计检修不正确	严格按照水位计说明书或检修工艺进行检修
	水位计备件不符合有关技术指标的要求	最好采用与水位计厂家配套的水位计备件
	水位计表体或压盖变形	安装水位计密封组件前，要测量水位计表体及压盖的变形度，发现变形及时进行修整或更换。紧固水位计压盖螺栓时一定要用力矩扳手按要求力矩紧到位
	云母结垢严重，发生腐蚀	定期冲洗水位计，减少水位计的结垢量，延长水位计密封组件的使用周期
	水位计云母密封组件已到使用周期	水位计云母片的使用周期一般为一个小修周期（10～12 个月），不泄漏也应定期更换

第二节　差压式水位计

差压式水位计在火电生产过程中是应用最为普遍的一种水位计。它是静压式液位测量仪表，在汽包水位、高压加热器水位、除氧器水位测量中都能得到应用。

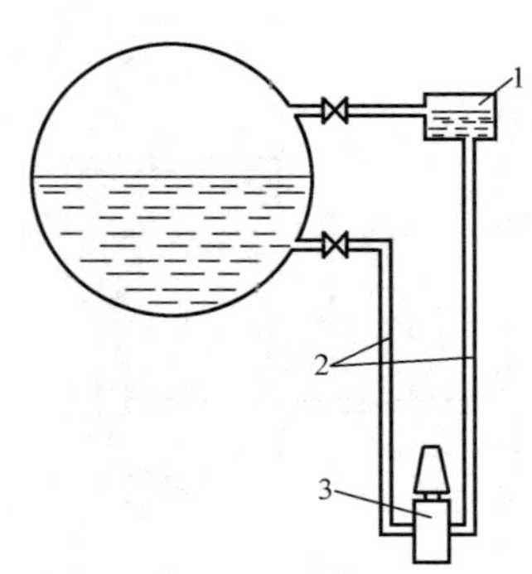

图 5-5 差压式水位计
1—平衡容器；2—压力信号导管；3—差压计

差压式水位计是将水位高低信号转换成相应差压信号来实现水位测量的仪表。它是由水位-差压转换容器（又称平衡容器）、压力信号导管及差压计三部分组成的，如图 5-5 所示。水位信号首先由水位-差压转换容器转换成差压信号，差压计测出差压值的大小，并指示出水位的高低。如果将差压计改为差压变送器，可将水位信号转换成电流信号，远传至控制室进行连续水位指示、记录并为调节系统提供水位信号。

一、水位-差压转换原理

差压式水位计准确测量汽包水位的关键在于水位与差压之间的准确转换，这种转换是通过平衡容器来实现的。图 5-6 所示为一种常用的双室平衡容器，汽包的汽侧连通管与宽容室（也称正压室）相接；汽包的水侧连通管直接与窄容室（也称负压室）相接。正压头从宽容室中引出，负压头从窄容室中引出。宽容室的水位高度为定值，当水位升高时，水经汽侧连通管溢流至汽包，但水位下降时，由蒸汽冷凝来补充，当宽容室中水的密度一定时，正压头为定值。负压头中输出压头的变化代表了水位 H 的变化。因此，由正负两个导压管得到的差压信号为

$$\Delta p = p_{+} - p_{-} = L\rho_1 g - [H\rho' g + (L-H)\rho'' g] = L(\rho_1 - \rho'')g - H(\rho' - \rho'')g \quad (5\text{-}3)$$

式中 H——汽包中的水位高度；

ρ_1——正压室中水的密度；

ρ'、ρ''——汽包压力下饱和水、饱和蒸汽的密度；

L——汽侧、水侧连通管距离。

由式（5-3）可知，平衡容器结构确定后（即 L 为已知常数），在汽包压力维持恒定（ρ'、ρ''确定）和 ρ_1 一定的条件下，正、负导压管的差压输出 Δp 与汽包水位 H 呈单值函数关系。因此，若将 p_{+}、p_{-} 接差压计或差压变送器，就可根据所测出的差压数值知道相应的水位值。由式（5-3）还可以看出，水位越高，差压就越小，两者之间成反比关系。

一般测水位用的差压计都按 Δp 与 H 关系式直接采用水位刻度。式中 ρ'、ρ''按汽包额定压力由饱和蒸汽状态表查出，ρ_1 按管外环境温度及传热条件确定。

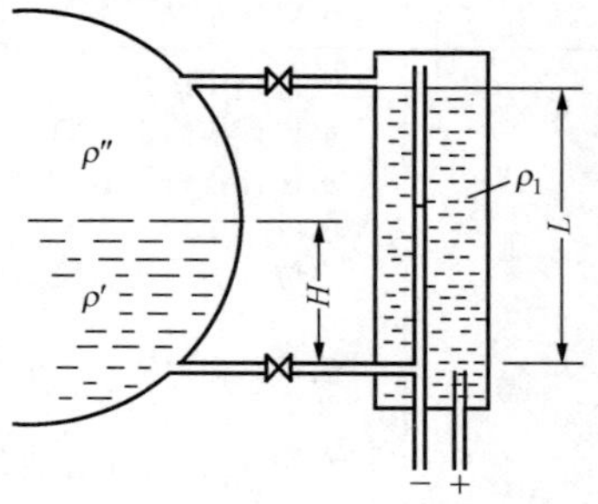

图 5-6 双室平衡容器

【例 5-1】 已知图 5-6 中双室平衡容器的汽水连通管之间的跨距 $L=300\text{mm}$，汽包水位分别为 $H_1=100\text{mm}$，$H_2=150\text{mm}$，$H_3=200\text{mm}$，饱和水密度 $\rho'=680.075\text{kg/m}^3$，饱和蒸汽密度 $\rho''=59.086\text{kg/m}^3$，正压室中水的密度 $\rho_1=962.83\text{kg/m}^3$，试求此时平衡容器的输出差压为多少？

解 按力学原理，当汽包水位在任意值时，平衡容器的输出差压为

$$\Delta p = p_{+} - p_{-} = L\rho_1 g - [H\rho' g + (L-H)\rho'' g] = L(\rho_1 - \rho'')g - H(\rho' - \rho'')g$$

由此可得，在不同水位时平衡容器的输出差压分别为

$$\begin{aligned}\Delta p_1 &= 0.3\times(962.83-59.086)\times 9.81 - 0.10\times(680.075-59.806)\times 9.81\\ &= 2051.2\ (\text{Pa})\end{aligned}$$

$\Delta p_2 = 0.3\times(962.83-59.086)\times9.81-0.15\times(680.075-59.806)\times9.81$
$=1745.9\ (\text{Pa})$

$\Delta p_3 = 0.3\times(962.83-59.086)\times9.81-0.20\times(680.075-59.806)\times9.81$
$=1442.8\ (\text{Pa})$

由上述计算可知，输出差压分别为2051.2、1745.9、1442.8Pa。

根据上述分析可知，当水位升高时，输出差压减小。因此在使用差压变送器测量水位时，为使输出信号与水位变化一致，一般将负压管与变送器正压室相接，而正压管与变送器负压室相接，这样水位升高时，变送器输出电流增大。

二、双室平衡容器实际使用中存在的问题

（1）因为平衡容器向外散热，正、负压容室中的水温由上至下逐渐下降，并且温度不易确定。所以用式（5-3）分度差压计时，由于密度的数值 ρ_1 较难确定，分度好的差压式水位计装到现场后，其指示值与云母水位计的示值不同。即使在现场对照云母水位计的指示调整好刻度值，随着温度的变化，ρ_1 的数值也变化，差压式水位计的指示值仍存在误差。

（2）差压式水位计一般是在汽包额定工作压力下分度的，因而，只有当汽包工作在额定压力下时，差压式水位计的指示值才是正确的。饱和水密度和饱和蒸汽密度随汽包压力变化，使差压式水位计的指示产生很大误差。ρ'、ρ''随汽包压力变化的关系如图5-7所示。由图可知，当压力升高时，饱和水密度 ρ'减小，饱和蒸汽密度 ρ''增大。压力上升到临界压力（$p_k=22.12\text{MPa}$）时，饱和水和饱和蒸汽的密度相同。

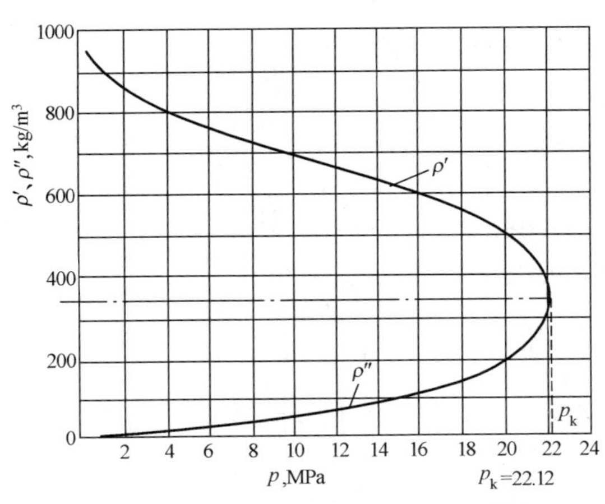

图5-7　饱和水、饱和蒸汽的密度与压力的关系

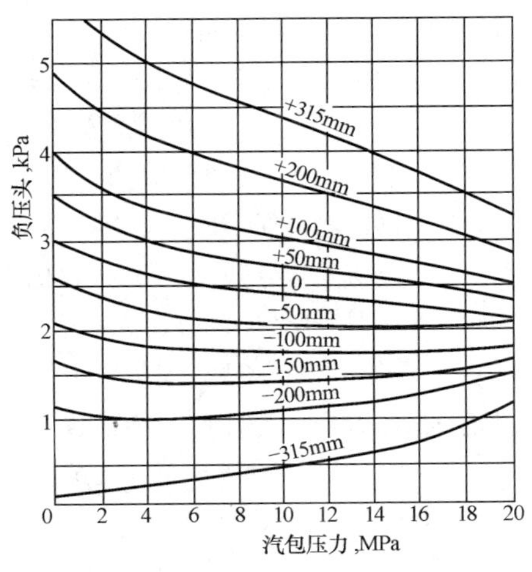

图5-8　不同水位下，平衡容器的负压头 p_- 与汽包工作压力的关系

由式（5-3）可知，汽包工作压力变化时，主要是负压头 $[Hg\rho'+(L-H)g\rho'']$ 的变化使差压 Δp 发生改变。而 ρ'与 ρ''随压力变化的方向相反，因此负压头中两项的变化可互相抵偿。但因 ρ'与 ρ''的变化率不同，这两项的变化不能完全抵消，而且在不同水位 H 时，两项随压力变化的数值也不相同。图5-8所示为在不同水位 H 时，负压头与汽包压力变化的关系。由图可以看出，当水位较高时（50～315mm），差压转换容器中的负压头随着汽包工作压力的下降而增大，即 Δp 减小，此时水位计指示值比实际值偏高，出现正误差；水位较低

时（－200～－100mm），负压头随汽包工作压力变化所产生的变化较小。一般情况下，汽包水位都控制为±50mm，因此，在锅炉启停或滑参数运行时，差压式水位计的指示随汽包压力下降而偏高，反之指示偏低。

【例 5-2】 已知图 5-6 中双室平衡容器的汽水连通管之间的跨距 $L=550\text{mm}$，汽包正常水位 $H_0=300\text{mm}$，则用该平衡容器测量锅炉汽包水位时，要求计算：

（1）当汽包压力为 10.5MPa、正压室水温为 40℃时，汽包在正常水位时的输出差压值。

（2）当汽包压力为 10.5MPa、正压室水温为 80℃时，汽包在正常水位时的输出差压值，并求输出差压的绝对误差值。

（3）当汽包压力为 5.0MPa、正压室水温为 40℃时，汽包在正常水位时的输出差压值，并求输出差压的绝对误差值。

（4）当汽包压力为 0.5MPa、正压室水温为 40℃时，汽包在正常水位时的输出差压值，并求输出差压的绝对误差值。

已知 10.5MPa 时，$\rho'=680.075\text{kg/m}^3$，$\rho''=59.086\text{kg/m}^3$

10.5MPa、40℃时，$\rho_1=996.81\text{kg/m}^3$

10.5MPa、80℃时，$\rho_1=976.37\text{kg/m}^3$

5.0MPa 时，$\rho'=777.73\text{kg/m}^3$，$\rho''=25.374\text{kg/m}^3$

0.5MPa 时，$\rho'=915.08\text{kg/m}^3$，$\rho''=2.668\text{kg/m}^3$

解 按力学原理，当汽包水位在正常水位时，平衡容器的输出差压为

$$\Delta p_0=p_+-p_-=L\rho_1 g-[H_0\rho' g+(L-H)\rho'' g]=L(\rho_1-\rho'')g-H_0(\rho'-\rho'')g$$

（1）10.5MPa、40℃时

$$\begin{aligned}\Delta p_{0e(40)}&=550\times10^{-3}\times(996.81-59.086)\times9.81-300\times10^{-3}\\&\quad\times(680.075-59.086)\times9.81\\&=3231.9(\text{Pa})\end{aligned}$$

（2）10.5MPa、80℃时

$$\begin{aligned}\Delta p_{0e(80)}&=550\times10^{-3}\times(976.37-59.086)\times9.81-300\times10^{-3}\\&\quad\times(680.075-59.086)\times9.81\\&=3121.6(\text{Pa})\end{aligned}$$

因正压室温度变化引起的绝对误差为

$$\Delta=\Delta p_{0e(40)}-\Delta p_{0e(80)}=3231.9-3121.6=110.3(\text{Pa})$$

（3）5.0MPa、40℃时

$$\begin{aligned}\Delta p_{05(40)}&=550\times10^{-3}\times(996.81-25.374)\times9.81-300\times10^{-3}\\&\quad\times(777.73-25.374)\times9.81\\&=3027.2(\text{Pa})\end{aligned}$$

因汽包压力变化引起的绝对误差为

$$\Delta=\Delta p_{0e(40)}-\Delta p_{05(40)}=3231.9-3027.2=204.7(\text{Pa})$$

（4）0.5MPa、40℃时

$$\begin{aligned}\Delta p_{00.5(40)}&=550\times10^{-3}\times(996.81-2.668)\times9.81-300\times10^{-3}\times(915.08-2.668)\times9.81\\&=2678.7(\text{Pa})\end{aligned}$$

因汽包压力变化引起的绝对误差为

$$\Delta = \Delta p_{0e(40)} - \Delta p_{05(80)} = 3231.9 - 2678.7 = 553.2(\text{Pa})$$

由上述计算可知，当汽包压力为 10.5MPa、正压室水温为 40℃时，汽包在正常水位时的输出差压值为 3231.9Pa。水温变为 80℃时，输出差压值为 3121.6Pa，其绝对误差为 110.3Pa。当汽包压力变为 5.0MPa，输出差压值为 3027.2Pa，其绝对误差为 204.7Pa。当汽包压力变为 0.5MPa，输出差压值为 2678.7Pa，其绝对误差为 553.2Pa。

这种由于平衡容器温度变化和汽包压力变化而产生的测量误差（称系统误差）随平衡容器的结构不同而各异。为了使差压式水位计在汽包压力变化（主要是下降）时，也能较准确地反映真实水位，必须采取相应措施减小或消除该项误差。

为减小或消除汽包压力变化造成的测量误差，有两种改进方法：一是改进平衡容器的结构；二是采用汽包压力自动补偿措施。

三、平衡容器的改进

改进后的平衡容器结构如图 5-9 所示，它可以保证在正常水位时，水位指示基本不随汽包压力变化。当汽包水位发生变化时，为使正压管中的水位保持恒定，增大了正压容室的截面积，使其直径大于 100mm，同时，在其上面装有一凝结水漏盘，使凝结水不断流入正压室，正压室中多余的水不断溢出，通过蒸汽加热的方法使正压室中的水温等于饱和温度。蒸汽凝结水由泄水管流入下降管，负压管直接从汽包水侧引出。为确保压力引出管的垂直部分水的密度 ρ_1 等于环境温度下水的密度，压力引出管的水平距离必须大于 800mm。在正常水位时，平衡容器的输出差压为

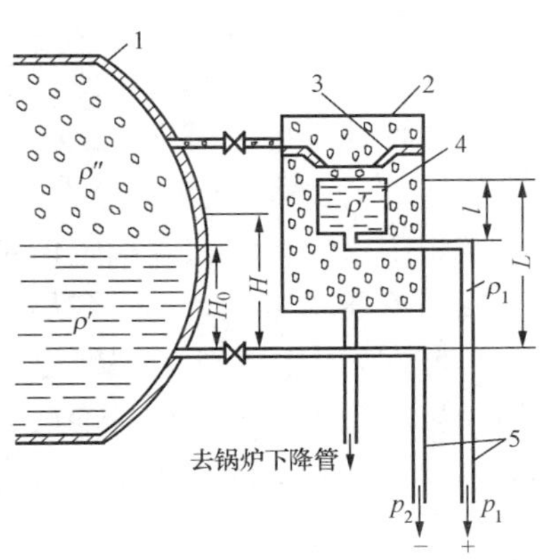

图 5-9　改进后的平衡容器结构
1—汽包；2—热套管；3—漏斗；4—正压室；5—压力导管

$$\begin{aligned}\Delta p_0 &= p_+ - p_- = [(L-l)\rho_1 g + l\rho' g] - [H_0\rho' g + (L-H_0)\rho'' g]\\ &= L(\rho'-\rho'')g - l(\rho_1-\rho')g - H_0(\rho'-\rho'')g\end{aligned} \tag{5-4}$$

当水位偏离正常水位 ΔH（$\Delta H = H - H_0$）时，输出差压为

$$\Delta p = \Delta p_0 - \Delta H(\rho' - \rho'')g \tag{5-5}$$

在设计平衡容器时，如果能确定恰当的 L 和 l 值，使汽包压力从很小值（例如 0.5MPa）变至额定工作压力时，正常水位下平衡容器输出的差压不变，那么就可消除差压式水位计的零位漂移。

根据式（5-4），当汽包压力为 0.5MPa 时，零水位差压输出为

$$\Delta p_{05} = (L-l)\rho_1 g + l\rho'_5 g - H_0\rho'_5 g - (L-H_0)\rho''_5 g \tag{5-6}$$

在额定工作压力下，零水位差压输出为

$$\Delta p_{0e} = (L-l)\rho_1 g + l\rho'_e g - H_0\rho'_e g - (L-H_0)\rho''_e g \tag{5-7}$$

令 $\Delta p_{05} = \Delta p_{0e}$，则有

$$(L-l)\rho_1 g + l\rho'_5 g - H_0\rho'_5 g - (L-H_0)\rho''_5 g = (L-l)\rho_1 g + l\rho'_e g - H_0\rho'_e g - (L-H_0)\rho''_e g \tag{5-8}$$

此外，由于考虑平衡容器输出差压最大值与差压计测量上限值应为一致，即在汽包压力最低和水位最低时，平衡容器输出的最大差压等于差压计测量上限 Δp_{max}，即

$$\Delta p_{max} = (L-l)\rho_1 g + l\rho'_5 g - L\rho''_5 g \tag{5-9}$$

联立解式（5-8）和式（5-9）得

$$L=\frac{\Delta p_{max}+H_0\left(1-\frac{\Delta\rho''}{\Delta\rho'}\right)(\rho_1-\rho_5')g}{\frac{\Delta\rho''}{\Delta\rho'}(\rho_5'-\rho_1)g+(\rho_1-\rho_5'')g} \tag{5-10}$$

$$l=H_0+(L-H_0)\frac{\Delta\rho''}{\Delta\rho'} \tag{5-11}$$

$$\Delta\rho''=\rho_e''-\rho_5'',\Delta\rho'=\rho_e'-\rho_5'$$

求得 L 和 l 的值后，即可以用差压-水位关系式（5-4）、式（5-5）来分度差压水位计。此种改进后的平衡容器，可以使正常水位下的差压受汽包压力变化的影响大大减小。但当水位偏离正常值时，输出还将受汽包压力变化的影响。与改进前的平衡容器相比，改进后的差压式水位计的准确度有很大的提高。为进一步消除汽包压力变化对差压式水位计指示值的影响，可以同时测得汽包压力信号，根据汽包压力与密度之间的关系，对差压信号进行校正运算，校正因汽包压力偏离额定值带来的测量误差。

四、差压式水位计的汽包压力自动校正

目前常采用对差压信号引进密度校正的方法消除汽包压力对测量的影响，使差压水位计在启停炉的全过程中有比较准确的指示。由图 5-7 可知，饱和水和饱和蒸汽的密度与压力呈单值函数关系，如果利用函数发生器模拟汽包压力 p 与 ρ'、ρ''的函数关系，将其输出与差压信号进行校正运算，可消除 ρ'、ρ''变化对 Δp 的影响，即消除由于汽包压力偏离额定值所带来的误差。

由式（5-3）可得双室平衡容器的修正公式为

$$H=\frac{L(\rho_1-\rho'')g-\Delta p}{g(\rho'-\rho'')} \tag{5-12}$$

式中 Δp——平衡容器输出差压值。

$(\rho_1-\rho'')$、$(\rho'-\rho'')$ 随汽包压力变化的关系可根据水蒸气状态图得出，如图 5-10 所示。其中 ρ_1 按环境温度为 50℃时取值。根据压力变化范围大小，可用一段或几段直线模拟两条曲线。一般认为该关系可近似线性函数，即

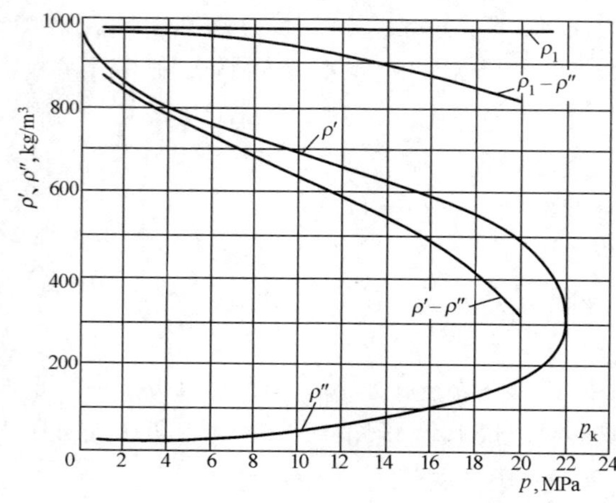

图 5-10 $(\rho_1-\rho')$ 和$(\rho'-\rho'')$ 与汽包压力的关系曲线

$$f_1(p)=\rho_1-\rho''=K_1p+a$$
$$f_2(p)=\rho'-\rho''=K_2p+b$$

式中斜率 K_1、K_2 及截距 a、b 可由图 5-10 数据确定。

将两直线方程代入式（5-12）中，即可得到水位与差压 Δp 及汽包压力 p 的函数关系，即

$$H=\frac{L(K_1p+a)g-\Delta p}{g(K_2p+b)} \tag{5-13}$$

根据式（5-13）可组成差压式水位计的自动压力校正系统，如图 5-11 所示。

该系统可由控制仪表或计算机实现。差压变送器将平衡容器输出的差压信号 Δp 转换为 4～20mA 直流电流送加减器，同时

汽包压力经压力变送器转换为4～20mA直流电流信号，分别送函数发生器$f_1(p)$、$f_2(p)$。$f_1(p)$、$f_2(p)$的输出与代表常数L、g的电量以及差压变送器的输出作乘除运算后，乘法器的输出信号即代表不受汽包压力影响的水位值，实现了汽包压力的自动补偿。该信号可送显示仪表或作为调节系统的输入信号。

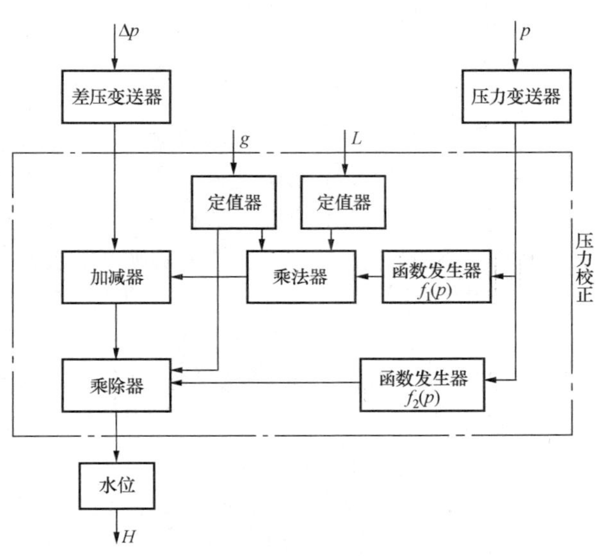

图 5-11　带压力校正的差压水位计测量系统框图

上述压力自动校正系统能在汽包压力大范围变化以及任何水位情况下，取得较好的补偿效果，但是环境温度变化对ρ_1的影响无法消除。

如果采用图5-12所示的平衡容器，用蒸汽对正压室进行加热，使ρ_1接近ρ'，可减小因环境温度变化对测量带来误差。平衡容器输出的差压为

$$\Delta p = L\rho' g - [H\rho' g + (L-H)\rho'' g] \tag{5-14}$$

由式（5-14）可得压力校正公式，即

$$H = L - \frac{\Delta p}{g(\rho' - \rho'')}$$

将$\rho' - \rho'' = K_2 p + b$代入上式得

$$H = L - \frac{\Delta p}{g(K_2 p + b)} \tag{5-15}$$

根据式（5-15）组成的压力自动补偿如图5-13所示。该系统结构简单，且水位指示不受温度的影响。

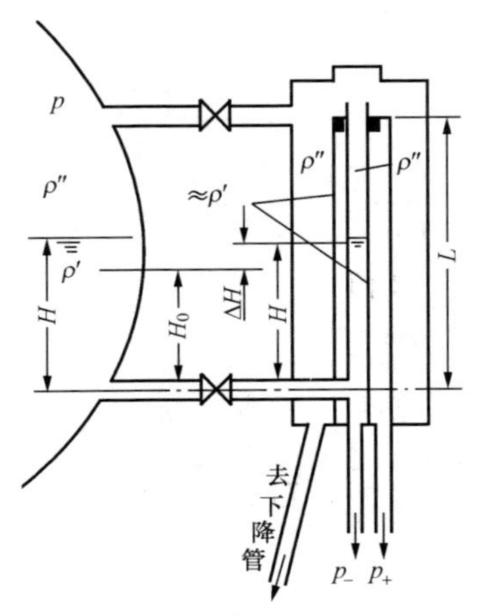

图 5-12　带加热套式双室平衡容器

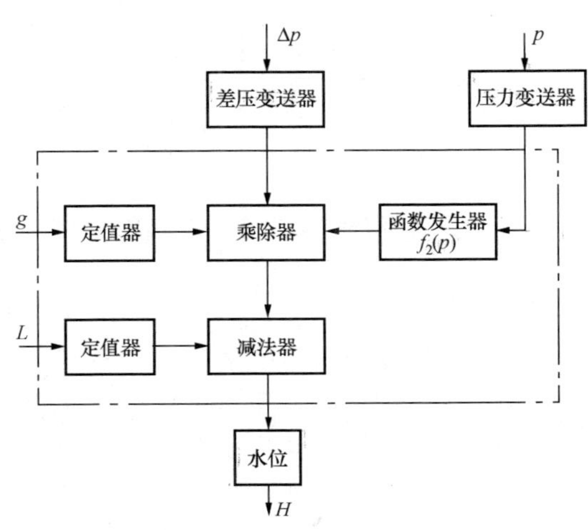

图 5-13　自动压力校正系统

五、差压式水位计的显示仪表

（一）显示仪表的种类

差压式水位计的显示仪表种类较多，有 U 形管差压计、双波纹管式差压计等。这类仪表接收平衡容器的差压信号后在仪表盘或标尺上显示水位值，中间没有电气转换部件，因此指示比较可靠。采用差压变送器将差压信号转换成的电流信号，进行压力自动校正后送显示仪表，可显示较准确的水位值。这种差压变送器还可与控制仪表配套使用，构成水位控制系统，因此是汽包锅炉使用最广泛的测量水位方法。

目前，微型计算机的应用已使水位显示仪表智能化。WL 型智能汽包水位计就是其中的一种。智能型显示仪表的主要特点如下：

（1）在锅炉汽包压力和水位变化范围很大时，水位计都有很高的准确性，仪表还可对环境温度进行修正。

（2）具有多种设置功能，使用灵活。如对尺寸不同的平衡容器，只需重新设定参数即可适用，还可任意设定水位计的高低报警值和保护值。

（3）采用数字显示，读数方便。具有 0～10mA 或 4～20mA 标准直流电流信号输出，可用于连续指示、记录或水位控制。

（4）平衡容器结构简单，制作安装方便。

（二）WL 型智能汽包水位计

1. 测量原理

图 5-14 所示为 WL 型智能汽包水位计测量原理框图。它是由平衡容器、差压变送器、压力变送器、测温热电阻以及 WL 型水位显示仪表组成。平衡容器输出的差压信号 Δp、汽包压力信号 p 分别由差压变送器和压力变送器转换成标准 0～10mA 或 4～20mA 直流电流信号；环境温度 t 由铜热电阻转换成电阻信号。上述三个信号送入智能显示仪表，通过表内微机系统进行采样、运算以及压力校正后，其结果送数码显示电路进行水位显示，同时将标准模拟电流信号（0～10mA 或 4～20mA）输出。当水位越限时，仪表可输出继电器接点信号，实现水位报警或保护。

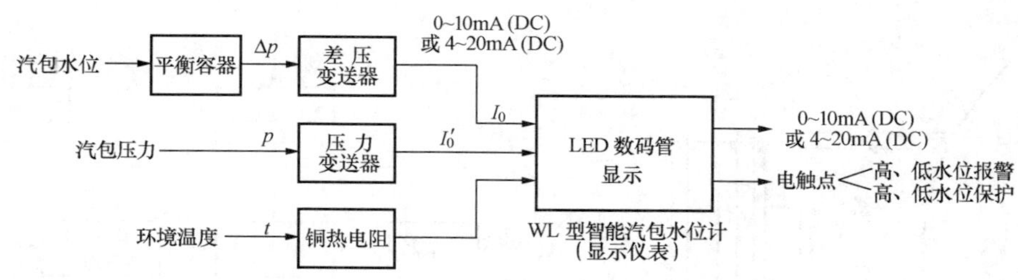

图 5-14　WL 型智能汽包水位计测量原理框图

WL 型汽包水位计的测量原理如图 5-15 所示。平衡容器正压室截面较大，其内凝结水液面较平稳，容器引出的正压连接管有一段水平弯头。水平弯头应足够长（大于 0.8m），以保证管内的水温接近环境温度。容器内水密度 ρ_1 难以确定，因此应减小水平段引出管与容器内液面的距离 l 以减小测量误差。

差压变送器的负压室直接与汽包水侧相连，参考高度 L 为定值。汽包水位为 H，以汽包正常水位 H_0 作为零水位，水位变量为 $\Delta H(\Delta H = H - H_0)$，平衡容器输出的差压 Δp 为

$$\Delta p = p_{+} - p_{-} = L\rho_1 g + (L - l)\rho_2 g - [H\rho' g + (L - H)\rho'' g] \tag{5-16}$$

由式（5-16）可得水位 H 的表达式为

$$\Delta p = \frac{l\rho_1 g + (L - l)\rho_2 g - L\rho'' g - \Delta p}{g(\rho' - \rho'')} \tag{5-17}$$

代入式 $\Delta H = H - H_0$，得

$$\Delta H = \frac{l\rho_1 g + (L - l)\rho_2 g - L\rho'' g - \Delta p}{g(\rho' - \rho'')} - H_0 \tag{5-18}$$

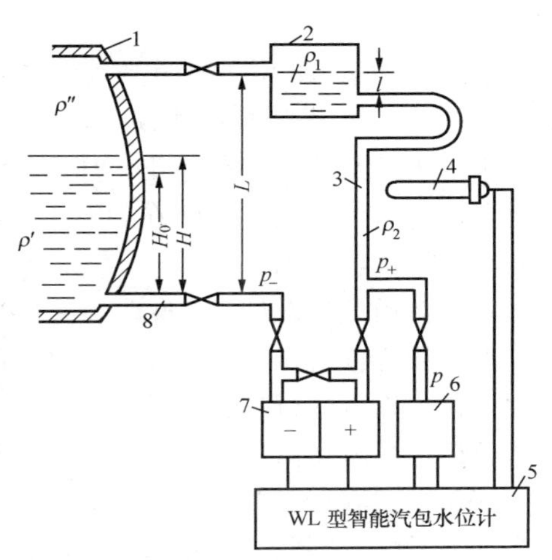

图 5-15　汽包水位测量原理示意

1—汽包；2—平衡容器；3、8—正负导压管；4—热电阻；5—显示仪表；6—压力变送器；7—差压变送器

由式（5-18）可见，汽包水位变化量 ΔH 不仅与差压 Δp 有关，还与 ρ'、ρ''、ρ_1 及 ρ_2 有关，而 ρ'、ρ'' 受汽包压力影响较大，ρ_2 只受环境温度的影响。如按该式对汽包压力、环境温度进行修正，可提高水位测量的准确性。

WL 型水位计微机系统由超大规模集成电路制成，计算程序存放在存储器 EPROM 中。式（5-18）中 l、L、H_0、ρ_1、g 等设定参数由键盘输入存放在存储器 RAM 中。仪表工作时，差压 Δp、汽包压力 p 和环境温度 t 三路信号由微机控制，定时采样，并经模数转换器转换成数字量，送微处理器按程序进行快速准确运算，运算结果送数码管显示水位值。

2. 仪表的使用

WL 型智能水位计外部结构如图 5-16 所示。仪表面板上布置有 LED 数码显示器、复位按钮、显示选择按钮等，仪表机芯上部和右侧分别装有内部键盘和工作/自校开关。下面简单介绍各部件的使用。

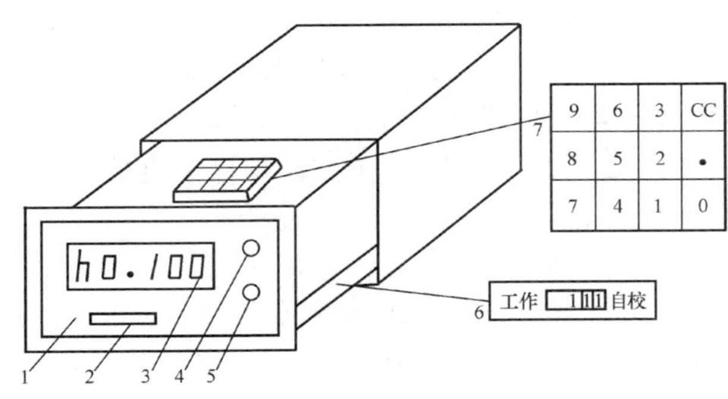

图 5-16　WL 型智能水位计外部结构

1—面板；2—拉手；3—6 位 LED 数码显示器；4—复位按钮；5—显示选择按钮；6—工作/自校开关；7—内部键盘

（1）工作/自校开关。将开关置于“自校”位置，通过机内键盘向微机送入各设定参数值，并存放在存储器 RAM 中；将开关置于“工作”位置，仪表可正常工作。

（2）键盘。键盘有十二个键，0～9 十个数字键、小数点键及参数设置键 CC。按动 CC 键和数字键，能向机内输入差压变送器测量范围的下限值、上限值及量程和压力变送器量程、零水位 H_0 以及水位报警设定值等。

（3）复位按钮。在自校状态下按复位按钮，能使程序初始化，并能保持原先输入的各种参数。在工作状态下按动该按钮，显示器显示瞬时温度值。

（4）显示选择按钮。仪表投入运行后，按此按钮，可显示温度、压力、水位的数值。使

用时，可根据需要选择显示的内容。

为了防止断电时存储器 RAM 中的数据消失，该仪表还设有断电保护功能。仪表内装有断电保护电池，仪表正常工作时，电池充电。当出现停电事故时，电池自动接通，保存 RAM 中的数据，在此期间单片机不做任何其他工作，交流电源重新接通后，仪表自动恢复正常工作。

锅炉正常运行时，汽包正常水位应保持在汽包中心线偏下位置，一般比汽包几何中心线低 50～100mm。若用模拟式仪表显示水位，则当水位为 H_0 时，指示为 0；H 高于 H_0 时，汽包水位为正水位；H 低于 H_0 时为负水位。水位计的标尺刻度为 $-\Delta H \sim 0 \sim +\Delta H$。运行中锅炉汽包水位应保持 ΔH 在 50～75mm 或 −75～−50mm 的范围内变化。

六、平衡容器的安装

水位计由测量部件（或称取源部件）、压力导管或连接导线及水位显示仪表等组成。水位计的取源部件直接与主体设备连接，因此正确安装水位计的取源部件，对准确测量水位值和保证机组安全运行有着重要意义。在火力发电厂中，常用水位计的取源部件有测量筒（亦称水位容器或凝结筒）和平衡容器等。在此重点介绍它们的安装方法及要求。

水位平衡容器是差压水位计的一次取源部件，其安装质量好坏直接影响水位计的运行可靠性和准确性。因此，安装水位平衡容器时，应按下列步骤及要求进行。

（一）安装前的工作

1. 平衡容器安装水位线的确定

平衡容器制作后，应在其外表标出安装水位线。单室平衡容器的安装水位线应为平衡容器汽侧取压孔内径的下缘线；双室平衡容器的安装水位线应为平衡容器正、负取压孔间的平分线；蒸汽罩补偿式平衡容器的安装水位线应为平衡容器正压恒位水槽的最高点（见图5-17）。

2. 水位测点位置的确定

水位的正、负取压点一般已由制造厂确定并安装好取压装置，此时需检查容器内部装置是否影响压力的取出。如果制造厂未安装，可根据显示仪表的全量程选择测点高度。

（1）对于零水位在刻度盘中心位置的显示仪表，以汽包的正常水位线向上加上仪表的正方向最大刻度值，作为正取压测点高度；汽包正常水位线向下加上仪表的负方向最大刻度值，作为负取压测点高度。设水位计负方向最大刻度值为 H_1，正方向最大刻度值为 H_2，水位正、负取压测点位置如图5-17所示。安装水位测点时，正、负压测点应在同一垂直线上。

（2）对于零水位在刻度起点的显示仪表，应以汽包的云母水位计零水位线为负取压测点高度；汽包的零水位线向上加上仪表最大刻度值为正取压测点高度。

3. 平衡容器安装高度的确定

（1）对于零水位在刻度盘中心位置的显示仪表，如采用单室平衡容器，其安装水位线应和汽包的正取压测点高度一致；如采用双室平衡容器，其安装水位线应和汽包的正常水位线相一致；如采用蒸汽罩补偿式平衡容器，其安装水位线应比负取压口高出 L 值（见图 5-17）。

（2）对于零水位在刻度盘起点位置的显示仪表，如采用单室平衡容器，其安装水位线应比被测容器的云母水位计的零水位线高出仪表的整个刻度值；如采用双室平衡容器，其安装水位线应比被测容器的零水位线高出仪表的整个刻度值的 1/2。

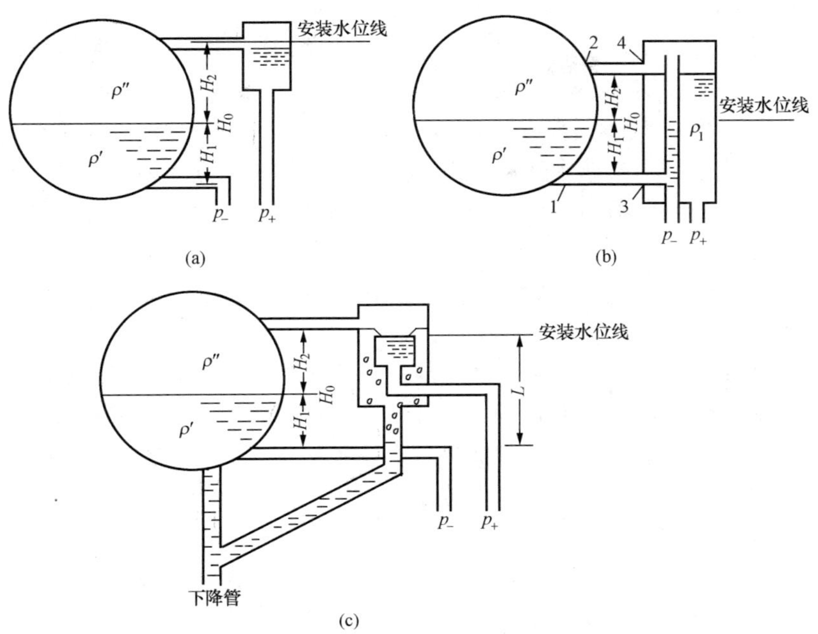

图 5-17　平衡容器的安装水位线与水位测点位置及汽包正常水位之间的关系

（a）单室平衡容器；（b）双室平衡容器；（c）蒸汽罩补偿式平衡容器

1—负取压测点；2—正取压测点；3—平衡容器负取压孔；4—平衡容器正取压孔

（二）平衡容器的安装及要求

安装水位平衡容器时，应遵照下列要求：

（1）水位取压测点的位置和平衡容器的安装高度按上述原则确定。

（2）平衡容器与汽包壁之间的连接管应尽量缩短，水侧取样管应严格按水平位置敷设（见图 5-18），即保证 B 点高度与 A 点高度一致。连接管上避免安装影响介质正常流通的元件，如接头、锁母及其他带有缩孔的元件。

（3）在平衡容器前装取源阀门，应横装（阀杆处于水平位置），以避免阀门积聚空气泡而影响测量准确度。

（4）一个平衡容器一般供一个变送器或一只水位表使用。

（5）平衡容器必须垂直安装，不得倾斜，垂直度偏差小于 2mm。

（6）当容器的正、负取压测点垂直距离小于平衡容器汽、水两管的距离时，只要保证水侧连通管 A、B 点在同一高度，可以将汽侧连通管 C、D 直线向上倾斜安装，但不应存在弯曲，以防积水，影响运行。

（7）平衡容器至差压变送器的两根导管，在

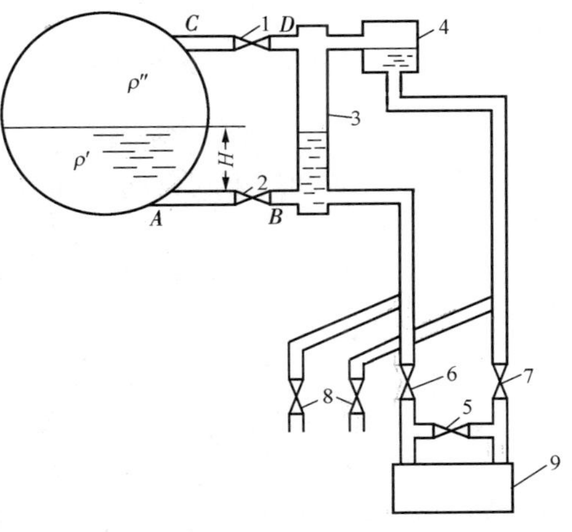

图 5-18　单室平衡容器与差压变送器配接时的安装示意

1—汽侧一次阀；2—水侧一次阀；3—凝结水管；4—平衡容器；5—平衡阀；6—负压二次阀；7—正压二次阀；8—排污阀；9—差压变送器

引出处应有 1m 以上的水平段，以减小输出差压的附加误差。

（8）平衡容器及连接管安装后，水侧连通管应加保温。但为使平衡容器内蒸汽凝结加快，汽侧连通管与平衡容器上部应不加保温。

（9）工作压力较低的平衡容器（如凝汽器、除氧器等）安装时，可在平衡容器顶部加装水源管（中间应装截止阀）或灌水丝堵，以保证平衡容器内有充足的凝结水，以便能较快地投入水位表。如图 5-18 中凝结水管 3 用于投运时向平衡容器内充水或冲洗导压管。

第三节 电接点水位计

电接点水位计在水位测量中得到广泛的应用。它采用电信号，便于远传指示，而且结构简单、迟延小，能够适应锅炉变参数运行，在锅炉启停过程中都能准确地显示汽包水位。电接点水位计还可用于凝汽器、除氧器和加热器等设备的水位测量。它输出的信号是不连续的开关信号，一般只用作水位显示，或在水位越限时进行声光报警，不宜用作自动控制信号。

一、工作原理

电接点水位计是利用汽包内汽、水介质的电阻率相差很大的性质来测量汽包水位的。在 360℃以下的饱和水，其电阻率小于 $10^4\Omega \cdot m$，而饱和蒸汽的电阻率大于 $10^6\Omega \cdot m$。因为锅炉水中含盐，电阻率较纯水低，所以锅炉水与蒸汽的电阻率相差更大。电接点水位计就是依据这一特点将水位信号转变成相应的电接点的通断信号，由水位显示器远距离显示锅炉汽包水位的。

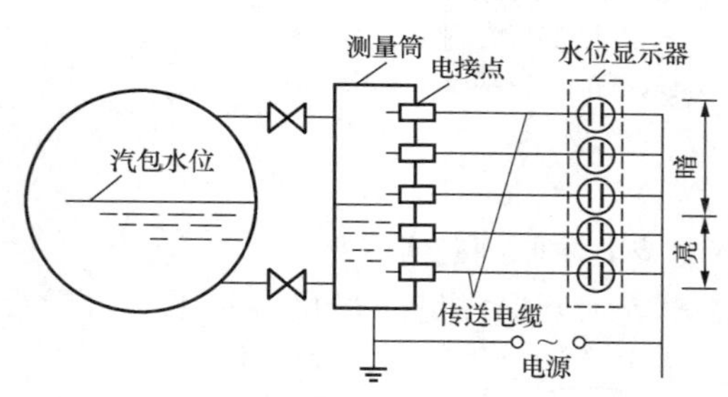

图 5-19 电接点水位计基本结构

电接点水位计的基本结构如图 5-19 所示。它由水位发送器（包括测量筒、电接点）、传送电缆和水位显示器等组成。电接点安装在水位容器的金属壁上，电极芯与金属壁绝缘，显示器内有氖灯，每一个电接点的中心极芯与一个相应氖灯组成一条并联支路。水位容器中，汽水界面以下的电接点被水淹没，而汽水界面以上的电接点处于饱和蒸汽当中。当某一电极被淹没在水下时，因水的导电性能好，电极芯与水位容器壁相连构成回路，使相应的氖灯燃亮；而处在饱和蒸汽中的电接点，由于蒸汽电阻很大，相当于断路，相应的氖灯不亮。水位越高，被淹没的电接点多，显示器上燃亮的氖灯数量就越多。通过观察显示器上燃亮氖灯的数量，即可了解水位的高低。

二、水位发送器

1. 电接点

电接点是水位计的关键部件，它由电极芯和绝缘材料制成。由于它在高温、高压下工作，故为了保证电接点水位计长期可靠地运行，要求电极芯与水位容器金属壁间有可靠的绝缘，并且具有一定的机械强度和抗化学腐蚀性能。

目前高压或超高压锅炉上的电接点，是用超纯氧化铝瓷管作绝缘子，如图 5-20 所示。电极芯和瓷封件 1 钎焊在一起，作为电接点的一个极，电极螺栓和瓷封件 3 焊在一起，作为电接点的另一个极（即公共接地极），两极之间用超纯氧化铝瓷管绝缘子和芯杆绝缘套管隔离开。瓷封件 1、3 与氧化铝管之间是用银铜合金或纯铜在一定温度下封接而成的。封接质量的好坏对电接点的使用寿命有很大影响。

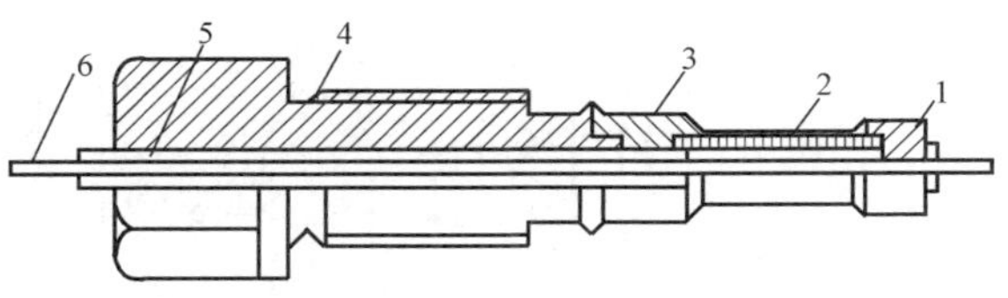

图 5-20 用超纯氧化铝绝缘的电接点结构

1、3—瓷封件；2—绝缘子；4—电极螺栓；5—芯杆绝缘套管；6—电极芯

氧化铝瓷管具有很高的机械强度和优良的绝缘性能，还具有很强的高温抗酸碱腐蚀能力，用于炉水品质较好的高压及超高压锅炉，寿命可达一年以上。另外，超纯氧化铝瓷管的抗热冲击性能较差，易造成绝缘子和瓷封件封口处损坏而泄漏，因此在使用中，应尽可能缓慢预热电接点，防止因汽流冲击和温度骤变损坏电极。拆卸电极时，应待测量筒充分冷却后方可拆卸，以防电极螺栓和电极座的螺纹损坏。目前采用一种等离子喷涂氧化锆技术，可使绝缘子和瓷封件封口寿命延长。

2. 水位容器

水位容器通常用 20 号无缝钢管制造，其长度由水位测量范围决定。容器的直径和壁厚根据强度要求选择。直径选择过大，测量迟延大；直径过小，机械强度差，且散热较快。通常水位容器直径有 $\phi76$ 或 $\phi89$ 两种。为了保证水位容器有足够的强度，安装电接点时，通常呈等角距形式，在筒壁上分三列或四列排开。在正常水位附近，电接点的间距较小，以减小水位监视的误差。电接点数目根据监视水位的要求来确定，一般为 15、17 或 19 个，通常中间点为水位零点。图 5-21 所示为具有 19 个电接点的水位容器呈三列布置的情况。应该指出，由于热损失，水位容器内的温度低于饱和温度，故容器内的水位较汽包实际水位低。为了减小此项偏差，应对水位容器加以保温。此外，电接点之间有一定的间距，当水位处于两电极之间时，仪表没有显示变化而造成指示误差，此误差等于两电极之间距离。

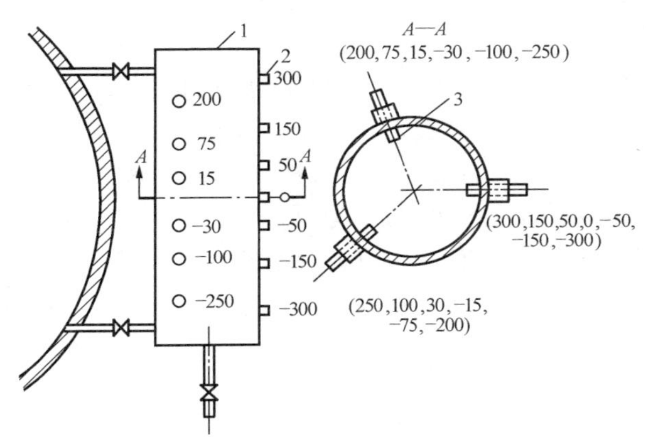

图 5-21 水位容器

1—外壳；2—电极；3—电极芯

三、显示仪表

电接点水位计的显示方式种类很多，常用有氖灯显示、双色显示和数字显示等。随着微电脑的广泛应用，智能化电接点水位计得到迅速发展。

1. 氖灯显示电路

电接点的通断信号可以直接由氖灯进行显示，其电路如图 5-22 所示。用氖灯显示水位的电路，其结构简单、指示可靠。一般采用交流氖灯，可以省略整流电路，并避免电极极化现象。由于氖灯的内阻高、功耗小，因此在没有放大电路的情况下也能可靠地显示。

供给氖灯的电源电压必须高于氖灯的极限起辉电压。为了防止氖灯导通时，通过氖灯的电流过大，缩短氖灯寿命，在电路中串联一电阻 Rc。当接点浸入水中时，水的电阻很小；未浸入水中的电接点两极之间为饱和蒸汽，其阻值很大，氖灯不应起辉，但由于电接点水位

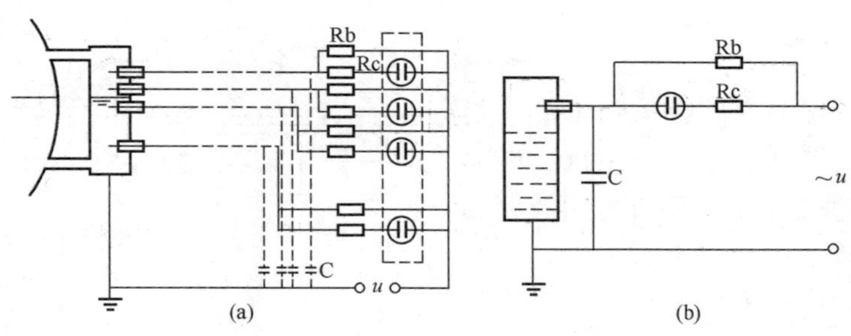

图 5-22　氖灯显示电路

（a）原理电路；（b）电缆分布电容的影响

计的电缆较长（50～80m），电缆之间分布电容 C 较大（如图 5-22 中虚线所示），其容抗 $x_c=\frac{1}{2\pi fC}$（f 为电源频率），该容抗在电极没接通的情况下使氖灯起辉，造成误指示。为了防止这种情况，在每个氖灯支路上并联一个分压电阻 Rb，保证氖灯不会起辉。

2. 双色显示仪表

双色显示是以红、绿两种颜色的灯光来表示水位的高低，其显示电路如图 5-23 所示。交流电源经过导线、电接点及电阻 R1 组成一个回路。当电接点处在水中时，回路接通，因此在 R1 上产生一交流电压，经二极管 VD1 半波整流、电容 C1 滤波和电阻 R2、R3 分压后，加到晶体管 V2 的基极，使 V2 导通，射极电阻 R4 上产生的压降驱动 V4 导通，绿灯亮；V5 基极为低电位而截止，红灯灭。当电接点处于蒸汽中时，相当于电路断开，R1 上无压降，即 V2、V4 截止，V5 导通，这时绿灯灭，红灯亮。

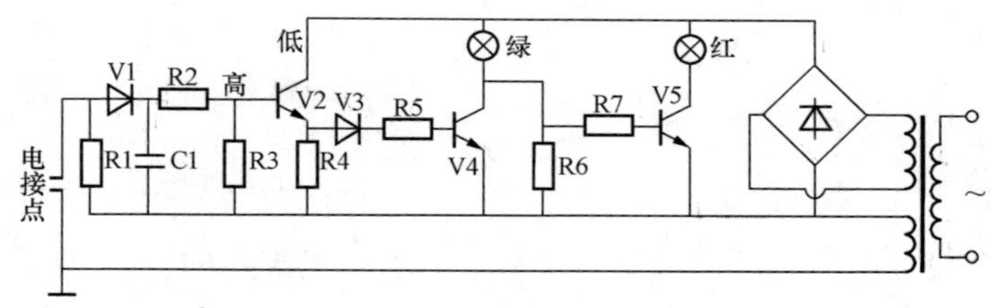

图 5-23　带放大器的灯光显示电路

双色水位计显示屏的外形及内部结构如图 5-24 所示。整个结构为一个长方槽形盒子，盒内用隔光片隔成与电接点数目相同的小暗室，将显示电路中红、绿灯（用普通灯加红绿透光片）水平安装在暗室内。盒子面板上是一截面为半圆形的有机玻璃屏，仪表工作时，在显示屏上可见到光色均匀的红绿光带。

电接点的开关信号也可控制继电器，利用常开或常闭接点的动作来实现水位超越限值时的声光报警及连锁保护。

3. 数字水位计

电接点工作时输出开关信号，便于采用数字方式显示。水位的数字显示原理如图 5-25 所示。

图 5-25（a）的电极 A3 有以下特点：自身浸于水中，而与之相邻的上方电极 A2 处于蒸汽中，其他电极则不具备这一特点。因此，水位在量程范围内变化时，距水面最近且淹没在

水中的电极仅有一个。为此，通过逻辑电路可实现水位的数字显示。

每一个电极都接入一个如图 5-25（b）所示的输入转换电路。当电接点浸于水中时，电极导通，交流电源 u 经电极加到电阻 R 两端，R 上的压降经二极管 VD1 整流和电容 C 滤波后，在 R2 上得到分压，取 R2 两端电压作为三极管 VT 的输入信号，使 VT 导通，其射极输出为高电位；当电接点处在蒸汽中时，水位检测回路不导通，VT 处于截止状态，VT 射极输出 $U_0 \approx 0$V，即低电位，这样就将电接点通断信号转换成高“1”、低“0”的电位信号。

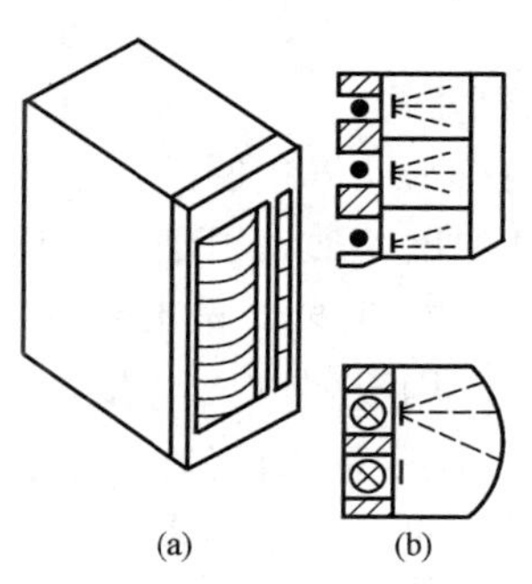

图 5-24 红、绿双色显示屏的外形与结构
（a）外形；（b）结构

各电极转换电路的输出电平都送至图 5-25（c）所示的逻辑电路。当水位上升浸没电极 A3 时，A3 经转换电路转换成高电位“1”，经非门 F3 和 F3′后输出 V3′为高电位；它上边与其相邻的电极 A2 被转换为低电位“0”，经“非”门 F2 反相输出 V2 高电位“1”，这两个高电位“1”作为“与”门 Y3 的输入信号，“与”门 Y3 开放，P3 端输出为高电位“1”；而与 Y3 相邻的“与”门 Y2 及 Y4 的两个输入均为一个高电位和一个低电位，所以，它们的输出端 P2 和 P4 均输出低电位；将 P3 的输出送至译码显示电路，即可显示出 A3 电极所代表的水位数值。

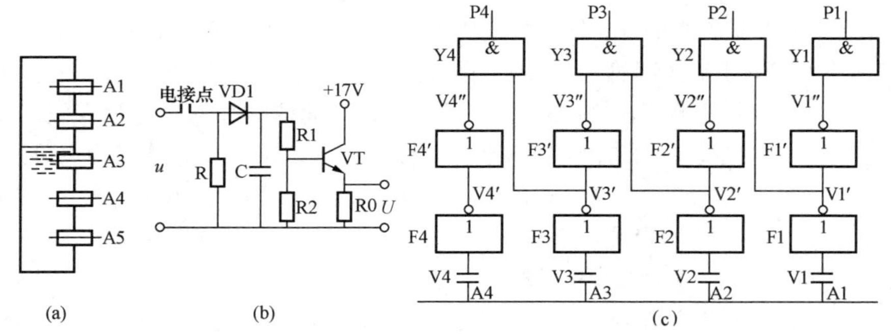

图 5-25 水位数字显示原理

由此可见，在水位计的测量范围内的任何位置，所有的“与”门中只有一个“与”门开通，译码显示电路有显示，而其余的“与”门均关闭，无显示。因此，电接点数字式水位计显示了水中靠近水面最近电极所代表的水位数值。

四、电接点水位计测量的误差分析

电接点水位测量系统的测量误差主要来自水位测量筒。影响水位测量准确性的因素主要有水位测量筒内水柱的温度、锅炉汽包的工作压力、相邻电接点的间距。

1. 水位测量筒内水柱温度的影响

水位测量筒与被测汽包的连接是连通方式，筒内水柱产生的压力与汽包内质量水位产生的压力相平衡。测量筒内水柱温度低于汽包内汽水温度，所以测量筒内水柱高度低于汽包内质量水位。分析表明，在汽包工作压力 $p=14$MPa，$H_0=300$mm，$\Delta H=0$ 条件下，测量筒内水温 240℃时，其筒内水位误差为－83mm；测量筒内水温 300℃时，筒内水位误差为－48mm。显然测量筒内水温的影响不可忽视。测量筒内水温造成的这种测量误差可预见，在实际的水位测量中通常采取一些措施尽量消除其影响，使测量筒水的温度尽量与汽包内的汽水温度保持一致。目前采用的措施有：水位测量筒与汽包连通管的管径不宜过小，便于筒内汽水向汽包回流。目前也有的采用套管保温结构形式保证水位测量筒内水的温度与汽包饱和温度一致，以消除温度影响。

2. 汽包工作压力的影响

用于测量汽包水位的电接点水位测量筒，因测量筒内水温与汽包内汽水温度总有差异（类似云母水位计的情况），所以汽包工作压力和汽包水位对测量筒内的水位高度都将产生影响。对于一定结果尺寸的测量筒，压力越高，筒内水柱高度就越低（误差越大）。分析表明，在 $H_0=300$mm，$\Delta H=0$，测量筒内水温 300℃的条件下，当汽包工作压力 $p=10$MPa 时，测量筒内水位误差为−12mm；汽包工作压力 $p=14$MPa 时，测量筒内水位误差为−48mm。显然汽包工作压力的影响也是不可忽视的。

3. 电接点间距的影响

电接点间距对示值的影响是负误差，误差的大小取决于测量筒内水柱的高度。这种误差由于结构原因不能消除。电接点间距产生的测量误差也是可分析的。

五、电接点水位计测量筒的安装

电接点水位计的一次取源部件是测量筒，也称水位容器，其结构有普通单筒式和热套式等。它们各自与二次显示仪表配套使用，构成完整的电接点水位计。

图 5-26 所示为常见的带有 19 个电接点的单筒式水位容器。水位容器由密封筒体与电接点组成。筒体采用 20 号无缝钢管，周围四侧 A、B、C、D 垂直线上开有 19 个取样孔，依直线排列，接点螺孔为 M16×1.5，筒体全长的中点为零位，最低接点至最高接点的距离为 600mm。以零位为基准时，各接点距离分别为：A 侧，0、±75、±250；B 侧，+200、+50、−15、−100、−300；C 侧，±30、±150；D 侧，+300、+100、+15、−50、−200。

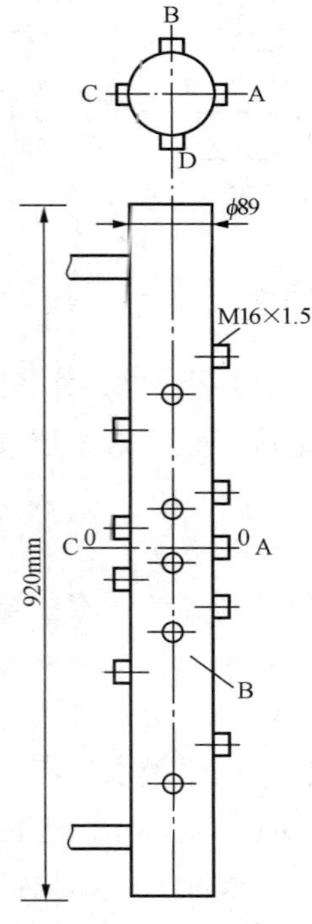

图 5-26 单筒式水位容器

筒体安装孔设于 C 侧，安装孔开孔口径为 $\phi24$，开孔距离根据实际需要而定。测量筒必须垂直安装，垂直度偏差应小于 2mm。当用于测量汽包水位时，筒体中点零水位电极中轴线须与汽包的正常水位线处于同一水平面，即与云母水位表的零水位对准。

测量筒与汽包的连接管不要过长、过细或弯曲。测量筒越接近汽包，其筒内的压力、温度、水位就越接近汽包内的真实情况。测量筒体底部应接放水阀门及放水管，便于冲洗。

电极在安装前应做退火处理，并检查电极的丝牙与筒体丝口配合是否良好，用 500V 兆欧表测量电极对地绝缘电阻应大于 100MΩ，安装电极时应加装紫铜垫圈旋入筒体接点孔，丝口要涂抹二硫化钼或铅油并旋紧和密封好。测量筒上的引线应使用耐高温的氟塑料线绑扎整齐引至接线盒。测量筒处用瓷接线端子连接，不得用锡焊。测量筒本体接地，并由此引出公用线。

热套式水位容器的结构及安装系统如图5-27所示。该水位容器是在单筒水位容器的基础上增加一蒸汽加热套筒，可以减少水位容器的热量损失。水位容器内部温度接近汽包饱和温度，其内部水位可认为与汽包水位相同，因此，热套式电接点水位计的测量误差小。可作为标准表校核其他水位表。

热套式水位容器的结构特点是：①具有内外两个连通器，即由汽包、水侧连通管、内管和汽侧连通管构成的内连通器；汽包、下降管、引流管，内外管之间的热套和汽侧连通管构成外连通器。②热套水位容器采用套管结构，外管承受压力较大，内管承受压力较小，因此内管可选用管壁较薄、直径较小的钢管制造，其优点是水位容器传热快，而且能迅速响应水位变化。实践表明，热套式水位容器比单管水位容器取样误差小50～70mm，响应水位变化快2～3倍。此外，热套水位容器的汽侧和水侧分别设有温度测点13和14，用于测出温度，以便查表精确计算水位测量误差。

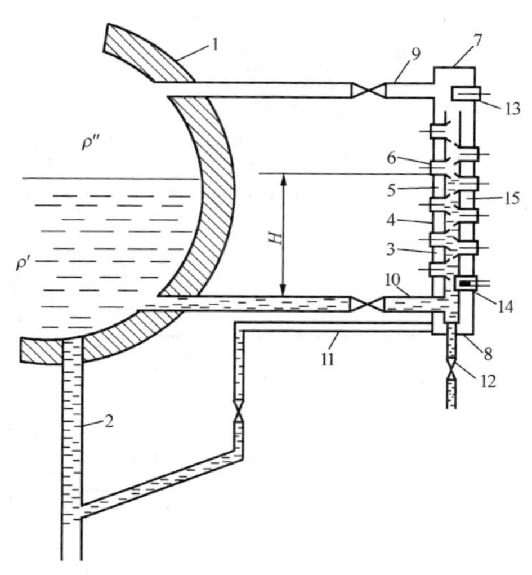

图5-27 热套式水位容器的结构及安装系统

1—汽包；2—下降管；3—内管；4—外管；5—短管；6—电接点座；7、8—上下封头；9—汽侧连通管；10—水侧连通管；11—引流管；12—排污泄压管；13、14—汽水温度测点；15—热套

热套式水位容器的安装要点与单管水位容器相同。除此之外，为使内管与外管之间在正常工作状态下充满饱和蒸汽，引流管应紧靠着水侧连通管下面敷设至汽包附近，再往下弯接至下降管，并将两管水平段保温在一起，其余部分裸露。热套内饱和蒸汽凝结水水位应与引流管出口相同。

第四节 其他物位测量仪表

物位是指液体与气体、液体与液体、固态物质与气体之间的界面相对于容器底部或某一基准面的高度。容器中液体介质的高低称为液位，固体或颗粒状物质的堆积高度称为料位。测量液位的仪表称为液位计，测量料位的仪表称为料位计，测量两种密度不同液体介质的分界面的仪表称为界面计。上述三种仪表统称为物位测量仪表。

通过物位的测量，可以正确获知容器设备中所储原料、半成品或产品的体积或质量，以保证连续供应生产中各个环节所需要的物料或进行经济核算；通过物位测量，还可以了解容器内的物位是否在规定的工艺要求范围内，并可进行越限报警，以保证生产过程的正常进行，保证产品的产量和质量，保证生产安全。

物位测量仪表种类繁多，大致可分为接触式和非接触式两大类。

(1) 接触式仪表。接触式物位仪表主要有直读式、差压式、浮力式、电磁式（包括电容式、电阻式、电感式）、重锤式等物位仪表。

(2) 非接触式仪表。非接触式物位仪表主要有核辐射式、超声波式、光电式等物位仪表。

工业上应用最广泛的物位仪表是差压式和浮力式物位仪表；光电式物位仪表适宜测量高温、熔融介质的液位；核辐射式物位仪表适宜测量高温、高压、易燃易爆、有结晶、沉淀和腐蚀性介质的液位；重锤式物位仪表适宜测量糊状、颗粒状、大块状料位。本节简要介绍直读式、浮力式、超声波式物位测量原理。

一、液位检测方法

（一）直读式测量

直读式测量是一种最为简单、直观的测量方法，它是利用连通器的原理，将容器中的液体引入带有标尺的观察管中，通过标尺读出液位高度。图 5-28 所示的是玻璃管液位计。

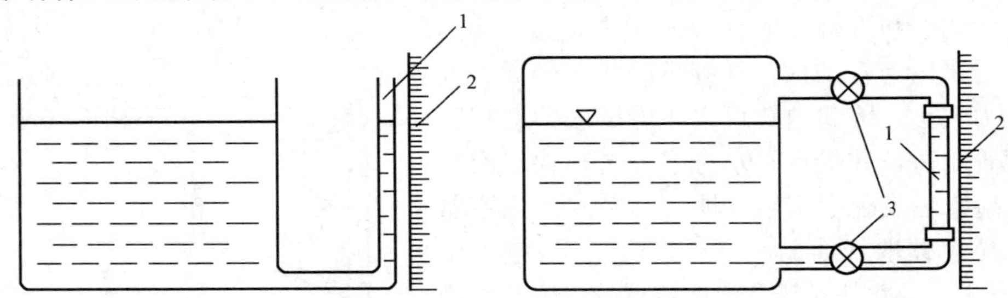

图 5-28　直读式液位测量原理

1—连通管；2—标尺；3—一次阀

（二）静压法

静压式液位计用于测量容器内的液面高度时，液柱重量形成的静压力与液位成比例关系，当被测介质密度不变时，通过测量参考点的压力可测量液位。如图 5-29 所示，A 点为实际液面，B 点为零液位，H 为液面的高度。根据流体静压力学的原理，A 和 B 两点的静压力为

$$\Delta p = p_B - p_A = H\rho g$$

即

$$H = \frac{\Delta p}{\rho g} \tag{5-19}$$

式中　p_A、p_B——容器中 A、B 两点的静压力。

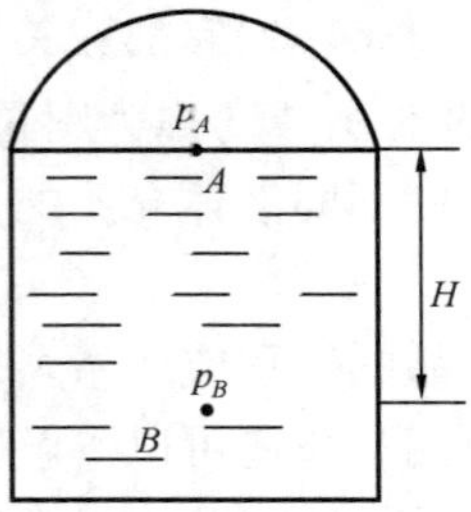

由于液体密度一定，所以 Δp 与液位 H 成正比例关系，测得差压 Δp 就可以得知液位 H 的大小。

图 5-29　压力式测量原理

图 5-30 所示为用于测量开口容器液位高度的三种压力式液位计。图 5-30（a）为压力表式液位计，它利用引压管将压力变化值引入高灵敏度压力表中进行测量。压力表的高度与容器底等高，压力表中的读数直接反映液位的高度。如果压力表的高度与容器底不等高，当容器中液位为零时，表中读数不为零，为容器底部与压力表之间的液体的压力差值，该差值称为零点迁移。压力表式液位计使用范围较广，但要求介质洁净，黏度不能太大，以免阻塞引压管。图 5-30（b）为法兰式液位计。压力变送器通过装在容器底部的法兰，作为敏感元件的金属膜盒经导压管与变送器的测量室相连，导压管内封入沸点高、膨胀系数小的硅油，使被测介质与测量系统隔离。法兰式液位计将液位信号转换为电信号或气动信号，用于液面显示或控制调节。由于采用了法兰式连接，而且介质不必流经导压管，因此可检测有腐蚀性、易结晶、黏度大或有色等介质。图 5-30（c）为吹气式液位计。将一根吹气管插入至被测液体的最低面（零液位），使吹气管通入一定量的气体，吹气管中的压力与管口处液柱静压力相等。用压力计测量吹气管上端压力，就可以测量液位。由于吹气式液位计将压力检测点移至顶部，其使用维修都很方便，很

适合于地下储罐、深井等场合。

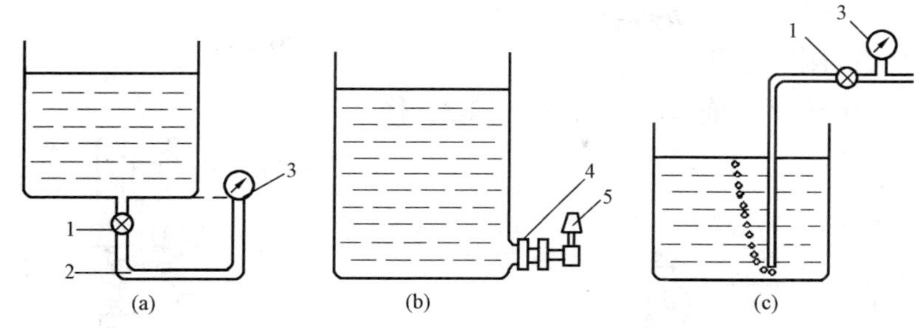

图 5-30　测量开口容器液位高度的压力式液位计

(a) 压力表式液位计；(b) 法兰式液位计；(c) 吹气式液位计

1—旋钮阀；2—导压管；3—压力表；4—法兰；5—压力变送器

对于密闭容器中的液位测量，除可应用上述三种液位计外，还可用差压法进行测量，该方法要求在测量过程中消除液面上部气压及气压波动对示值的影响（第二节的差压式水位计即属于此类）。

（三）浮力法

浮力法测液位是依据力平衡原理（即阿基米德原理，液体对一个静止流体中的物体浮力的大小等于物体所排开液体受到的重力），通常借助浮子一类的悬浮物，浮子做成空心刚体，使它在平衡时能够浮于液面。当液位高度发生变化时，浮子就会跟随液面上下移动。因此测出浮子的位移就可知液位变化量。浮力式液位计有两种。一种是维持浮力不变的液位计，称为恒浮力式液体计，如浮球、浮标式等；另一种是在检测过程中浮力发生变化的，称为变浮力式液位计，如沉筒式液位计等。

浮力式液位计结构简单，造价低，维修方便，因此在工业生产中应用广泛。

1. 浮子式液位计

浮子式液位计是一种恒浮力式液位计。作为检测元件的浮子漂浮在液面上，浮子随着液面的变化而上下移动，所受到的浮力大小保持一定，检测浮子所在的位置可知液面的高低。常见的浮子形状有圆盘形、圆柱形和球形等。

浮子式液位计的示意如图 5-31 所示，浮子通过滑轮和绳带与平衡重锤连接，绳带的拉力与浮子的重力及浮力平衡，从而保证浮子处于平衡状态而漂在液面上。设圆柱形浮子的外直径为 D，浮子浸入液体的高度为 h，液体密度为 ρ，则浮子所受到的浮力为

$$F=\frac{\pi D^2}{4}h\rho g$$

2. 浮筒式液位计

浮筒式液位计属于变浮力液位计，其原理如图 5-32 所示。其典型敏感元件为浮筒，当被测液面位置发生变化时，浮筒被浸没的体积发生变化，因而所受的浮力也发生了变化。通过测量浮力变化确定液位变化量的大小。将一截面积为 A，质量为 m 的圆筒形空心金属浮筒悬挂在弹簧上，由于弹簧的下端固定，弹簧因浮筒的重力 W 被压缩。当浮筒的重力与弹簧力 F 达到平衡时，则有

$$W - F = Kx_0$$

即
$$mg - AH\rho g = Kx_0 \tag{5-20}$$

式中 K——弹簧的刚度系数；

x_0——弹簧由于浮筒重力被压缩所产生的位移。

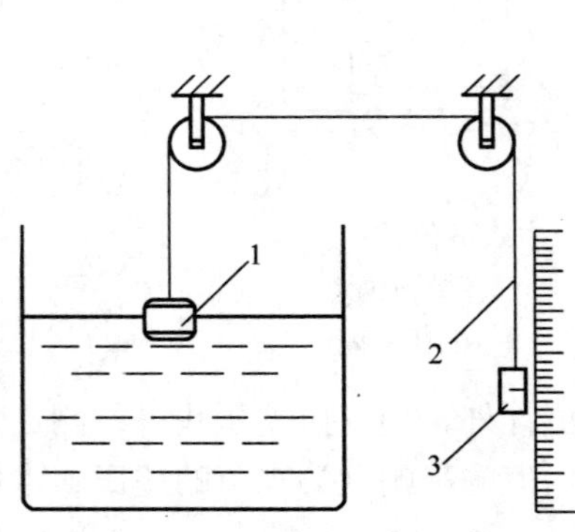

图 5-31 浮子式液位计

1—浮标；2—绳带；3—平衡重锤

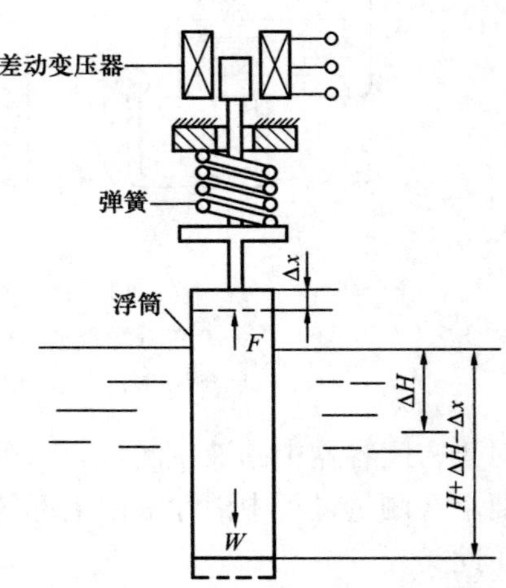

图 5-32 浮筒式液位计原理

这里以液面刚刚接触浮筒处为液面零点。当浮筒的一部分被液体浸没时，浮筒受到液体对它的浮力作用向上移动。当浮力与弹簧力和浮筒的重力平衡时，浮筒停止移动。若液面升高了 ΔH，浮力增加，浮筒由于向上移动，浮筒上下移动的距离即弹簧的位移改变量为 Δx，浮筒实际浸在液体里的高度为 $H+\Delta H-\Delta x$，则力平衡方程为

$$mg - A(H + \Delta H - \Delta x)\rho g = K(x_0 - \Delta x) \tag{5-21}$$

则
$$\Delta H = \left(1 + \frac{K}{A\rho g}\right)\Delta x \tag{5-22}$$

从式（5-31）可以看出，当液位发生变化时，浮筒产生的位移量与液位高度成正比。

检测弹簧变形有很多转换方法，常用的有差动变压器式、扭力矩力平衡式等。在浮筒的连杆上安装一铁芯，并随浮筒一起上下移动，通过差动变压器使输出电压与位移成正比关系。也可将浮筒所受到的浮力通过扭力管达到力矩平衡，把浮筒的位移量变成扭力矩的角位移，进一步用其他转换元件转换为电信号，构成一个完整的液位计。

（四）超声波法

超声波液位计是利用波在介质中的传播特性，具体地说，超声波在传播中遇到相界面时，有一部分反射回来，另一部分则折射入相邻介质中。但当它由气体传播到液体或固体中，或者由固体、液体传播到空气中时，由于介质密度相差太大而几乎全部发生反射。因此，在容器底部或顶部安装超声波发射器和接收器，发射出的超声波在相界面被反射。并由接收器接收，测出超声波从发射到接收的时间差，便可测出液位高低。

超声波液位计按传声介质不同，可分为气介式、液介式和固介式三种；按探头的工作方式可分为自发自收的单探头方式和收发分开的双探头方式。相互组合可以得到六种液位计的方案。图 5-33 为单探头超声波液位计。

由图 5-33 看出，超声波传播距离为 L，波的传播速度为 C，传播时间为 t，则

$$L=\frac{1}{2}C\Delta t \tag{5-23}$$

L 是与液位有关的量，故测出 L 便可知液位，L 的测量一般是用接收到的信号触发门电路对振荡器的脉冲进行计数来实现。

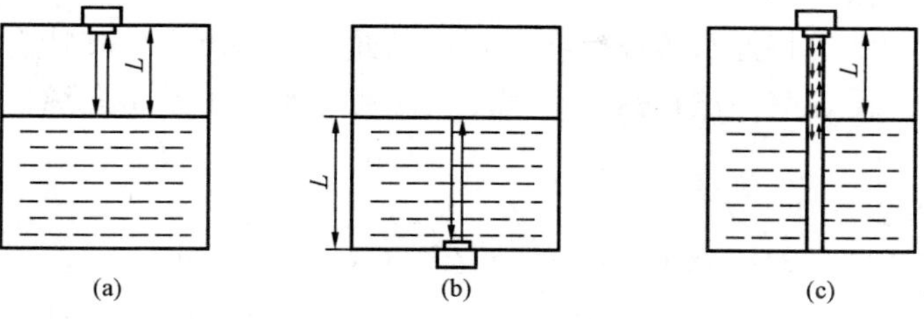

图 5-33　单探头超声波液位计

(a) 气介式；(b) 液介式；(c) 固介式

单探头液位计使用一个换能器，由控制电路控制它分时交替作发射器与接收器。双探头式则使用两个换能器分别作发射器和接收器，对于固介式，需要有两根金属棒或金属管分别作发射波与接收波的传输管道。

超声波液位测量有许多优点：

(1) 与介质不接触，无可动部件，电子元件只以声频振动，振幅小，仪器寿命长；

(2) 超声波传播速度比较稳定，光线、介质黏度、湿度、介电常数、电导率、导热系数等对检测几乎无影响，因此适用于有毒、腐蚀性或高黏度等特殊场合的液位测量；

(3) 不仅可进行连续测量和定点测量，还能方便地提供遥测或遥控信号；

(4) 能测量高速运动或有倾斜晃动的液体的液位，如置于汽车、飞机、轮船中的液体液位。

超声波仪器的缺点是结构复杂，价格相对昂贵；而且当超声波传播介质温度或密度发生变化时，声速也将发生变化，对此超声波液位计应有相应的补偿措施，否则严重影响测量准确度。另外，有些物质对超声波有强烈吸收作用，选用测量方法和测量仪器时要充分考虑液位测量的具体情况和条件。

(五) 磁电法

利用磁电转换原理进行液位测量的磁致伸缩液位计是近年来推出的新产品，图 5-34 所示为磁致伸缩液位计原理。

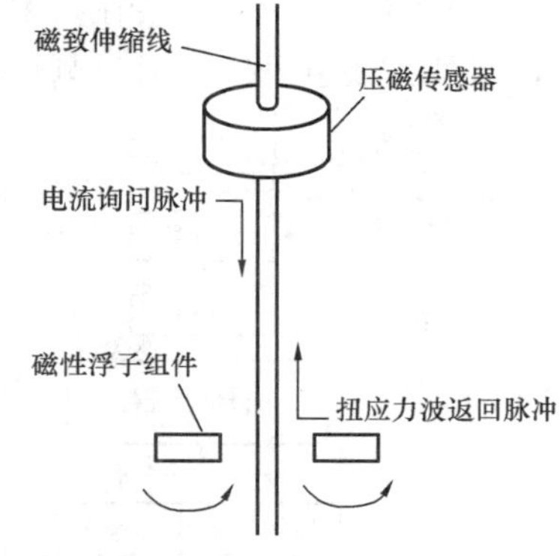

图 5-34　磁致伸缩液位计原理

该磁致伸缩液位计由探测杆（内装有磁致伸缩线）、电路单元（压磁传感器等）和浮子组件三部分组成。探测杆上端部的电子部件产生一个低压电流“询问”脉冲，该脉冲沿着磁致伸缩线向下传输，并产生一个环形的磁场，同时产生一个磁场沿波导线向下传播；探测杆外配有浮子，浮子随着液位变化沿探测杆上下移动，由于浮子内有一组磁铁，也产生一个磁场，当电流磁场与浮子磁场两个磁场相遇时，波导线扭曲形成返回脉冲，精确测量询问脉冲到接受返回脉冲的时间，即便可计算得到液位的准确位置。

目前国内市场商品化磁致伸缩液位计测量范围大（最大可达 20 多米），分辨力可达 0.5mm，准确度等级为 0.2～1.0 级，价格相对低廉。是非黏稠、非高温液体液位测量的一种较好和较为先进的测量方法。

二、料位检测方法

由于固体物料的状态特性与液体有些差别，因此料位检测既有其特有的方法，也有与液位检测类似的方法，但这些方法在具体实现时又略有差别，本节将介绍一些典型的和常用的料位检测方法。

（一）重锤探测法

重锤探测式料位计如图 5-35 所示。重锤连在与电机相连的鼓轮上，电机发信号使重锤在执行机构控制下动作，从预先定好的原点处靠自重开始下降，通过计数或逻辑控制记录重锤下降的位置；当重锤碰到物料时，产生失重信号，控制执行机构停转然后反转，使电机带动重锤迅速返回原点位置。

（二）称重法

一定容积的容器内，物料重量与料位高度应当是成比例的，因此可用称重传感器或测力传感器测算出料位高低。图 5-36 所示为称重式料位计。

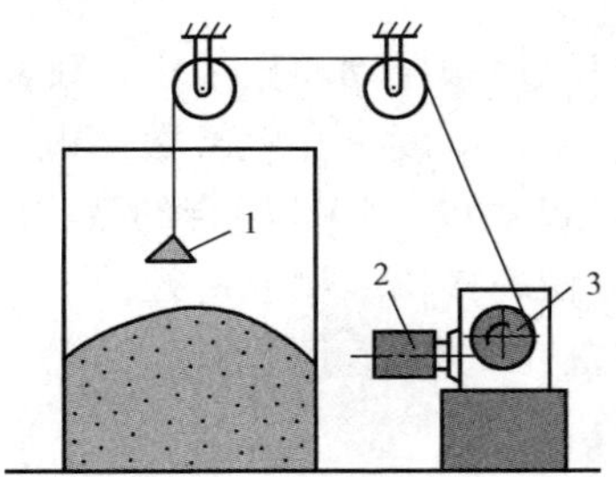

图 5-35 重锤探测式料位计

1—重锤；2—伺服电机；3—鼓轮

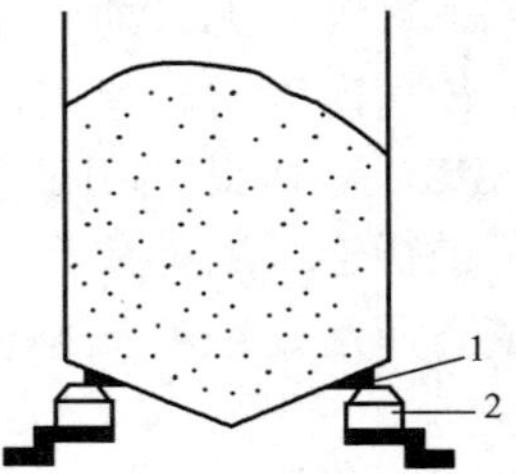

图 5-36 称重式料位计

1—支承；2—称重传感器

（三）声学法

上面介绍过利用超声波在两种密度相差较大的介质间传播时发生全反射的特性进行液位测量，这种方法也可用于料位测量。除此以外，还可用声振动法进行料位定点控制。图 5-37 为音叉式料位控制器原理，它是由音叉、压电元件及电子线路等组成。音叉由压电元件激振，以一定频率振动，当料位上升至触及音叉时，音叉振幅及频率急剧衰减甚至停振，电子线路检测到信号变化后向报警器及控制器发出信号。

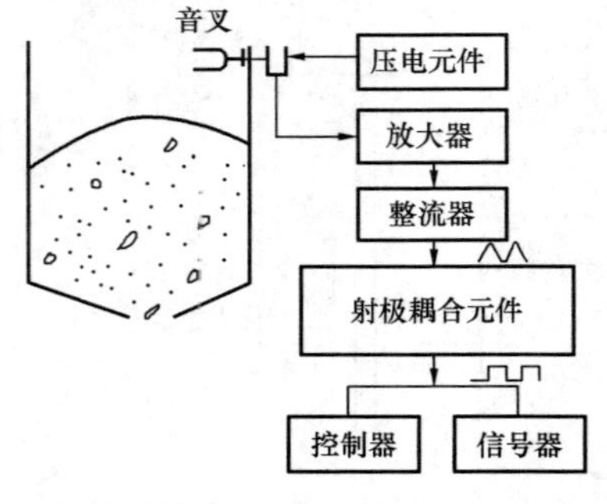

图 5-37 音叉式料位控制器原理

这种料位控制器灵敏度高，从密度很小的微小粉体到颗粒体一般都能测量，但不适于测量高黏度和有长纤维的物质。

三、相界面的检测

相界面的检测包括液-液相界面、液-固相界面的检测。液-液相界面检测与液位检测相似，因此各种液位检测方法及仪表（如压力式液位计、浮力式液位计、反射式激光液位计等）都可用来进行液-液相界面的检测。而液-固相界面的检测与料位检测相似，因此重锤探测式、吊锥式、称重式、遮断式激光料位计或料位信号器也同样可用于液-固相界面的检测控制。此外，电阻式物位计、电容式物位计、超声波物位计、核辐射式物位计等均可用来检测液-液相界面和液-固相界面。

进行相界面的检测必须了解被测介质的物理性质的差别，才能正确选择合适的测量方法。例如，若选用电阻式（或称电极式）物位计检测时，应当明确对被测介质的要求，即位于容器下部密度较大的一相导电而浮于上面密度较小的一相不导电，如此等等。

四、物位仪表的选用

物位包括液位、界位和料位。物位检测仪表种类繁多、性能各异，又各有所长、各有所短。因此，应全面综合被测对象的特点、工艺测量要求和性价比进行合理选用。

1. 仪表型号的选用

根据被测对象的特点，例如，是检测液位、料位还是界位；是检测密闭容器中的物位还是敞口容器中的物位；是否需要克服液体的泡沫所造成的假液位的影响；接触介质的压力、温度、黏度、腐蚀性、稳定性如何；是否含有固体颗粒、脏污、结焦及黏附等。考虑工艺测量的要求，例如，是现场指示，还是远传显示；是连续检测，还是定点检测。考虑仪表的安装场所，包括仪表的安装高度及仪表使用环境的防爆等级、干扰程度等选用不同的仪表型号。同时还要考虑性价比。

2. 测量范围的选用

根据工艺测量要求选用仪表测量范围。

3. 精度等级的选用

根据工艺生产所允许的最大绝对误差确定仪表的准确度等级。

对大多数工艺对象的液面和界面测量，选用差压式仪表、沉筒式仪表或浮子式仪表便可满足要求。如不满足时，可选用雷达式、电容式、电阻式、核辐射式等物位检测仪表。

一、就地水位计

就地水位计指的是就地安装指示的水位计，它采用连通管原理来显示水位，较成熟的产品有云母水位计、双色水位计等。云母水位计虽然直观可靠，但由于液位显示不够清晰，尤其是水位超出测量范围时，很难正确判断是满水还是缺水，因而无法通过工业电视远传至集控室进行显示，在高压、超高压锅炉上已很少使用。目前使用较广的是双色水位计，即在原云母水位计的基础上作了改进，辅以光学系统，利用光进入蒸汽和水产生不同的折射，产生红绿两色以区分水与蒸汽，并采用工业电视将其远传至集控室显示。就地式水位计最大的优点就是直观、可靠，在所有的测量方式中其可靠性是最高的。但这种测量方式目前还存在不少问题，它只能观测到水位的大致位置，给运行人员一个参考；其次，由于水位计中水的平均温度低于汽包中的温度，而造成所测水位较实际水位偏低。

二、差压式水位计

差压式水位计是将水位高低信号转化成相应差压信号来实现水位测量的。平衡容器是水位仪表的传感器。平衡容器输出的差压与汽包水位成单值函数关系。水位越高，输出差压就越小；水位越低，输出差压就越大。

由于双室平衡容器在实际使用中受汽包压力变化和环境温度变化的影响，因而会导致水位测量误差的产生，因此必须进行改进。本章节主要介绍了两种改进方法：一是改进平衡容器的结构；二是采用汽包压力自动补偿措施。改进后的差压式水位计的准确度有很大的提高。

平衡容器直接与主体设备连接，因此正确安装平衡容器，对准确测量水位值和保证机组安全运行有着重要意义。因此对平衡容器的安装方法及要求进行了重点介绍。

三、电接点水位计

电接点水位计是利用汽包内汽、水介质的电阻率相差很大的性质来测量汽包水位的。它主要由水位发送器、传送电缆和水位显示器组成，电接点及测量筒是水位测量仪表的重要部件。电接点水位计的显示仪表可采用模拟显示及数字显示。常用的有氖灯显示、双色显示和数字显示。

电接点水位计的突出特点是指示值不受汽包工作压力变化的影响，适应锅炉变参数运行，在锅炉启停过程中也能准确地反映水位变化，且结构简单、迟延小，不需要进行误差计算和调整，基本能满足运行人员对水位的观测要求。当然，这种水位计在使用中也存在不少问题：由于电极是以一定间距安装的，这种测量方式就决定了其测量存在的固定误差；另外，由于水位测量筒的散热造成的冷却误差，即电接点水位计测量筒内的水温低于汽包内的饱和水温度，使测量筒内水的密度大于汽包内饱和水的密度而造成误差。

四、物位测量仪表

物位是工业生产中重要的物理量，应用很广泛。在许多生产过程中，需要对物位进行检测和控制，以保证生产正常连续运行，确保产品质量。如锅炉内的水位，油罐、水塔和各种储液罐的液位，以及高温条件下连续生产中的铝水、钢水或铁水的液位等。

物位测量仪表的种类很多，常用的有直读式液位计、静压式物位仪表、浮力式液位计、超声波物位仪表和核辐射物位仪表等。

复习思考题与习题

1. 在火电厂中，常用的水位测量仪表有哪几种？各种水位计的显示水位方式有什么区别？

2. 云母水位计具有哪些特点？其指示误差与哪些因素有关？

3. 用一云母水位计测量汽包水位，汽包的绝对压力为 11MPa，汽包水位为 400mm，水位计内水的平均温度为 200℃。如果采用蒸汽加热器维持水位计内水的温度为 300℃，试求水位计示值误差减少了多少？

4. 运行中双色水位计经常出现的故障状态及处理措施有哪些？

5. 差压式水位计是由哪几部分组成的？其测量水位的基本原理是什么？如何正确使用差压变送器测量汽包水位？

6. 用图 5-6 所示的双室平衡容器测量汽包水位，设汽包的额定压力为 10MPa，正常水位 $H_0=350$mm。若汽包压力下降到 1MPa，求正常水位时水位计的指示误差（其中 $L=650$mm，$\rho_1=987.6$kg/m^3）。

7. 在锅炉额定压力为 10.5MPa 时，已知汽包内偏差水位在 0mm 和 140mm 时，测得图 5-6 所示平衡容器的输出差压分别为 2000Pa 和 1475Pa。试求差压计刻度水位分别为 +320mm、+160mm、-160mm、-320mm 时其校验差压应各为多少帕？

8. 锅炉汽包水位测量为什么要进行压力校正？以双室平衡容器为例，分析差压式水位计受汽包压力的影响情况，并设计一个汽包压力自动校正系统。

9. 电接点水位计测量汽包水位的原理是什么？该水位计有哪几种显示方式？

10. 影响电接点水位计测量汽包水位的因素有哪些？如何克服？

11. 简述热套式电接点水位计测量筒的结构。该测量筒有哪些优点？安装时应注意哪些问题？

12. 怎样确定水位的正负取样点高度？以双室平衡容器为例，说明安装水位线与平衡容器的正负取压孔之间的关系。怎样确定平衡容器的安装高度？

13. 为什么液位检测可以转化为压力检测？

14. 超声波液位计根据的原理是什么？由几部分组成？有哪些特点？

15. 试述核辐射式物位计的工作原理和组成。说明其典型的应用领域和特点。

第六章　其他参数测量及仪表

教学提示

本章讲述了氧化锆氧量计的测量原理、基本结构、使用时的注意事项及测量系统；电子皮带秤的工作原理；汽轮机转速测量的一般方法、测量原理；位移、振动等参数的基本测量原理。

在火电厂中，除了对温度、压力、流量、物位等常规热工参数进行连续的测量与监视之外，为了保证电厂锅炉和汽轮机运行的经济性和安全性以及对电厂进行经济核算的需要，还需对烟气的成分、输煤皮带的输煤量及汽轮机的轴向位移、转速、振动等进行测量和监视。

第一节　氧化锆氧量计

在火电厂中，为了保持锅炉燃烧处于最佳工况，燃料量与空气量必须有恰当的比例，这一比例可由过量空气系数 a 的大小反映出来。过量空气系数 a 太大，会降低炉温，增加排烟热损失；而如果 a 太小，又会由于燃烧不充分使得化学不完全燃烧热损失增加，降低锅炉热效率，甚至使锅炉冒黑烟污染环境。因此，过量空气系数 a 应保持适当的值，一般燃煤锅炉为 1.2～1.3，燃油锅炉为 1.1～1.2。然而直接测量 a 是非常困难的，但因其与烟气中的含氧量或二氧化碳的含量成一定函数关系，所以目前的办法主要是对烟气的成分进行分析。用于烟气成分分析的仪表很多，如氧化锆氧量计、热磁式氧量计、热导式 CO_2 分析仪、气相色谱分析仪等。其中氧化锆氧量计以其结构简单、响应快、灵敏度高、测量范围宽、运行可靠、安装方便、维护量小等优点，在电力、冶金、化工、环保等工业部门得到广泛的应用。

一、氧化锆测氧原理

氧化锆（ZrO_2）是一种固体电解质，具有离子导电特性。在常温下 ZrO_2 是单斜晶体，当温度升高到 1150℃时，晶体发生相变，由单斜晶体变为立方晶体，同时有不到十分之一的体积收缩。当温度下降时，又会发生反方向的相变而成为单斜晶体，因此氧化锆晶体是不稳定的。但在加入一定数量的氧化钙（CaO）或氧化钇（Y_2O_3）等三价稀土氧化物，并经过高温焙烧后，便形成稳定的萤石形立方晶体结构，其晶形不再随温度而变化。而＋2 价的钙离子（Ca^{2+}）或＋3 价的钇离子（Y^{3+}）在进入 ZrO_2 晶体后会置换出＋4 价的锆离子（Zr^{4+}），从而在晶体中生成氧离子空穴，空穴的多少与掺杂量有关。当温度上升到数百度以上时，掺有氧化钙或氧化钇的氧化锆晶体便成为一种良好的氧离子导体，处于晶格点阵上的氧离子就可以通过晶格中的氧离子空穴而迁移。

氧化锆测量含氧量的基本原理是利用“氧浓差电势”，即在一块氧化锆两侧分别附以多孔的铂电极（又称“铂黑”），并使其处于高温下。如果两侧气体中的含氧量不同，那么在两电极间就会出现电势。此电势是由于固体电解质两侧气体的含氧浓度不同而产生的，故称为氧浓差电势，这样的装置称为氧浓差电池。

氧浓差电池原理如图 6-1 所示。图中，氧浓差电池两侧分别为含氧浓度不同的两种气体，它们的含氧浓度分别为 φ_1 和 φ_2，氧分压分别为 p_1 和 p_2，且 $\varphi_1 < \varphi_2$、$p_1 < p_2$。氧分子首先扩散到铂电极表面吸附层内，高温下在多孔铂电极中变成原子氧，然后扩散到固体电解质和电极界面上。由于固体电解质内有氧离子空穴，扩散来的氧原子便从周围捕获两个电子变成氧离子进入氧离子空穴，同时产生两个电子空穴。铂电极中自由电子浓度高且逸出功小，所以产生的两个电子空穴立即从铂电极上夺取两个电子而达中和。当氧离子空穴被氧离子填充后，形成一个完整的晶格结构。由于在电极和固体电解质界面上氧离子空穴中氧离子浓度较高，在扩散作用下，进入氧离子空穴的氧离子还会跑出来，去填补靠近的氧离子空穴，空出来的位置又由新进入的氧离子所填补。这样直到氧离子到达另一电极，释放出两个电子成为氧原子，并与其他氧原子结合成为氧分子。应当指出，氧离子的这种扩散迁移是双向的，但由于氧浓差电池的两侧气体的含氧浓度不同，氧分压不同，所以总的趋势是氧离子从含氧浓度高的一侧向浓度低的一侧扩散，即氧从电极 1 上得到电子，通过氧离子空穴迁移到电极 2 后释放出电子，变为氧气。这时在电极 1 上（阴极——进行还原反应的电极）产生下列反应：

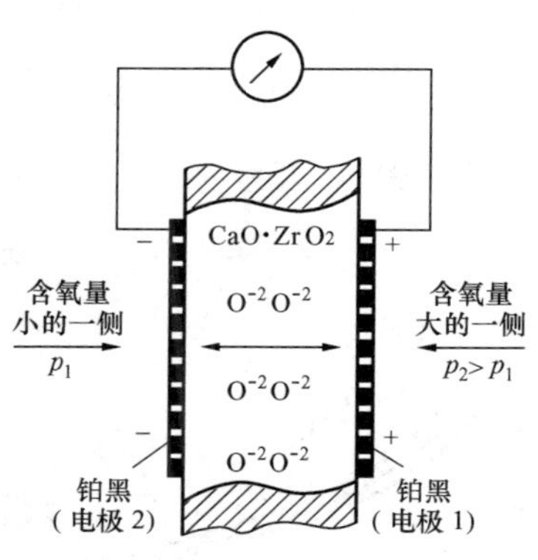

图 6-1　氧浓差电池原理

$$O_2 + 4e \longrightarrow 2O^{-2} \quad （还原反应）$$

式中　e——电子。

到达电极 2 后，在电极 2 上（阳极——进行氧化反应的电极）将产生下列反应：

$$2O^{-2} \longrightarrow O_2 + 4e \quad （氧化反应）$$

这样在电极上产生了电荷的积累，从而在两极板间建立了电场，此电场将阻止这种迁移的进一步进行，直至达到动态平衡状态，此时在两极板间形成电势。此电势因与两侧氧的浓度差有关，故称为氧浓差电势。电子可通过外电路由阳极（电池负极）流到阴极（电池正极），即电流从正极流向负极。

氧浓差电势的大小可由能斯特（Nerenst）公式计算得出，即

$$E = \frac{RT}{nF}\ln\frac{p_2}{p_1} \tag{6-1}$$

式中　E——氧浓差电势，mV；

R——理想气体常数，其值为 8.314 J/（mol・K）；

F——法拉第常数，其值为96 487C/mol；

T——热力学温度，K；

n——一个氧分子输送的电子个数，$n=4$；

p_1——被分析气体（如烟气）的氧分压；

p_2——参比气体（如空气）的氧分压。

如果被分析气体和参比气体的总压力均为 p，则式（6-1）可写成

$$E = \frac{RT}{nF}\ln\frac{p_2/p}{p_1/p} \tag{6-2}$$

由于在混合气体中，某气体组分的分压力与总压力之比等于该组分的体积浓度，即

$$\varphi_1 = \frac{p_1}{p}, \varphi_2 = \frac{p_2}{p}$$

所以式（6-2）可写为

$$E = \frac{RT}{nF}\ln\frac{\varphi_2}{\varphi_1} = 0.049\,6T\lg\frac{\varphi_2}{\varphi_1} \tag{6-3}$$

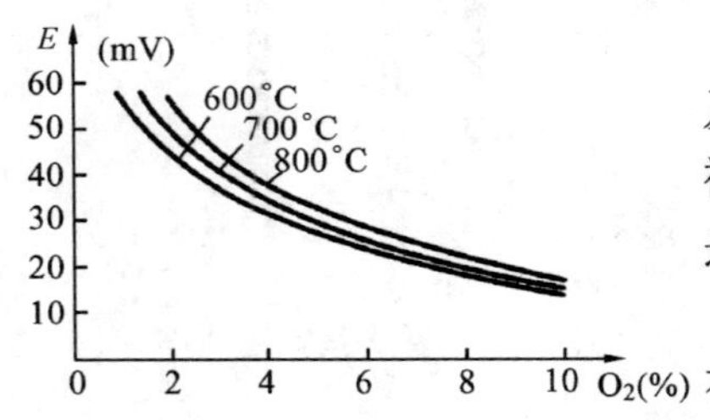

图 6-2　氧浓差电势与被测气体氧浓度的关系曲线

由式（6-3）可知，当氧浓差电池工作温度 T 一定，以及参比气体的氧浓度 φ_2 一定时，电池产生的氧浓差电势与被测气体的含氧浓度（即含氧量）φ_1 成单值函数关系。通过测量氧浓差电势 E 就可以得到被测气体的含氧量。

由于空气的含氧量为 φ_2＝20.8%，且成本低廉，所以在分析炉烟中的含氧量时，一般常用空气作为参比气体。图 6-2 和表 6-1 是以空气作为参比气体的情况下，不同温度下，氧浓差电势与被测气体的含氧量之间的关系。

表 6-1　　氧浓差电势与被测气体含氧量的数值关系

E（mV） φ_1（%） 温度（℃）	1	2	3	4	5	6	7	8	9	10
600	57.09	43.93	36.44	31.02	26.83	23.40	20.50	17.99	15.78	13.79
650	60.20	46.40	38.30	32.70	28.20	24.60	21.50	18.90	16.50	14.40
700	63.63	48.96	40.61	34.58	29.90	26.08	22.85	20.05	17.58	15.37
750	66.60	51.30	42.50	36.20	31.20	27.20	23.80	20.90	18.30	15.95
800	70.17	54.00	44.78	38.13	32.97	28.76	25.20	22.11	19.39	16.95
850	73.44	56.61	46.87	39.91	34.51	30.10	26.37	23.14	20.29	17.74

【例 6-1】　已知氧化锆测得烟温为 800℃时的氧浓差电势为 16.04mV，试求该温度时的烟气含氧量为多少？设参比气体含氧量 φ_2＝20.8%。

解　由题意得 T＝800＋273.15＝1073.15 K，设烟气含氧量为 φ_1，则由计算公式

$$E = 0.049\,6T\lg\frac{\varphi_2}{\varphi_1}$$

$$16.04 = 0.049\,6 \times 1073.15 \times \lg\frac{20.8}{\varphi_1}$$

得

$$\varphi_1 = 10.392\%$$

由上述计算可知，烟气含氧量为 10.392%。

二、氧化锆传感器的结构及使用时的注意事项

氧化锆测量系统主要由氧化锆传感器、温度调节器、恒温加热炉和显示仪表等组成。

氧化锆传感器也称为氧化锆探头，它主要由氧化锆管和一些附件组成。氧化锆管的结构形式主要有两种，即不封底型（两端开口型）和封底型（一端封闭型），如图 6-3 所示。氧化锆管外径约 11mm，壁厚 1.5mm，长度 80～90mm，管内、外壁面各烧结一层长为 10～

20mm 的多孔铂电极，用铂丝引线将电势输出。

图 6-4 所示为带恒温装置的氧化锆传感器结构。氧化锆管制成一封闭的圆管，内外附有多孔铂构成的内外电极，圆管内部一般通入参比气体如空气，烟气经过陶瓷过滤器后作为被测气体流过氧化锆的外部。为了使氧化锆管的温度恒定，在其外部装有加热电阻丝和热电偶，热电偶检测管子的温度，再通过调节器调整加热电流的大小，使氧化锆管子温度稳定在 850℃上。当被测气体的温度控制在稳定恒值时，由测得氧浓差电动势就可以确定被测气体的氧分压，从而得知氧含量。

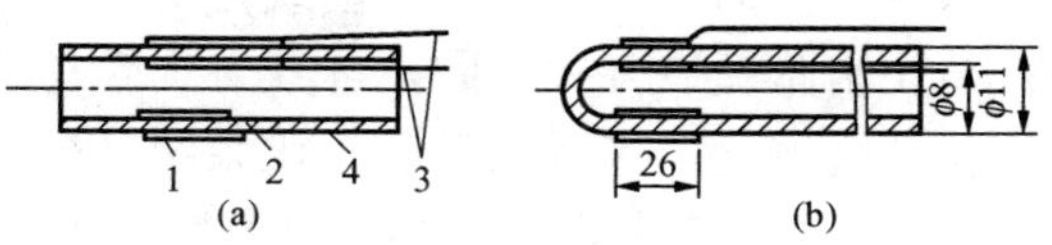

图 6-3　氧化锆管结构

(a) 不封底型；(b) 封底型

1— 外铂电极；2—内铂电极；3—内、外电极引线；4 —氧化锆管

在选择和使用氧化锆管时应注意以下几点：

(1) 氧化锆管的工作温度应保持恒定，或在仪表线路中采取温度补偿措施。这是由于，根据能斯特公式，氧浓差电势不但与被测气体的含氧量有关，还与氧化锆管的工作温度成正比。所以，只有当其工作温度恒定时，输出电势才与被测气样的含氧量成单值函数关系。一般温度应保持在 800℃左右。温度过低（小于 600℃），输出灵敏度下降；温度过高（大于 1200℃），烟气中的氧在铂的催化作用下，易与可燃物质化合，使含氧量下降，输出电势增大。如果不能保持其工作温度恒定，则应采取补偿措施，使输出不受温度变化的影响。

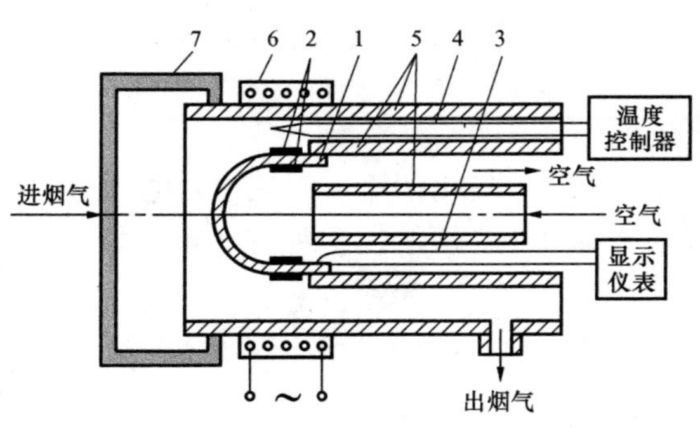

图 6-4　氧化锆传感器结构

1—氧化锆管；2—内外铂电极；3—电极引出线；4—热电偶；5—氧化铝管；6—加热炉丝；7—陶瓷过滤器

(2) 氧化锆管材质应均匀致密，不能有裂纹或微小孔洞，否则氧气可直接漏过，使两侧的氧浓差下降，输出电势减小；氧化锆材料的纯度要高，如存在杂质，特别是铁元素，则会使电子通过氧化锆本身短路，从而使输出的氧浓差电势降低。

(3) 参比气体和被测气体压力应保持相等。因为只有这样两种气体的氧分压之比才能等于两种气体中氧的体积含量之比，输出电势才能真正反映含氧量。

(4) 氧化锆管内外两侧气体要不断流动更新，否则两侧含氧量会逐渐平衡，输出下降。

(5) 电极引线应用纯铂丝，以防止出现接触电势，影响测量的准确性。

(6) 由于氧化锆材料本身的阻抗很高，并且随着工作温度的降低按指数规律上升，所以与氧化锆管配接的二次仪表应有很高的输入阻抗。

(7) 如果氧化锆管的输出作为自动调节信号，则应采用线性化电路将氧浓差电势与含氧浓度之间的对数关系转换为线性关系。

另外应该注意的是，由于氧化锆探头长期使用在高温状态下，易由于膨胀造成裂纹或电极脱落；氧化锆管表面附着有烟尘微粒，也会造成铂电极上的微孔堵塞、积碳，使输出电势出现异常，甚至使铂电极中毒，所以在使用过程中要经常清洗。

三、测量系统及信号处理

根据探头的工作温度要求，氧化锆氧量计的测量系统可分为定温式及温度补偿式两种；根据氧化锆管安装方式不同，可分为直插式与抽出式两种。抽出式系统是将气样抽出后再送入氧化锆管测量，带有抽气和净化系统，能除去杂质和 SO_2 等有害气体，对保护氧化锆管有利，并且氧化锆管处于800℃恒温下工作，准确度较高，但系统复杂，迟延较大，不能及时反映被测烟气的含氧量变化。生产中一般多采用直插式测量系统。直插式就是将氧化锆管直接插入烟道的高温部分。

（一）直插补偿式测量系统

补偿式是根据温度为700～800℃时，K型热电偶的热电势随热端温度的变化与氧化锆氧浓差电势随烟气温度的变化基本相等，二者之差基本与温度无关的原理来实现补偿的。表6-2中列出了当参比气体为空气，被测气体含氧量为2%时，氧浓差电势 E 在不同温度下的数值，以及K型热电偶热电势 E_k（冷端为0℃时）在不同热端温度下的数值。由表可见，当温度在700～800℃范围内变化时，$E-E_k$ 的差值为20mV左右，基本不随温度变化而变化。

表6-2 氧浓差电势和K型热电偶热电势随温度变化的关系

温度（℃）	氧浓差电势（mV）	热电势（mV）	差值（mV）
700	48.88	29.13	19.75
720	49.89	29.97	19.92
740	50.89	30.89	20.08
760	51.90	31.64	20.26
780	52.90	32.46	20.44
800	53.91	33.29	20.62

所以，可以将一只K型热电偶放在氧化锆探头内，使氧化锆输出的氧浓差电势与K型热电偶的热电势反向串联，然后再送到二次仪表，如图6-5所示。这种方法虽不能完全补偿，但系统简单，所以在工业上应用很广。

对于直插补偿式测量系统，氧化锆管的工作温度最好为650～900℃，温度太高太低都会直接影响测量。而对于电厂锅炉，过热器出口或高、低温过热器之间的烟气温度（700～800℃）符合上述温度范围。直插补偿式测量系统如图6-6所示，把氧化锆管输出的氧浓差电势和K型热电偶输出的热电势分别接到高阻毫伏变送器和温度

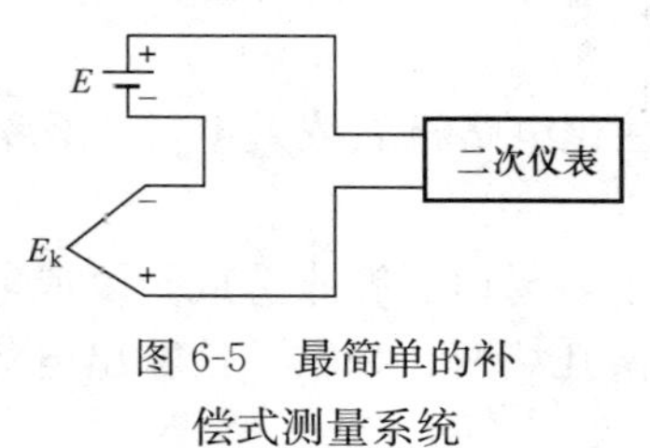

图6-5 最简单的补偿式测量系统

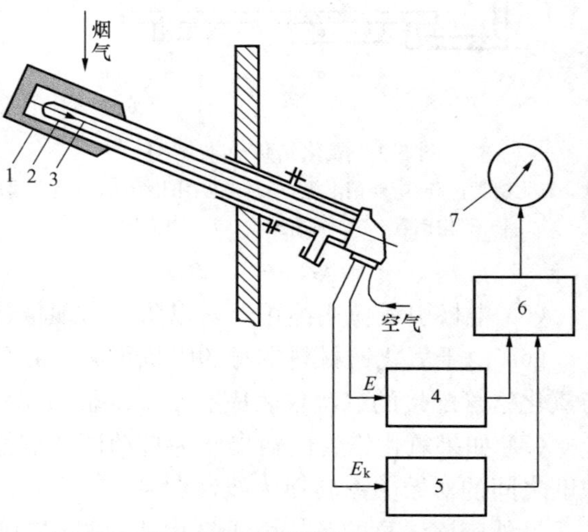

图6-6 较完善的直插补偿式测量系统示意

1—陶瓷过滤器；2—氧化锆管；3—K型热电偶；4—温度变送器；5—高阻毫伏变送器；6—除法器；7—显示仪表

变送器，转换为相应的电流，然后再经除法器运算后输出，可基本消除氧化锆管工作温度对测量的影响，此种补偿范围较广，效果也较好。

氧化锆传感器输出的信号经测量电路处理，转换为含氧量的指示值。

（二）直插定温式测量系统

直插定温式系统是采用控温电炉加热方式使氧化锆管维持恒温的测量系统，其测量探头的结构如图 6-7 所示。它主要由碳化硅过滤器、氧化锆管、恒温室、热电偶、气体导管和接线盒等组成。过滤器处于恒温室前端，氧化锆管置于恒温室内部，热电偶（常用镍铬-镍硅热电偶）用来测量恒温室内的温度。恒温室衬套内装有一组均匀排列的加热电阻丝，衬套外边是一个用绝热材料制成的保温套。不锈钢导管用来作为加热丝、热电偶、氧浓差电极的引线通道以及作为参比空气和标准校正气样导管的引入通道。末端接线盒内装有接线座及参比空气和校正气样的接气嘴。

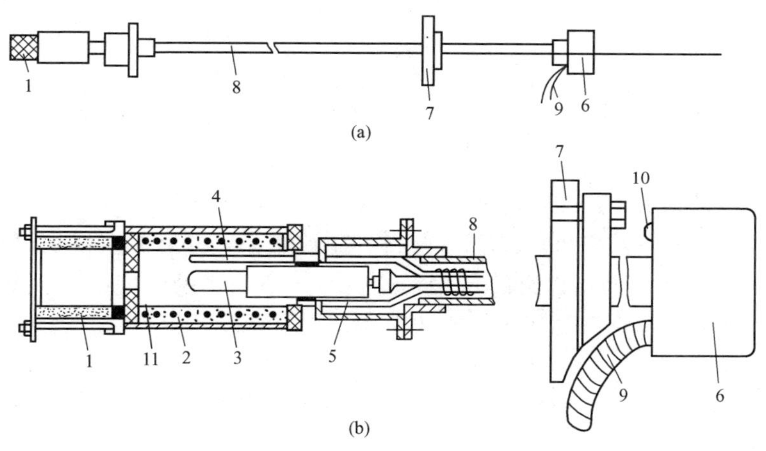

图 6-7　直插定温式测量系统的氧化锆探头

（a）外形；（b）内部结构

1— 碳化硅过滤器；2—恒温室衬套；3—氧化锆管；4—热电偶；5—标准气体导管；6—接线盒；7—安装法兰；8—不锈钢导管；9—蛇皮管；10—接气嘴；11—恒温室

直插定温抽气式氧化锆氧量计如图 6-8 所示，该系统用空气作参比气，通入氧化锆管内侧，被测气体经过滤器除去机械杂质后进入管外，用泵抽吸被测气样和空气，使它们流速稳定，并且使两相流体的总压力基本相同。在管外装有测量氧化锆管工作温度的热电偶，探头内热电偶的输出电热信号送入温度控制器，由温度控制器来控制流过加热炉丝的电流的通断，使恒温室温度控制在 700℃左右。探头的氧浓差电势输出可以接显示仪表，或通过非线性校正后再送入显示仪表。

直插式氧化锆分析仪的特点是反应迅速，加装过滤器后响应时间也只有 3s 左右。目前主要用于锅炉烟道中氧含量和高温炉中气体氧含量的在线测定与控制。

四、氧化锆传感器的检定

氧浓差电池在正常运行中也会慢慢失效，原因可能是电极材料的升华、电解质的立方晶体转化为单斜晶体等。传感器还可能漏气，为此应进行定期检定。

检定的最好方法当然是在规定条件下向传感器通入标准成分的气样。但当未能取得标准

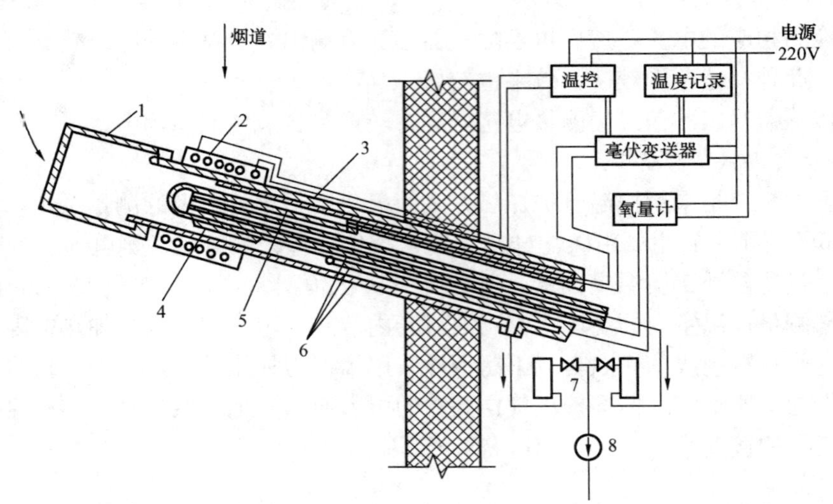

图 6-8 直插定温抽气式氧化锆氧量计

1—过滤器；2—定温电炉；3—铂铑-铂热电偶；4—铂电极；5—氧化锆管；6—氧化铝管；7—节流阀；8—电磁泵

气样时，也可以利用能斯特公式，即式（6-1）来检查，维持式中 p_1 和 p_2 恒定，改变温度 t 并测量相应的电势 E，如果在 500～850℃能得到正比关系，并且此直线通过原点（$E=0$ 和 $t=-273$℃），则认为传感器可以继续使用，这时对于最适当的温度范围也知道了。如果直线的温度范围太小时，就应怀疑其测量的准确性。

第二节 电 子 皮 带 秤

一、概述

电子皮带秤是在皮带输送机输送物料过程中同时进行物料连续自动称重的一种计量设备，其特点是称量过程是连续和自动进行的，通常不需要操作人员的干预就可以完成称重操作。所以在国际法制计量组织（OIML）的 R50 国际建议及国家计量检定规程的标题中，均称这种计量设备为“连续累计自动衡器”，而只是在随后的括号内说明是皮带秤。

国外从 20 世纪 50 年代开始使用电子皮带秤，国内则从 20 世纪 60 年代末期开始试生产电子皮带秤。至今，虽然核子皮带秤、固体质量流量计、冲量式流量计、失重式秤等多种固体物料连续计量设备也有一定规模的应用，但它们仍无法与电子皮带秤抗衡，也无法撼动电子皮带秤作为固体物料连续自动称重主流计量设备的地位。

随着现代化生产的飞速发展，电子皮带秤的应用越来越广泛。电子皮带秤用于矿山、冶金、化工、建材、电力等行业，对皮带输送机上非黏性块粒状固体物料进行连续自动计量，可起到节约能源和便于企业管理的作用。

电子皮带秤适用于各种形式的动态自动配料。每台皮带机安装一台皮带秤对物料进行自动配料，如恒流量和配比控制等，可以提高生产效率，节约能源和提高产品的质量。在一台皮带机上安装两台以上的皮带秤称量桥架，可实现多种物料的连续动态配比计量或断续动态配比。这样减少了设备的投资，并能提高配料系统的稳定性和可靠性。

二、电子皮带秤系统的工作原理和组成

电子皮带秤的基本原理是，连续测量通过皮带单位距离的货物重量，同时相应测量皮带移动了多少个单位距离，在一段时间内将每个单位距离的重量累计起来就是这段时间皮带所运输的货物的总量。

电子皮带秤主要由称重桥架、称重传感器、测速传感器、二次仪表等组成。在测量通过皮带单位距离的货物重量时，通过秤架将称重传感器和皮带连接起来。秤体结构如图 6-9 所示，电子皮带秤上一般选用水平安装的悬臂梁式传感器作为称重传感器，当物料加在皮带上时，在重力作用下，称重传感器悬臂梁受力后产生弯曲变形，使粘贴在上面的电阻应变片的阻值发生变化，应变桥路失去平衡，从而输出与重量信号成正比的毫伏级电信号。称重仪表接收来自称重传感器的重量信号及来自测速传感器的脉冲信号，对这两种信号进行放大、滤波、A/D 转换后送入 CPU，进行积分运算，得到物料的累计量及瞬时流量，然后将累计值和瞬时值测量结果显示在仪表显示屏上，同时输出 4～20mA 电信号。如配打印机等外设，仪表可通过 RS232 标准接口输出。其动态累计误差小于±0.125%，计量非常方便。

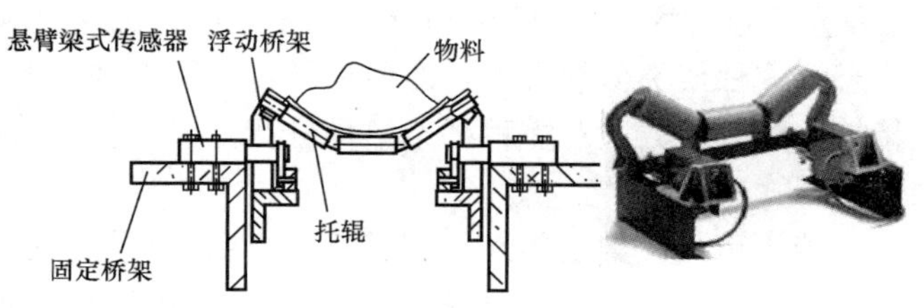

图 6-9　电子皮带秤秤体结构

1. 传感器

电子皮带秤的传感器包括测量秤架上物料瞬时重量的称重传感器及测量皮带速度的测速传感器（又称测量皮带行程的位移传感器），称重传感器及测速传感器两个信号的乘积就是物料的瞬时流量。

称重传感器的结构形式有电阻应变式、压磁式、差动变压器式、电容式、压电式、振弦式等。电阻应变式称重传感器因制作简单、工艺成熟、准确度高（最高准确度目前可做到非线性、重复性、滞后指标优于 0.01%），一直占据 90%以上的称重传感器市场份额，国内市场几乎是电阻应变式称重传感器的一统天下。德国申克（Schenck）公司 PTR 电阻应变式称重传感器的阻值为 4kΩ，是国内电阻应变式称重传感器阻值的 10 倍以上，它具有工作电流小、输出信号大等优点。最新的数字化智能称重传感器可由微处理器芯片对常规桥路进行补偿和调整，进行非线性、滞后、蠕变等性能的修正，从而大大提高称重传感器的性能。

测速传感器的结构形式有磁阻脉冲式、光电脉冲式、霍尔效应式、磁敏式等多种形式，测量准确度较高的可达到 0.05%～0.1%，分辨率可达到 0.000 1m/s。

2. 秤架

在国家计量检定规程中对秤架的正式称呼是“承载器”（load receptor），但实际应用中还是按习惯把它称为秤架。

秤架的结构形式有单杠杆式、双杠杆式、悬臂式、悬浮式等多种。

单杠杆式秤架只有一组称量杠杆，其上支撑了一组或几组称量托辊（即单托辊秤架或单杠杆多托辊秤架）。秤架通常由称量杠杆、支点、平衡重物等组成，结构较为简单，但称量准确度不高（特别是单托辊秤架）。

双杠杆式秤架由互为对称的两组称量杠杆组成，每组称量杠杆上支撑了一组或几组称量

托辊。秤架结构复杂，秤体庞大，但它的互为对称的两组称量杠杆在称量过程中可以抵消一些水平分力（如皮带张力、皮带跑偏引起的侧向力）对称量准确度的影响，所以秤架性能稳定，称量准确度较高。

悬臂式秤架通常是在专用的短皮带输送机上采用，短皮带输送机的整体只由支点和称重传感器承重，这种秤架只用于尺寸短小的定量给料机或专用的计量皮带秤，称量准确度中等。

悬浮式秤架类似静态称重的称重平台，称重平台上支撑了一组或几组称量托辊，通过响应特性曲线分析方法对多种秤架结构进行分析比较，结论是悬浮式秤架特性优于上述其他各种结构形式的秤架。

直接承重式秤架近年来得到广泛的应用，其特点是称重托辊组直接与称重传感器相连，秤架部分是“三无”，即无杠杆、无支点、无平衡重，再说夸张一点，是无秤架。按响应特性曲线分析方法对直接承重式秤架结构进行分析后，我们可以看到其特性仍属于悬浮式秤架，只不过它是单托辊悬浮式秤架。早期的瑞典通用电气公司（ASEA）的单托辊秤、近期瑞士哈斯勒公司的单托辊及多托辊秤、德国申克公司 MULTIBELT BEM 单托辊秤和 MULTIDOS 配料秤及德国西门子在加拿大的子公司妙声力（Milltronics）公司的单托辊及多托辊秤均是这种结构。直接承重式秤架结构最简单，尺寸最小，质量最轻。以妙声力公司 500、650、800、1000mm 宽的单托辊皮带秤为例，秤架部分质量仅为 37、40、44、52kg，大致是同样皮带宽度其他类型秤架质量的 1/4～1/2。瑞士哈斯勒公司的多托辊秤及妙声力公司的多托辊秤的特点是采用多个单托辊秤架构成多托辊秤架，如双托辊秤架就是采用两个单托辊秤架组成，除了将各自称重传感器的信号送至同一台二次仪表外，这两个单托辊秤架在机械上或其他方面无任何关联，所以秤架的通用性很好。瑞士哈斯勒公司的单托辊秤架及多托辊秤架上有一个横向架，它是由左右边架及中心架通过螺栓连接的，由于中心架上同时冲有多个螺栓孔，所以秤架的宽度可变，即改变连接螺栓孔的位置可适应不同宽度的皮带输送机或不同国家的皮带输送机一定范围内宽度的变化。直接承重式秤架的称重传感器不能去除皮重，它是将托辊组重、相应皮带重、连接件重等各部件所形成的皮重与实际输送的物料重一起称，这样称重传感器实际使用范围较小（20%～30%），而带平衡重的杠杆式秤架称重传感器实际使用范围可达 50%～80%。但由于称重传感器目前的准确度非常高，即使是实际使用范围仅为 20%～30%，其重量测量准确度仍高于 0.1%，也足以满足皮带秤的要求。国内铜陵三爱思公司的单托辊秤 SSS-50ICS、徐州三原公司的单托辊秤 ICS-30A 都采用了类似妙声力公司的单托辊秤的无支点、无杠杆、双称重传感器的直接承重式秤架结构。

对于皮带上容易黏附物料的皮带秤，由于皮带秤的皮重随时变化，影响检测准确度，瑞士哈斯勒公司在定量给料机下料点的前后设有两个秤架，前一秤架测量皮重，后一秤架测量皮重加料重，两个信号在二次仪表中做相减运算，即可得到精确的物料瞬时流量。

3. 二次仪表

从 20 世纪 80 年代起，微机数字式皮带秤就开始取代常规模拟皮带秤二次仪表了。其特点除了计算准确度远远高于常规模拟皮带秤二次仪表外，功能丰富也是其主要特点。以往常规模拟皮带秤二次仪表只有重量信号与皮带速度信号的乘法运算、累计值运算及简单的调零、调满值功能，而采用微机数字式皮带秤后，多达数十种功能可以储存在二次仪表内供用户随时调用，这些功能包括：自动调零、自动调满值、秤架特性非线性补偿、温度补偿、数字滤波、模拟检定准确度自动计算及结果判定、有关参数输入（如量程、托辊间距、皮带倾角、模拟标定值、累计值的分辨率等）、公制英制单位（如 t/h、lb/s）选择、输入参数及中间计算参数显示、总运行时间显示、各种调整（调零、调满值）次数显示、多个称重传感器平衡调整、称重传感器及测速传感器数值调整、多组内部及外部累计器、PID 控制、定值控制、各种参数报警等。这些功能的增加都是通过软件实现的，所以二次仪表的成本并不增加。图 6-10 为二次仪表实物图。

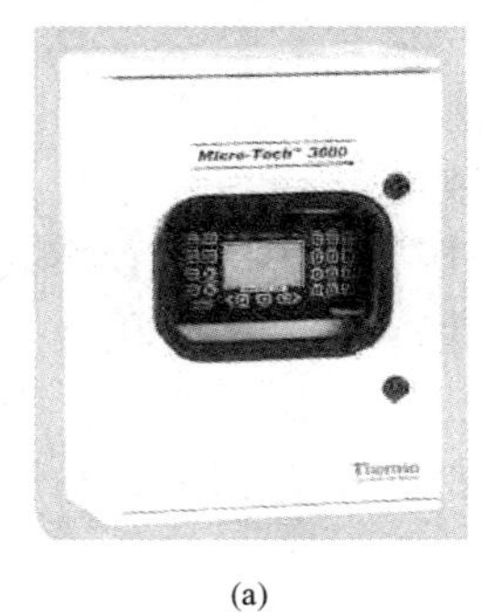

(a)

(b)

图 6-10　二次仪表实物图
(a) 现场型控制仪表；(b) 面板型控制仪表

此外，新一代的微机皮带秤在外形尺寸减少的同时，显示面板的尺寸增大，显示内容更为丰富，而操作键数量已减至最少，如瑞士哈斯勒公司 VHRS 皮带秤二次仪表仅有 5 个键，妙声力公司的 BW100 二次仪表仅有 4 个键，但均可通过这几个键盘设置五六十个参数，可以实现多达数十项功能。而国产电子皮带秤用二次仪表的面板看起来复杂得多，操作键盘多达一二十个，如湖南计算机厂 WPC-DⅡ二次仪表，面板上共有 16 个键盘，即复位、标定、自检、校时、校皮、清除、查询、带长、设置、打印、给定、自动、选择、上翻、下翻、SHIFT，而可以实现的功能却少得多。所以建议国产电子皮带秤用二次仪表走少键盘、多参数、多功能的思路，实现产品成本下降、功能强化的目标。

通信功能强化也是智能化仪表的重要标志，通过 RS-232、RS-485、Modbus 等方式进行多台皮带秤联网、集中监控或与上位计算机系统通信是大多数微机皮带秤已具有的功能，而采用 IEC61158 种规定的现场总线则是微机皮带秤最新的发展趋势。妙声力公司的 BW100 有三种通信方式：Dolphin Plus、CVCC、BIC-2。Dolphin Plus 是以 Windows 为基础的妙声力公司软件接口和红外 ComVeter 连接，可通过 PC 机或笔记本电脑进行所有参数的设定后下载；CVCC 是连接到 RS-232 或 RS-485 妙声力公司双极回路的通信接口；BIC-2 是妙声力公司连接到 RS-232 或 RS-485 双极回路的缓冲转接器，每台 BIC-2 可接最多 6 台 BW100，电缆长度最大 3000m。妙声力公司更高档的 BW500 二次仪表除可带 Modbus 总线外，还可带 Profibus-DP、DeviceNET 等现场总线，这样很容易与西门子公司或其他公司的 PLC、DCS 系统通信。申克公司 DISOCONT 二次仪表可带 Modbus、Profibus-DP、DeviceNET、INTERBUS 等现场总线。

三、电子皮带秤的称量原理

电子皮带秤的称量原理如图 6-11 所示。

在输煤皮带中的适当位置安装一个专门用于称量的框架，它采用双杠杆多组托辊称量框架托住称量段的皮带及其上的煤层。当在皮带上运送煤料时，处于框架上“有效称量段”上

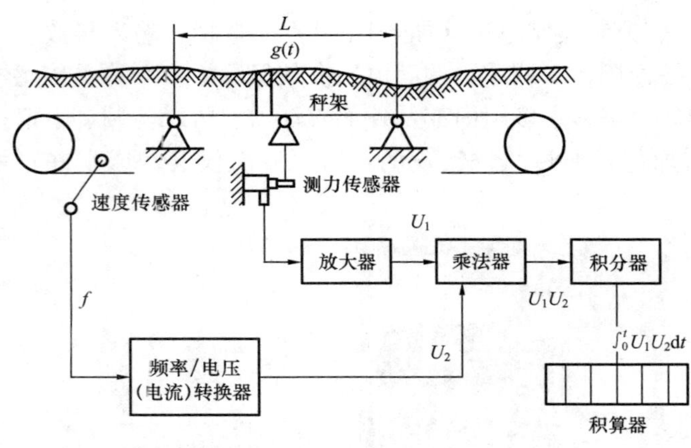

图 6-11 电子皮带秤称量原理

的煤料的重力通过托辊、传力杆传给应变式荷重传感器，荷重传感器将煤重力转变为相应的电压输出，该电压经线性放大单元放大后送入乘法-积分器。此外，在皮带传动装置上安装有磁电式速度传感器，该传感器将感受到的皮带速度转变为频率信号，经频率/电压（电流）转换器转换成电压后送往乘法器、积分器。经乘法器、积分器运算，皮带上的煤量和皮带速度相乘，得到单位时间内的原煤量，再经过积算，就可得到一段时间内输送的原煤总量。

第三节　机械位移量测量仪表

机械量通常包括各种几何量和力学量，如长度、位移、厚度、转矩、转速、振动和力等。本节及第四、五节主要讨论机组控制中常用的位移、转速和振动三种机械量的测量方法及测量仪表。

机械量测量仪表一般由传感器、测量电路、显示（或记录）器和电源组成，如图 6-12 所示。

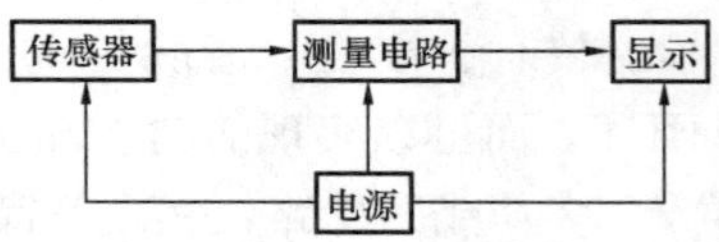

图 6-12 机械量测量仪表框图

测量电路包括变换、放大等，把传感器的输出信号转换成电信号；显示单元以模拟形式、数字形式，或以图像形式给出被测量的数值。机械量测量仪表可按测量对象和测量原理分类。按测量对象可分为位移测量仪表、振动测量仪表、转速测量仪表等。按测量原理分，如位移测量仪表可分为电容式、电感式、光电式、超声波式、射线式等。表 6-3 列出了各种机械量检测参数可采用的测量原理。

表 6-3 各种机械量检测参数可采用的测量原理

被测量	测量原理											
	电容式	电阻式	电感式	磁电式	压电式	压磁式	超声波式	光电式	霍尔式	振弦式	射线式	微波式
位移	有	有	有	有			有	有	有			
厚度	有		有				有				有	有
力	有	有	有		有	有		有		有		
转矩		有				有		有		有		
转速				有				有	有			
振动	有	有	有	有	有			有				

本节讨论的是过程控制中大型转动设备（如汽轮机、压缩机等）轴的位移。汽轮机在启停和运行中，如果转子轴推力轴瓦已烧坏，则转子就要发生前后窜动，因而引起转子轴的轴向位移增大，使汽轮机内部动、静部件间发生摩擦和碰撞，导致叶片折断、隔板和叶轮碎裂，造成严重事故。因此，一般汽轮机都设置了轴向位移监测和保护装置，电涡流式传感器的检测探头与转子轴端面保持一定的初始距离。当汽轮机转子产生轴向位移时，传感器的输出电压与轴向位移成比例。当位移值超过规定的允许值时，传感器的输出电压可控制报警电路发出报警信号。

本节重点介绍广泛应用于大型转动设备（如汽轮机、压缩机等）轴位移、轴振动测量仪表——电涡流式传感器。

电涡流式传感器属于电感式传感器的一种，是利用被测量的变化引起线圈自感或互感系数的变化，从而导致线圈电感量改变这一物理现象来实现测量的。

一、电涡流式传感器原理与特性

如图 6-13 所示，当线圈中通有交变电流 i_1 时，线圈周围就产生一个交变磁场 H_1。当线圈接近导体表面时，导体内就会产生高频感应电流 i_2。由于此电流在导体内是闭合的，所以称为电涡流。同时，电涡流又将产生一个交变磁场 H_2，H_2 与 H_1 方向相反，因而抵消部分原磁场，使通电线圈的有效阻抗发生变化。

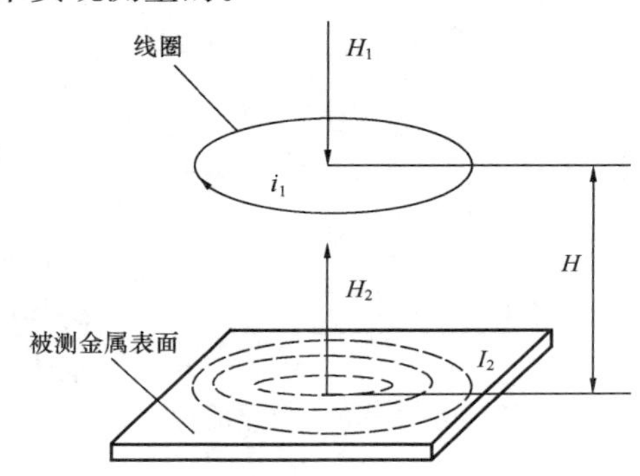

图 6-13　电涡流式传感器原理

一般来讲，线圈的阻抗变化与导体的电导率、磁导率、几何形状，线圈的几何参数，激励电流频率以及线圈到被测导体间的距离有关。如果控制上述参数中的一个参数改变，而其余参数恒定不变，则阻抗就成为这个变化参数的单值函数。如保持其他参数不变，通过改变线圈与金属导体之间的距离可改变线圈阻抗变化，即线圈阻抗与线圈到被测金属导体间的距离有单值函数关系。这就是电涡流式传感器测量位移的基本原理。

图 6-14 所示是电涡流式传感器检测探头，探头端部装有高度密封的、发射高频信号的线圈。由于被测物体的端部（一般为转动机器的轴）距离线圈很近，仅有几毫米，线圈通电后产生一个高频磁场，轴的表面在磁场的作用下产生涡流电流。同样，涡流电流也会产生磁

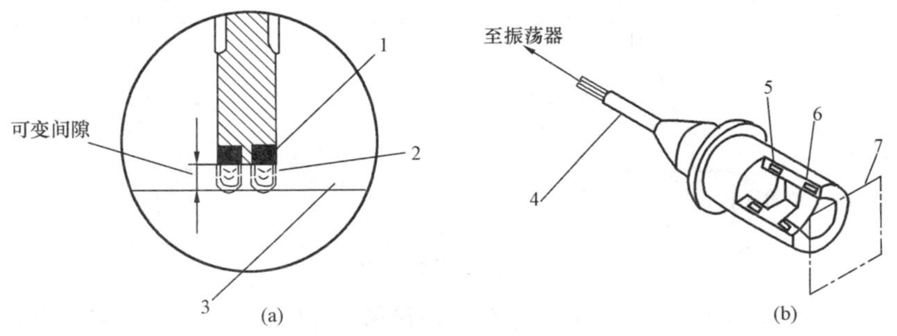

图 6-14　传感器检测探头

（a）涡流检测探头；（b）探头结构

1—线圈；2—磁场；3—靶；4—绝缘电缆；5—参考线圈；6—检测线圈；7—靶子

场，其场强大小与距离有关。该场强抵消由线圈产生的磁场强度，影响检测线圈的等效阻抗，而等效阻抗与线圈电感量有关，因此就测得位移量。

二、电涡流式传感器测量电路

由于电涡流式位移传感器将与被测导体距离的变化量转换为励磁线圈阻抗的变化量，若配以相应的测量电路，则可将位移信号转换为电压或频率信号。按照测量电路工作原理，常用的测量方法可分为电桥电路法和谐振法等。

1. 电桥电路

电桥法是将传感器线圈的阻抗变化转化为电压或电流的变化。图 6-15 是电桥法测量电路原理，图中线圈 A 和 B 为传感器线圈。传感器线圈的阻抗作为电桥的桥臂，起始状态使电桥平衡。在进行测量时，由于传感器线圈的阻抗发生变化，使电桥失去平衡，将电桥不平衡造成的输出信号进行放大并检波，就可得到与被测量成正比的输出。电桥法主要用于两个电涡流线圈组成的差动式传感器。

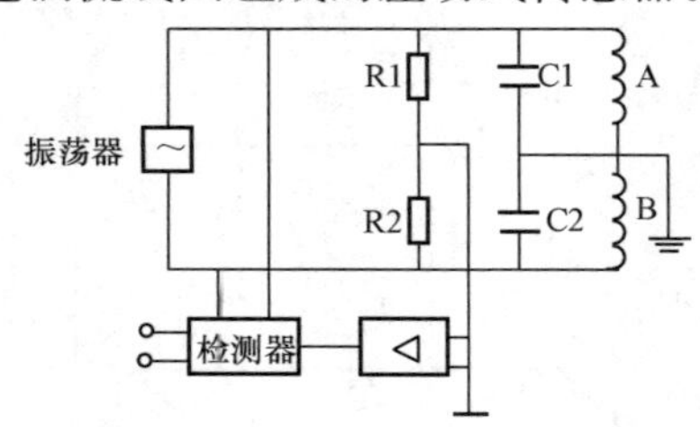

图 6-15　电桥法测量电路原理

2. 谐振法

这种方法是将传感器线圈的等效电感的变化转换为电压或电流的变化。传感器线圈与电容并联组成 LC 并联谐振回路。图 6-16 是谐振法测量电路原理。石英晶体振荡器为测量电路提供一个稳频稳幅的高频信号，用来激励由传感器线圈 L 和并联电容 C 组成的谐振回路。当传感器处于非测量状态时，LC 回路的固有谐振频率 $f_0=\frac{1}{2\pi\sqrt{LC}}$ 与振荡器的高频信号相等，产生谐振，LC 回路的等效阻抗最大。当传感器接近被测导体时，传感器的等效电感 L 值发生变化时，回路的等效阻抗和谐振频率都将随 L 的变化而变化，通过 LC 回路，就可将位移 d 的变化量转换为电压 e 的变化量。电压 e 经过前置放大器检波、滤波和放大等环节处理后转换为直流电压，供显示、记录、报警和停机保护使用。由于这种测量方法载波频率不变，输出电压幅值变化，故也称为稳频调幅法。

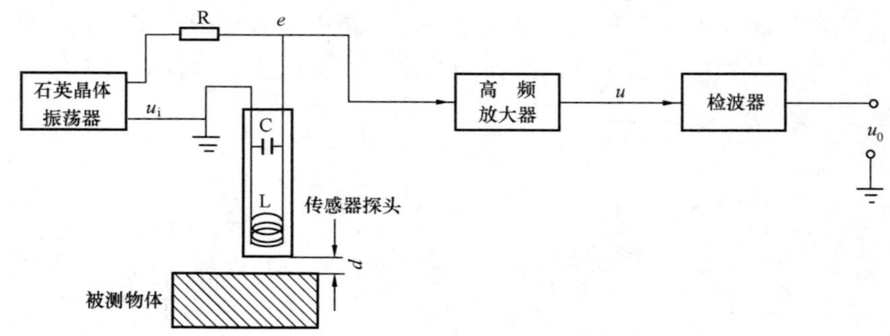

图 6-16　谐振法测量电路原理

在谐振法中，除了稳频调幅式外，还有变频调幅式和调频式测量电路。其测量原理基本相同，变频调幅式测量电路的谐振频率与输出信号的幅值都是变化的，并且取电压幅值作为输出，故称为变频调幅式。而调频式测量电路取谐振频率 f 作为输出，经过高频放大、整形、鉴频和功率放大等环节处理后，送数字频率计数器或频率-电压转换电路处理，然后供显示、记录、报警和停机保护使用。图 6-17 为电涡流探头结构。图 6-18 为电涡流式传感器测量线路。

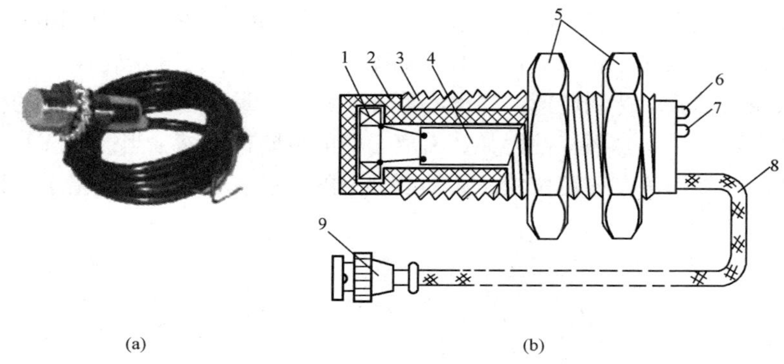

图 6-17　电涡流探头结构

(a) 外形图；(b) 内部结构图

1—电涡流线圈；2—探头壳体；3—壳体上的位置调节螺纹；4—印制线路板；5—夹持螺母；6—电源指示灯；7—阈值指示灯；8—输出屏蔽电缆线；9—电缆插头

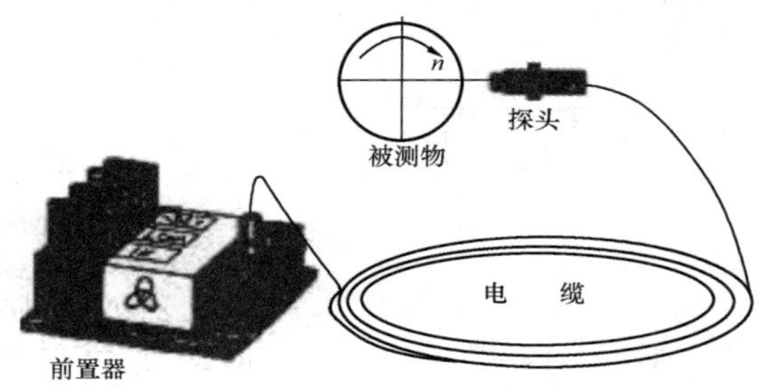

图 6-18　电涡流式传感器测量线路

第四节　转速测量仪表

动力机械的转速是指单位时间内转轴的转数，常以每分钟的转数值（r/min）来表示。

汽轮机是高速旋转的大型设备。一般情况下，汽轮机转速受调速系统控制而保持恒定。如果转动力矩不平衡，转速就会发生变化。转速低于或高于额定值都将引起供电频率的波动，从而降低供电的质量。当转速失去控制时，可能会发生严重的超速现象。汽轮机的零部件在工作过程中已承受很大的离心力，转速的增高会使转动部件的离心力急剧增加（离心力与转速的平方成正比）。机组设计时会留有一定的裕量，但当转速过多地超过额定转速时，转动部件会严重损坏，甚至发生“飞车”等恶性事故。因此，为了保证机组的安全运行，必须严格监视汽轮机转速，并设置完备的超速保护装置。为了保证测量的可靠性，通常在汽轮机的机头上以及控制室里都要设置转速测量仪表。

测量转速的仪器、仪表称为转速表或测速仪。转速测量仪表一般有三个部件，即转速传感器、传动机构和测量机构，其中转速传感器直接与被测量的转轴连接在一起，感应或检定转轴的转速变化；传动机构起联系转速传感器和测量机构的作用，将传感器收集的信号以确定的关系送到测量装置；而转速表的测量机构则用于指示或记录转速的数值。转速表或测速仪的种类很多，本节只介绍几种电厂中常用的转速传感器的测量原理。

一、离心式转速传感器

离心式转速表是根据惯性离心力的原理制成的。它由机芯、传动部件和指示器三部分构成，其中机芯即转速传感器。转速表的工作原理如图 6-19 所示。测量转速时，离心器轴通过齿轮传动装置从输入轴获取待测转速。当离心器轴旋转时，重锤在惯性离心力的作用下离开轴心，并拉动活动套环。活动套环将使得弹簧沿离心器的轴向被压缩。当惯性离心力与弹簧的弹性力平衡时，活动套环停留在一定位置。活动套环上的传动装置带动指针指示出轴的转速。

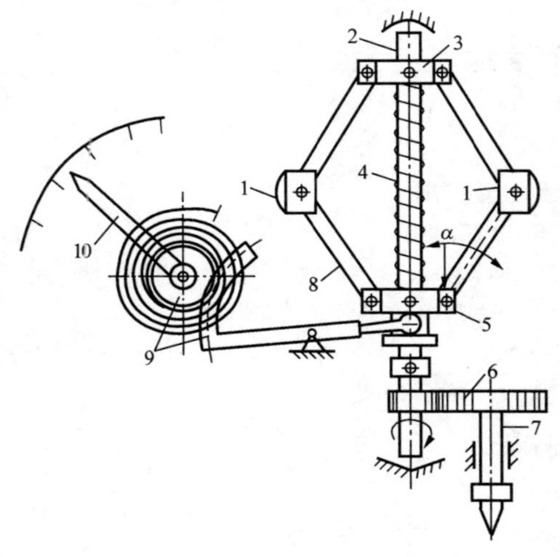

图 6-19 离心式转速表的工作原理

1—重锤；2—离心器轴；3—固定套环；4—弹簧；5—活动套环；6—齿轮传动装置；7—输入轴；8—连杆；9—传动机构；10—表盘指针

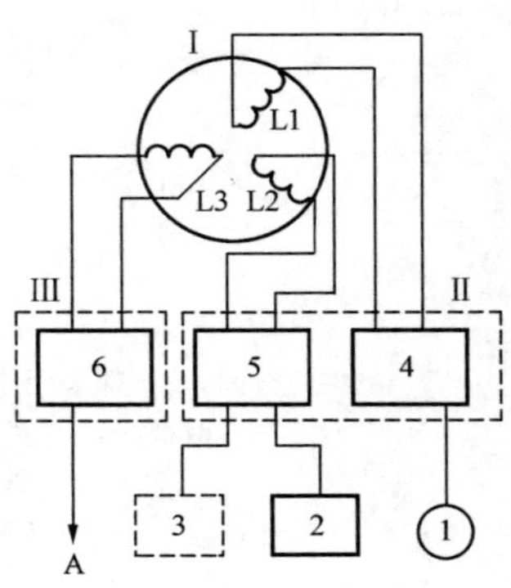

图 6-20 转速测量与超速保护装置示意

Ⅰ—测速发电机；Ⅱ—转速测量部分；Ⅲ—超速保护部分

1—近距离指示器；2—远距离指示器；3—自动记录表；4、5—整流器；6—超速保护回路；A—控制电路

二、测速发电机转速传感器

测速发电机是永磁式三相同步发电机，它可将转速信号转化为电势信号，然后进行测量和保护。

图 6-20 为 ZQZ-Ⅱ型转速测量与超速保护装置示意。测速发电机转子通过弹性联轴器与汽轮机转子的前端相连。测速发电机转子上有三个永久磁极，定子有三个互成 120°的绕组。当转子旋转时，定子线圈中会有感应电势产生，其大小为

$$E = K\phi n \tag{6-4}$$

式中 K——常数，其值取决于发电机绕组的结构和磁极对数；

ϕ——磁通量，取决于磁钢的磁感应强度；

n——转速。

发电机输出电压的频率为

$$f = \frac{Pn}{60} \quad \text{Hz} \tag{6-5}$$

式中 P——转子的磁极对数。

由以上两式可知，当发电机绕组结构一定、磁通量 ϕ 以及磁极对数 P 一定时，测速发

电机的输出电压或频率与转速成正比。

图 6-20 中，绕组 L1 和 L2 输出的交流信号分别经整流器 4 和 5 整流成直流后加到由电阻和电位器组成的分压器上。从电位器输出电压，分别接到近距离指示器 1、远距离指示器 2 和自动记录表 3，由它们指示或记录转速值。绕组 L3 接到由晶体管和继电器组成的超速保护回路 6。当汽轮机转速超过额定转速的 14%（即 3420r/min）时，继电器动作，接通信号回路和保护回路，发出超速信号和自动停机信号。

三、磁阻测速传感器

图 6-21 为磁阻测速传感器示意。在被测轴上旋转由导磁材料制成的齿数为 60 的齿轮（正、斜齿轮或带槽的圆盘都可以），对着齿轮方向或齿侧安装磁阻测速传感器，它由永久磁铁和感应线圈组成。

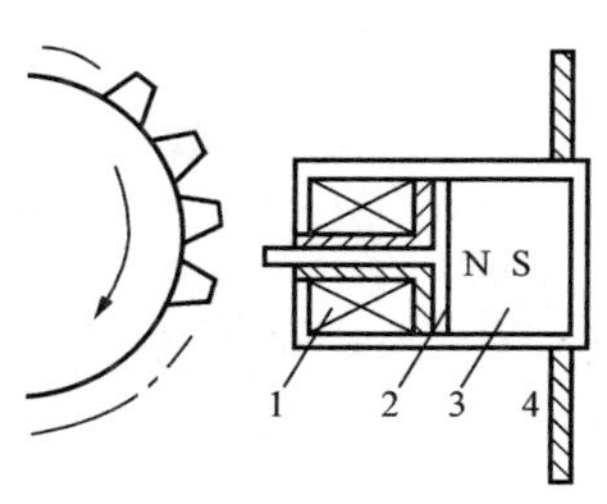

图 6-21　磁阻测速传感器示意
1—感应线圈；2—软铁磁轭；3—永久磁铁；4—支架

当汽轮机主轴带动齿轮旋转至测速传感器的软铁磁轭处时，使测速传感器的磁阻发生变化。当齿轮的齿顶和磁轭相对时，气隙最小，磁阻最小；气隙最大，即齿根和磁轭相对时，线圈产生的感应电势最小。齿轮每转过一个齿，传感器磁路的磁阻变化一次，因而磁通也就变化一次，线圈中产生的感应电动势为

$$E = N\frac{\mathrm{d}\phi}{\mathrm{d}t} \times 10^{-8} \quad \mathrm{V} \tag{6-6}$$

式中　N——线圈匝数；

ϕ——穿过线圈的磁通量。

感应电动势的变化频率等于齿轮的齿数和转速的乘积，即

$$f = \frac{nZ}{60} \tag{6-7}$$

式中　n——旋转轴的转速，r/min；

Z——测速齿轮的齿数。

当 $Z=60$ 时，$f=n$，即传感器感应的交变电势的频率数等于轴的转速数值。

四、光电计数式转速仪

光电式转速传感器是利用光电元件（如光电池、光电管、光电阻）对光的敏感性来测定转速的。光电式转速传感器由光电测速部分和脉冲变换电路组成，其测速光路有投射式和反射式两种。

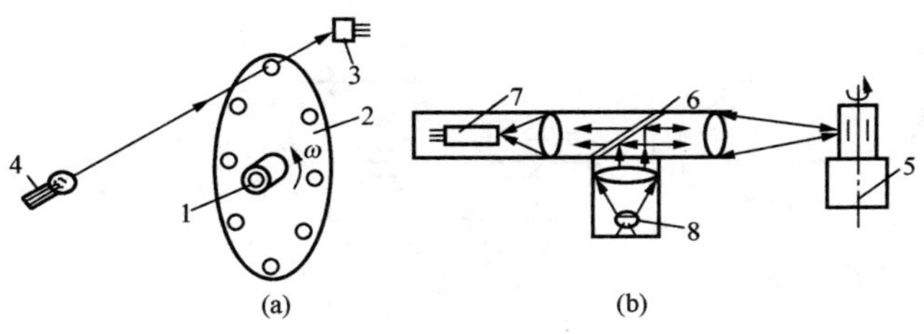

图 6-22　光电转速传感器原理示意
（a）投射式；（b）反射式
1—旋转轴；2—开孔圆盘；3—光敏三极管；4—光源；5—转轴；6—半透膜；7—光敏三极管；8—光源

投射式光电转速传感器的工作原理如图 6-22（a）所示。通过装于旋转轴 1 上的开孔圆盘（或齿盘）2 控制照射到光敏三极管 3 的光通量，从而在脉冲变换电路中产生脉冲信号来测定转轴的转速。此时脉冲电流的频率 f 与转轴转数 n 的关系为

$$f = \frac{nZ}{60} \tag{6-8}$$

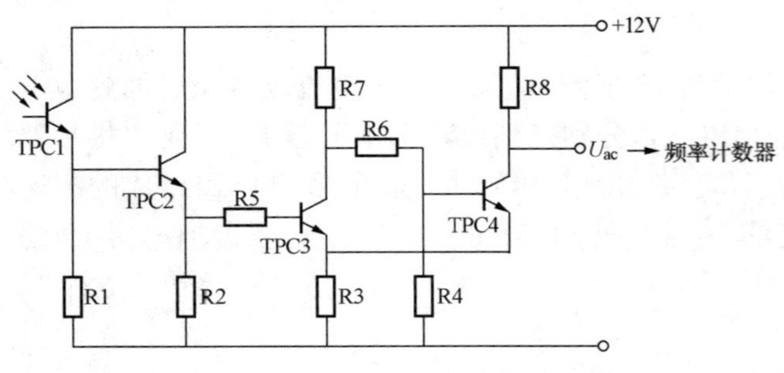

图 6-23　光电式转速仪的一种脉冲变换电路

式中　Z——圆盘上的开孔数或齿盘的齿数。

反射式光电转速传感器的工作原理如图 6-22（b）所示，转轴上涂有相间的反光条与非反光条，所以要求被测轴的直径不能太小。光源发出的光线经半透膜反射到轴，再由轴反射回来经半透膜照射到光敏三极管。因为从轴的反光条与非反光条反射的光强度差异较大，三极管上将产生明电流与暗电流，在脉冲变换电路中产生脉冲信号。图 6-23 所示为一种脉冲变换电路，输出的信号 U_{ac} 送至频率计数器即可显示转速值。

第五节　振动测量仪表

由于汽轮机是高转速的大型设备，所以每台汽轮发电机组在启动和运行中都会有不同程度的振动。当设备发生缺陷或机组的运行工况不正常时，都会使机组的振动加剧，严重威胁设备和人身安全。

汽轮机振动过大，会使转动部件如叶片、叶轮等的应力增加，会因超过允许值而损坏；振动使机组动、静部分，如轴封、隔板汽封与轴发生摩擦；振动使螺栓紧固件松弛；振动严重时会导致轴承、管道甚至整个机组和厂房建筑物的损坏。

由此可见，汽轮发电机组的振动对机组的安全运行影响很大。为此，必须严格监视机组的振动情况。

汽轮机的振动监视主要是监测振动体在选定点上的振动幅值、频率、相位和谐振图等。在振动研究中，位移、速度和加速度是三个重要的参量，因为它们之间只要通过微分或积分运算就可以相互转换，所以在实际测量中可用多种方法进行振动测量。

根据传感器是否与被测对象接触，振动传感器可分为接触式（如磁电式、压电式）和非接触式（如电容式、电感式、电涡流式）两类。下面介绍常用的几种测量方法的基本原理。

一、磁电式振动传感器

磁电式振动传感器是目前一种较为常见的传感器，它的工作原理实际上是一个往复式永磁小发电机，按其支撑系统工作原理分为绝对式和相对式两种。

绝对式振动传感器的结构示意如图 6-24 所示。

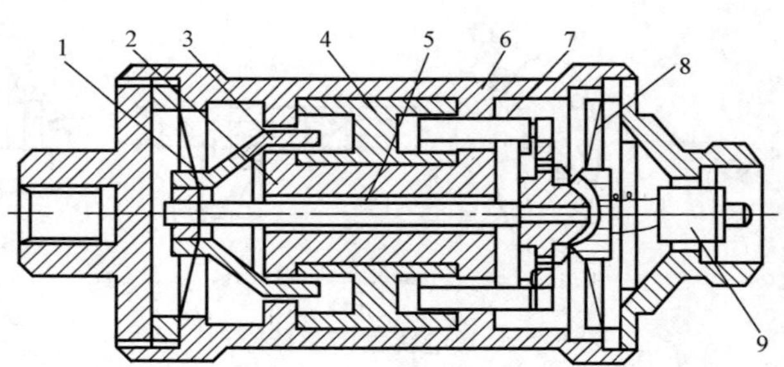

图 6-24　绝对式振动传感器结构示意

1、8—弹簧片；2—永久磁铁；3—阻尼器；4—铝架；5—芯杆；6—壳体；7—工作线圈；9—引出接线头

永久磁铁固定在圆筒式导磁壳中，这样就形成了一个磁路，磁场两端各有一个环形气隙，在气隙中放着一个多匝工作线圈，左气隙中放着一个阻尼器，

两者固定在芯杆上，并用两个弹簧片 1 和 8 将其悬空，当外壳沿轴向振动时，线圈便感应出电动势，由右端的引出线的接头引出被测信号。当传感器的壳体固定在振动物体上时，整个传感器跟振动体一起振动，而处于空气间隙中的工作线圈是由很软的弹簧片 1、8 固定在壳体上的，其自振频率 ω_0 较低。当振动物体的频率 $\omega \geqslant 1.5\omega_0$ 时，工作线圈处在相对静止（相对于传感器壳体）状态，线圈与磁钢之间产生相对运动，工作线圈切割磁力线而产生感应电动势 E，即

$$E = BLv \tag{6-9}$$

式中　B——磁场强度；

L——感应线圈导线长度；

v——相对运动速度。

当 B、L 一定时，输出电动势 E 与相对运动速度 v 成正比，所以又称为速度传感器。因为其振动的相对速度是相对于空间某一静止物体而言的，故又称为绝对式速度振动传感器，或称地震式速度传感器。

相对式速度传感器和绝对式速度传感器的工作原理基本相同，不同的是工作线圈采用较硬的弹簧片和壳体固定。与工作线圈直接相连的拾振杆伸出传感器外壳，测量振动时将拾振杆直接压在振动物体上，传感器外壳固定在支架上，测量的振动是表示支架相对于物体的振动，所以称为相对式速度传感器。由于拾振杆与振动物体存在摩擦，因此这种传感器目前应用较少。

不论是绝对式还是相对式速度传感器，若要取得与振动位移成正比的振动信号，传感器的输出信号必须经积分电路积分，才能将速度信号变换成位移信号。这种积分电路一般都设在仪表本体中。

二、电涡流式振动传感器

目前国外多采用电涡流法测量振动，国内也在用电涡流式振动传感器逐步取代原来的磁电式传感器。

电涡流式传感器是利用高频电磁场与被测导体的涡流效应原理而制成的。图 6-25 是汽轮机组用电涡流式振动传感器的组成。传感器探头 2 通过支架 4 固定在机体 5 上，传感器的位置尽可能靠近轴承座附近。当轴承振动时，将周期性地改变轴和传感器探头间的距离。由图 6-26 可知，检测线圈电感 L 与电容 C 组成 LC 并联谐振回路，此 LC 回路由前置器的石英高频振荡器通过耦合电阻 R 提供一个稳定的高频电流。当检测线圈附近无金属物时（$d=\infty$），LC 回路处于谐振状态，输出电压 U 最大。当检测线圈附近有金属物时，检测线圈产生的高频磁通就会在金属物表面感应出涡流，从而改变线圈的电感量，

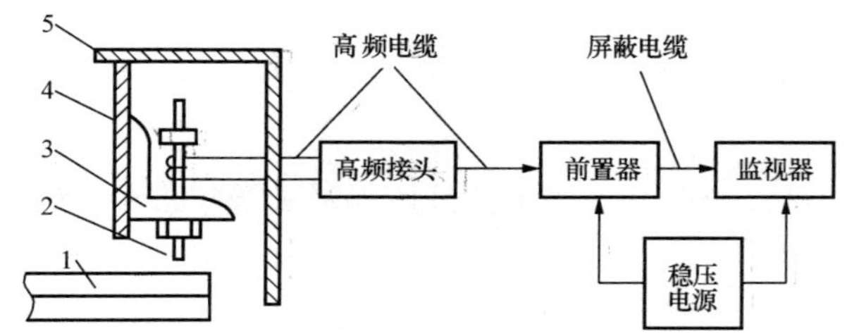

图 6-25　电涡流式振动传感器的组成

1—主轴；2—探头；3—罩壳；4—支架；5—机体

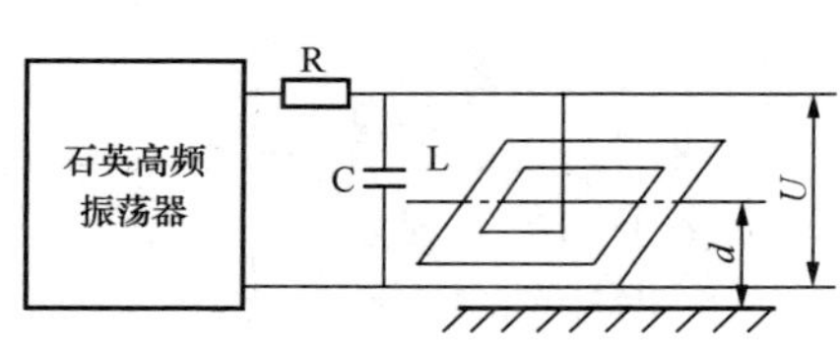

图 6-26　电涡流式仪表工作原理

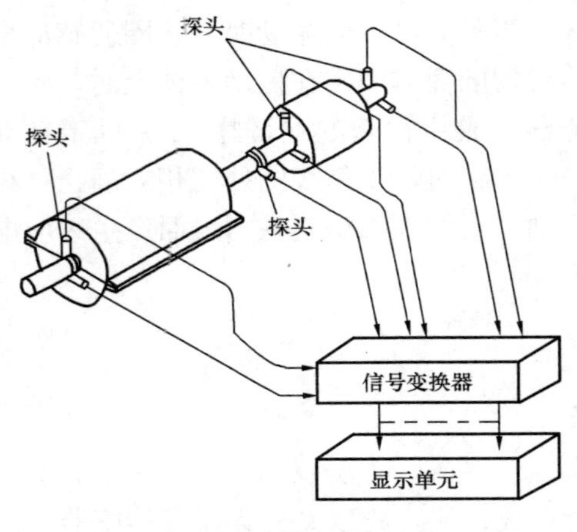

图 6-27 测振系统示意

LC 并联回路失谐，使输出电压降低。检测距离 d 越小，输出电压就越低，从而使传感器输出电压相应地发生变化，此电压经过前置器放大和检波处理后，在前置器输出端输出与检测距离的变化成正比的电压信号，并输入监视器，进行振幅的指示和报警等。

该测量方法不仅可以用来测量振动，而且可以用来测量位移、转速、主轴偏心度等。

在测振动时，经常在轴的径向按水平和垂直位置装有多个涡流检测探头组成一个测振系统，其结构如图 6-27 所示。检测各部位、方向的位移量。将各个探头测得的信息综合处理后，就可得到所需的振动信息，如振幅、振动方向、振动频率等，从而判断出旋转机械运行是否正常。

本章小结

一、氧化锆氧量计

（1）测量原理。在氧化锆管的内外两侧，分别流过含氧浓度不同的空气和被测烟气，则在其内、外铂电极上将有氧浓差电势产生。当氧化锆管工作温度一定时，氧浓差电势的大小只与烟气含氧量成对数关系，因此测出氧浓差电势，便可确定含氧量的大小。

（2）测量系统。根据对氧化锆管工作温度的要求不同，可分为定温式和补偿式测量系统；根据氧化锆管安装方式不同，可分为直插式与抽出式测量系统。由于直插式测量系统的动态响应快，所以应用最广。

二、电子皮带秤

电子皮带秤是用来连续测量和累计皮带上的输煤量的测量仪表。包括：称重桥架、传感器和二次仪表。

电子皮带秤的传感器包括称重传感器和测速传感器。其工作原理是利用称重传感器将煤重力转变为相应的电压输出，该电压经线性放大单元放大后送入乘法器、积分器；再利用速度传感器，将皮带速度转变为频率信号，经频率 1 电压（电流）转换器转换成电压（电流）后送往乘法器、积分器；在乘法器、积分器里相乘从而得到单位时间内的原煤量，再经过积算，就可得到一段时间内输送的原煤总量。

三、位移量测量

重点介绍了电涡流式位移传感器的测量原理及方法。

四、转速测量

转速测量传感器有离心式、测速发电机式、磁阻式、光电式及电涡流式等很多种。转速的显示多采用数字显示。

五、振动测量

振动传感器是振动测量仪表的关键部件。常用的振动传感器有磁电式和电涡流式两种。

复习思考题与习题

1. 氧化锆氧量计的工作原理是什么？
2. 对氧化锆管的工作温度有什么要求？为什么？
3. 影响氧化锆氧量计准确度的因素有哪些？用什么方法减小这些影响？
4. 热电偶的显示仪表能否配接氧化锆传感器？为什么？
5. 氧化锆氧量计可用什么方法进行校验？
6. 电子皮带秤是如何工作的？常用于什么场合？
7. 电涡流式位移传感器的测量原理是什么？
8. 转速测量的方法有哪些？简述各种方法的测量原理。
9. 简述磁电式和电涡流式振动传感器的测量原理。

第七章　仪表安装与识图概述

教学提示

本章讲述了仪表安装工作的特点、安装术语、安装前的准备工作、主要安装工作及施工顺序，仪表的选用及安装常识，常用仪表安装工程图例符号、字母代号、仪表位号的表示方法及带控制点的工艺流程图的认识。

第一节　仪表安装基本概念

一、仪表安装工作特点

自动化仪表及装置要完成检测或控制任务，其各个部件必须组成一个回路或一个系统。仪表安装就是把各个独立的部件即仪表、管线、电缆、附属设备等按设计要求组成回路或系统，完成检测或控制任务。仪表安装有其特殊性，如工种多、技术要求严、与工艺联系密切、施工期短、安全技术要求高等。正是这些特点构成了讨论仪表安装工作的基础。

1. 工种多

例如安装一块仪表盘，除需要有焊工、钳工、管工、电工和仪表工等主要工种外，还得有土木、油漆等辅助工种。由于这个特点，要求仪表安装队需按一定的比例配备这几方面的人才。

2. 安装技术要求严

由于仪表品种繁多，形式多样，安装对检测的准确性及系统运行质量有可能引起重大影响。例如，一次元件安装不符合技术要求时，有可能造成很大的检测误差。又如在高压设备上的施工，任何疏忽或不按规程办事，所引起的生产事故损失可能无法估量。从控制系统本身而言，许多工厂由于仪表安装得不合理，而不能达到设计的预期目的。

由于仪表型号众多，品种繁杂，要一一掌握不是一件容易的事。为此要求仪表安装人员除了具有仪表工作原理、使用方法、注意事项等基本知识，同时还要求他们对工艺应有所了解，这对深刻领会仪表安装中的各项技术要求、设计意图有很大帮助。

3. 与工艺联系密切

仪表是为工艺生产服务的，仪表的安装工作也只是整个安装工作的一个组成部分。在施工中，工艺是主体，仪表安装要从属于工艺。每当它们之间发生矛盾时，往往仪表就得让路，例如仪表管线与工艺管线相碰时就得改道。当然，在一些有关检测质量的重大原则上，例如孔板安装的直管段问题，仪表安装仍应坚持有关安装规范，要求工艺作出一定的让步，以满足仪表的技术要求。安装中若出现此类情况，仪表安装人员应主动与工艺安装人员取得联系，使之能考虑到仪表的特殊要求，予以配合。

4. 施工期短

由于仪表安装在整个安装工程中处于从属地位，因此它在现场的施工期是不允许延长的。通常在主体安装完成70%之前，仪表施工往往还无法进入现场，但当仪表施工开始展开时，工艺主体设备安装却已进入尾声。为了不影响工艺设备、管道的试压和试运转，又迫使仪表安装工作加紧进行。如此看来，仪表安装的组织工作是极其重要的，特别是充分做好施工前的物资准备，制订合理的施工计划，有效调度施工期间的技术力量，对保证安装质量，加速安装进度有很重要的意义。

5. 安全技术要求高

因为高空作业、露天作业、交叉作业多及其他原因，使得安全技术要求高。另外，除工艺专业外，仪表安装还与其他专业有着密切的联系。例如土建专业，仪表管线的穿孔及支撑都要求土建时准备，才不至造成返工或影响施工进度。因此，安装工作必须有统一的领导和各方面的协作。

由于仪表安装工作有以上特点，要求仪表安装人员必须具有较广泛的知识，熟练而全面的技能。

二、仪表安装术语

1. 一次点（又称为检测点）

一次点是指检测系统或控制系统中，直接与工艺介质接触的点。如压力检测系统中的取压点，温度检测系统中的热电偶、热电阻安装点等。一次点可以在工艺管道上，也可以在工艺设备上。

2. 取源部件

取源部件通常指安装在一次点的仪表加工件。如压力检测系统中的取压短节，测温系统中的温度计凸台。

3. 一次阀门

一次阀门又称取压阀，是指直接安装在取源部件上的阀门。如与取压短节相连的压力检测系统的阀门，与孔板正、负压室引出管相连的阀门等。

4. 一次仪表

一次仪表是现场仪表的一种，是指安装在现场且直接与工艺介质相接触的仪表。如弹簧管压力表、双金属温度计、差压变送器等。

5. 一次调校

一次调校通常称单体调校，指仪表安装前的校验。按GB 50093—2013《自动化仪表工程施工及质量验收规范》的要求，原则上每台仪表都要经过一次调校。调校的重点是检验仪表的示值误差、变差；校验仪表的比例度、积分时间、微分时间的误差，控制点的偏差，平衡度等。只有一次调校符合设计或产品说明书要求的仪表才能安装，以保证二次调校的质量。

6. 二次仪表

二次仪表是指仪表示值信号不直接来自工艺介质的各类仪表的总称。二次仪表的输入信号通常为变送器变换的标准信号。二次仪表接受的标准信号一般有三种：①气动信号，0.02～0.10MPa；②Ⅱ型电动单元组合仪表信号，0～10mA（DC）；③Ⅲ型电动单元组合仪表信号，4～20mA（DC）。

7. 现场仪表

现场仪表是安装在现场仪表的总称。它包括所有一次仪表，也包括安装在现场的二次仪表。

8. 二次调校

二次调校又称联校、系统调校，指仪表现场安装结束后，控制室配管配线完成而且校验通过后，对整个检测回路或自动控制系统的检验，也是仪表交付正式使用前的一次全面校验。校验方法通常是在检测环节上加一信号，然后仔细观察组成系统的每台仪表是否工作在误差允许范围内。如果超出允许范围，又找不出准确的原因，要对组成系统的全部仪表重新调试。

二次调校通常是一个回路、一个系统地进行，包括对信号报警系统和连锁系统的试验。

9. 仪表加工件

仪表加工件是全部用于仪表安装的金属、塑料机械加工件的总称，它在仪表安装中占有特殊地位。

10. 带控制点流程图

带控制点流程图是用过程检测和控制系统设计符号来描述生产过程自动化内容的图纸。它详细地标出仪表的安装位置，是确定一次点的重要图纸，是自控方案和自动化水平的全面体现，也是自控设计的依据，并供施工安装和生产操作时参考。

三、仪表安装前的准备工作

一个完整的安装工作应包括：安装前的准备工作、辅助安装工作、主要安装工作、安装竣工后校验、调整和试运工作、工程验收和移交等方面的工作。

准备工作是进行一系列安装项目的前奏，它进行得充分与否对安装工作质量和施工进度具有决定性的影响。

通常，准备工作是指完成下列工作：①组织安装队；②资料准备；③技术准备；④物质准备；⑤施工机具及标准仪器准备；⑥编制施工计划；⑦进行辅助安装工作等。

（一）组织安装队

安装队的组成应根据被安装对象设计预估的工作量来配备管理干部和技术力量，成立各安装工段（或小组），配置必需的施工工具和设备，建立修配、加工间、仓库和办公室等。

（二）资料准备

资料准备是指安装资料的准备。安装资料包括施工图、常用的标准图、自控安装图册、《自动化仪表工程施工及质量验收规范》和质量验评标准以及有关手册、施工技术要领等。

施工图是施工的依据，也是交工验收的依据，还是编制施工预算和工程结算的依据。一套完整的仪表施工图，应该包括下列内容：①图纸目录；②设计说明书；③仪表设备汇总表；④仪表一览表；⑤安装材料汇总表；⑥仪表加工件汇总表；⑦电气材料汇总表；⑧仪表盘正面布置图；⑨仪表盘背面接线图；⑩供电系统图；⑪电缆敷设图；⑫槽板（桥架）定向图；⑬信号、连锁原理图；⑭供电原理图；⑮电气控制原理图；⑯控制系统原理图；⑰设备平面图；⑱控制阀、节流装置计算书及数据表；⑲仪表系统接地图；⑳复用图纸；㉑带控制点工艺流程图；㉒设计单位企业标准和安装图册。

施工单位向建设单位领取图纸，施工队向项目部领取图纸，施工小组向施工队领取图纸，都要按图纸目录进行核对。

上述图纸是对常规仪表而言，集散控制系统没有仪表盘，而多了端子柜、输入/输出装置、单元控制装置、报警连锁装置和电动机控制中心部分的图册等。

施工验收规范是在施工中必须要达到和遵守的技术要求和施工规范。执行什么规范，一般在开工前，即在施工准备阶段必须同建设单位商定妥当。通常 GB 50093—2013 是设计、施工、建设三方面都接受的标准。

对于引进项目，在签订合同时，应该明确执行什么标准以及执行标准的深度。若采用国外标准，还应弄清与国内标准（规范）的差异，便于在施工时掌握。

质量评定工作是施工过程中，特别是施工结束时必须完成的一个工作。一般情况下都执行 GB 50093—2013。对质量验评标准，各部门、各行业之间会有不同的要求，在施工准备阶段，必须同建设单位商定。

（三）技术准备

技术准备在资料准备的基础上进行。

1. 参与施工组织设计的编制

施工组织设计是施工单位拟建工程项目，全面安排施工准备，规划、部署施工活动的指导性技术经济文件。电力建设对编制施工组织设计，就编制内容、编制方法、编制职责、审批程序及权限、组织实施等做了统一规定。编制内容主要包括：①编制说明；②建设项目概况简述；③施工部署；④施工方法和施工机械选择；⑤施工总进度控制计划；⑥劳动力需用计划；⑦临时设施规划；⑧施工总平面图布置；⑨施工技术组织措施纲要；⑩各项需要量计划；⑪施工准备工作计划；⑫主要技术经济指标；⑬本工程所采用的主要标准、规程、规范编目；⑭其他项目说明。

自控专业要参与由总工程师牵头的施工组织设计编写，其大部分内容都要有自控专业自己的意见。

2. 施工方案的编制

施工方案分为三类。自控专业最重要的方案是中控室仪表的调校方案（集散系统），属于第三类方案。它由施工队自控专业技术负责人编写，项目部（或工程处）、工程部自控专业技术负责人审核，项目部总工程师审批。其他方案，如仪表安装方案、单体调校方案、信号连锁系统调试方案等均属于一、二类方案，由施工队技术员编写，技术组长审核，项目部（工程处）自控专业技术负责人审批即可。有些更小的方案，如电缆敷设方案等只要施工队审批，工程部备案即可。

一个完整的自控技术方案，应包括如下内容：①编制说明；②编制依据；③工程概况，包括主要的实物量；④工程特点；⑤主要施工方法和施工工序；⑥质量要求及质量保证措施；⑦安全技术措施；⑧进度网络计划或统筹图；⑨劳动力安排；⑩主要施工机具，标准仪器一览表；⑪预计经济效益（几个方案比较中选取）。

主要施工方法和施工工序是方案的核心，质量要求和质量保证措施是方案的基础。这些都是技术方案的重点。

施工方案和施工步骤要具体地写出来，以它为检验方案的标准。

质量保证是方案得以实施的基础，没有质量就没有进度。质量保证措施应尽可能地具体和详细，执行的工程验收规范要写清楚。

安全技术措施也是方案的一个重点。没有安全技术措施的方案是不完善的施工方案，“安全第一”应贯穿始终。

3. 两个会审

自控专业的技术准备工作，还包括两个重要的图纸会审。一个是由建设单位牵头，以设计单位为主，施工单位参加的设计图纸会审，主要解决设计存在的问题。特别是设备、材料的缺项和提供的图纸、院标、作业指导书是否齐全。另一个图纸会审是由施工单位自行组织。通常由技术总负责人（总工程师）牵头，主管工程技术的部门具体组织，各专业技术负责人和施工队技术人员参加。自控专业在这个会审中解决的重点是其他专业可能会影响仪表施工的问题。这些问题要尽可能地提出来，在施工以前解决。

4. 施工技术准备的三个交底

这三个交底分别是设计交底、施工技术交底和工号技术员向施工人员的施工交底。

设计技术交底在施工准备初期进行，由建设单位组织，施工单位参加。设计单位向这两个单位做设计交底。一般由设计技术负责人主讲，然后按专业分别对口交底。设计交底的主要目的是介绍设计指导思想、设计意图和设计特点。施工单位参加的目的是更好地了解设计，为以后施工中解决可能遇到的问题找到明确的指导思想。

施工技术交底是由施工单位中主管施工、技术的部门组织，总工程师或项目部、工程处技术负责人向在第一线的施工技术人员的技术交底。重点是对一特定的工程项目，准备采用的主要施工方法，使用的主要施工机具，施工总进度的具体安排，质量指标、安全指标、效益指标的交底。

技术人员向施工人员的技术交底一般在施工中进行，严格地说不是施工准备的内容。这是一个以自控专业工程技术员主讲，具体实施施工人员参加的一个交底。要针对某一具体工序，向施工人员讲清楚工序衔接、施工要领、达到要求的设想；同时要交代清楚质量要求及执行规范的具体条款；此外还要交代清楚安全要求。这个交底可以是文字的也可以是口头的，但必须要有记录。

5. 划分单位工程

划分单位工程是施工准备的一个重要内容。具体操作是按项目要求和建设单位的要求，把所施工的项目划分成单项工程、单位工程、分部工程和分项工程。

单位工程的划分对下一步施工以及交工资料整理都有直接关系。

单位工程划分完后，技术部门与质量管理部门要一起编制“质量控制点明细表”或称“质量控制点一览表”。按分项工程、分部工程和单位工程的顺序，把每一工序质量检查都列出来，按重要性分为A、B、C三类。C类为班组自检；B类为在自检基础上，工程处、项目部质量专职质检员要检查认可；A类是在专职质检员认可基础上，通知建设单位质检处，要有甲方认可。检查前要发质量共检单，作为交工资料的一个内容。

6. 培训和特殊工、机具准备

技术准备还有一个重要内容是特殊工种的培训和特殊需要的工、机具的准备。

（四）物资准备

物资准备是施工准备的关键。物资准备包括施工图上提及的所有仪表设备和材料的领取，包括一次仪表、二次仪表、仪表盘（柜）、操作台、材料表上所列的各种型钢、管材、电缆、电线、补偿导线、加工件、紧固件、垫片，也包括图上未提及的消耗材料，以及一些不可预计的材料与设备的准备。

物资准备的重点是施工材料（主材和副材）和加工件。加工件包括仪表接头、法兰和辅助容器等。

为保证施工进度和工程质量，在准备加工件的同时，也应确保加工件保管仓库及保管人员，特别是数量不多的特种材料加工件，应该建立严格的出入库制度。

（五）表格准备

对于施工单位来说，竣工时要向建设单位交付两件东西：一件是一套完整无缺能够按设计要求进行运转的装置，这是硬件；另一件是按合同和规范要求，交出一套完整的竣工资料，这是软件。现在对软件的要求越来越高，完整的资料是靠表格来反映的。因此，施工前表格资料的准备是一项重要的工作。

表格资料主要分两类：一类是施工表格，它是如实记录施工过程中工程施工情况的表格，一般由工程管理部门负责；另一类表格是质量记录表格，它是如实记录施工过程中质量管理和质量情况的表格，一般由质量管理部门负责。

施工表格与GB 50093—2013配套使用。施工表格又可分为两种，一种为施工记录表格，如隐蔽工程记录、节流装置安装记录、导压管吹扫、试压、脱脂、防腐、保温等；另一种为仪表调试记录表格，如仪表单体调校记录和系统调试、信号连锁试验记录等。质量验评表格与国家标准GB 50093—2013配套使用。这两类表格是相对独立的。由于行业之间理解深度不一，要求不同，因此与国家标准配套使用的表格也不完全相同，但一定要符合建设单位的要求。

（六）施工工具、机具和标准仪器、仪表的准备

施工进度的快慢在很大程度上取决于施工使用的工具和机具。在工期紧张时，尤其更应强调工具和机具的使用。

1. 常用仪表施工机具

该类机具主要包括台式钻床、手电钻、电动套丝机、手动切割机、砂轮切割机、角相磨光机、砂轮机、电锤、冲击电钻、电动弯管机或液压弯管机、手动弯管机、液压开孔机、自制弯管机、电动开孔机、无油润滑压缩机（$2m^3/min$）等。

2. 常用校验标准仪器仪表

该类仪表主要包括压力校验器、氧气表校验器、活塞式压力计、0.4级标准压力表、0.25级精密台式压力表、0.1级和0.05级数字压力计、数字万用表（5位半）、数字电压表［0.02级，0～20mA（DC）］、多功能信号发生器、频率发生器、交直流稳压电源、温度仪表校验仪（包括水浴、油浴、管状炉）、100V兆欧表、接地电阻测定仪、气动仪表校验仪等。

3. 常用工具

该类工具主要包括钢丝钳、弯嘴钳、尖嘴钳、偏口钳、剥线钳、手虎钳、台虎钳、管子台虎钳、管钳子、电工刀、剪刀、铁皮剪子、玻璃刀、割管刀、木把螺丝刀、胶把螺丝刀、十字花螺丝刀、钟表起子、钟表拿子（双头）等。

四、仪表主要安装工作及施工顺序

仪表安装工程的施工周期很长。在土建施工期间就要主动配合，要明确预埋件、预留孔的位置、数量、标高、坐标、尺寸等。在设备安装、管道安装时，要随时关心工艺安装的进度，主要是确定仪表一次点的位置。

仪表施工的主要工作一般是在工艺管道施工量完成70%时，这时装置已初具规模，几乎全部工种都在现场，会出现深度的交叉作业，要时刻注意安全。

1. 施工过程中主要的安装工作

（1）配合工艺安装取源部件；

（2）在线仪表安装；

（3）仪表盘、柜、箱、操作台安装就位；

（4）仪表桥架、槽板安装，仪表管、线配制，支架制作安装，仪表管路吹扫、试压、查漏；

（5）单体调试、系统联校、模拟试验；

（6）配合工艺进行单体试车；

（7）配合建设单位进行联动试车。

2. 仪表安装工作顺序

（1）仪表控制室仪表盘的安装与现场一次点的安装。仪表控制室的安装工作有仪表盘基础槽钢的制作、安装和仪表盘及操作台的安装；核对土建预留孔和预埋件的数量和位置；考虑各种管路、槽板进出仪表控制室的位置和方式等。

（2）进行工艺管道、工艺设备上一次点的配合安装及复核非标准设备制作时仪表一次点的位置、数量、方位、标高，以及开孔大小能否符合安装需要。

（3）对出库仪表进行一次校验。这项工作进行时间较为灵活，可以提前到施工准备期，也可以延迟到系统调校前。

在现场要考虑仪表各种管路的走向和标高，以及固定它的支架形式和支架制作安装，保温箱、保护箱底座制作，接线盒、箱的定位等。

（4）现场仪表配线和安装包括保护箱、保温箱、接线箱的安装，仪表槽板、桥架安装，保护管、导压管、气动管线的敷设，控制室仪表安装和配线、校线。

（5）仪表管路吹扫和试压。现场仪表安装完毕，现场仪表管路施工完毕，配合工艺管道进行吹扫、试压。为此，节流装置不能安装，孔板、控制阀在吹扫时必须拆下，用相同长度的短节代替，用临时法兰连接。

仪表控制室盘上仪表安装完毕，盘后接线、校线完毕，并与现场仪表连接并校核完毕，做好系统联校准备。

配合工艺管道试压、吹扫完毕，在工艺管道正式复位时，安装上孔板，取下临时短节，安装好控制阀，并接上线，配好管。

（6）二次联校。安装基本结束，与建设单位和设计单位一起进行装置的三查四定，检查是否完成设计变更的全部内容。

控制室进行二次联校、模拟试验，包括报警和连锁回路。集散系统进行回路调试。

3. 启动调试与交工

工艺设备安装就位，工艺管道试压、吹扫完毕，工程即进入启动调试阶段。

安装工作结束，并按调试顺序完成了必要的检查试验后即可开始分部试运。分部试运由单机试运和分系统试运两部分组成。分部试运是由厂用电受电开始到机组整套启动前为止，由安装单位负责，建设、调试、生产、设计单位参加，主要辅机设备（例如汽动给水泵、球磨机等）试运还应有制造厂人员参加。

分部试运的方案和措施由安装或调试单位提出，经安装单位总工程师批准，对重要的试运项目还需经启动调试总指挥审批后交有关单位执行。单机试运主要是辅机，包括电动机及其电气部分试运，带动机械部分试运和带负荷单系统试运等。单机试运合格后，根据现场实际情况，对辅机进行分系统带负荷，做程控试验和对整个分系统进行调试，考验工程质量，确定其是否具备参加整套试运条件。分部试运及调整试验应由安装及调试单位做出技术记录，各项试验结果将作为整套启动的依据。

经分部试运合格的设备和系统，如由于生产或试运需要继续运转时，经双方协商，可交由生产单位代行保管并负责运行维护，由施工原因造成的消缺检修工作仍由施工单位承担。设计、设备缺陷由建设单位负责。

整套启动试运是指由机炉电第一次联合启动试运开始到24h或7d（或合同规定的时间）试运合格移交生产运行止，由启动验收委员会负责。整套启动前，对投入设备和系统及与其有关的辅助设备配套工程均已分部试运（包括调整试验）合格，热机、电气的所有保护装置、热工仪表、远方操作装置、灯光音响信号、事故按钮及连锁装置均已分别试验合格。安全运行所必需的自动及程控装置应具备投入条件。

仪表系统交给建设单位，这是交工的主要内容，也称为硬件。与此同时，也要把交工资料交给建设单位，这是软件。原则上交工资料要与工程同时交给建设单位，但一般是在工程交工后一个月内把资料交接完毕。

一份完整的仪表专业交工资料，应包括如下内容：①交工资料目录；②工程交接证书（或交工验收证书）；③中间交接证书（若有中间交接）；④仪表设备移交清单；⑤未完工程（项目）明细表；⑥隐蔽工程记录；⑦仪表管路试压、脱脂记录；⑧节流装置安装记录；⑨仪表（单体）调校记录；⑩仪表二次联校记录；⑪信号连锁系统调试、试验记录；⑫仪表电缆、电线、补偿导线敷设记录；⑬仪表电缆绝缘测试记录；⑭设备、材料汇总表；⑮设计变更、联络笺汇总；⑯竣工图；⑰其他。

综上所述，以集散系统安装为例，仪表施工顺序可用图7-1表示。

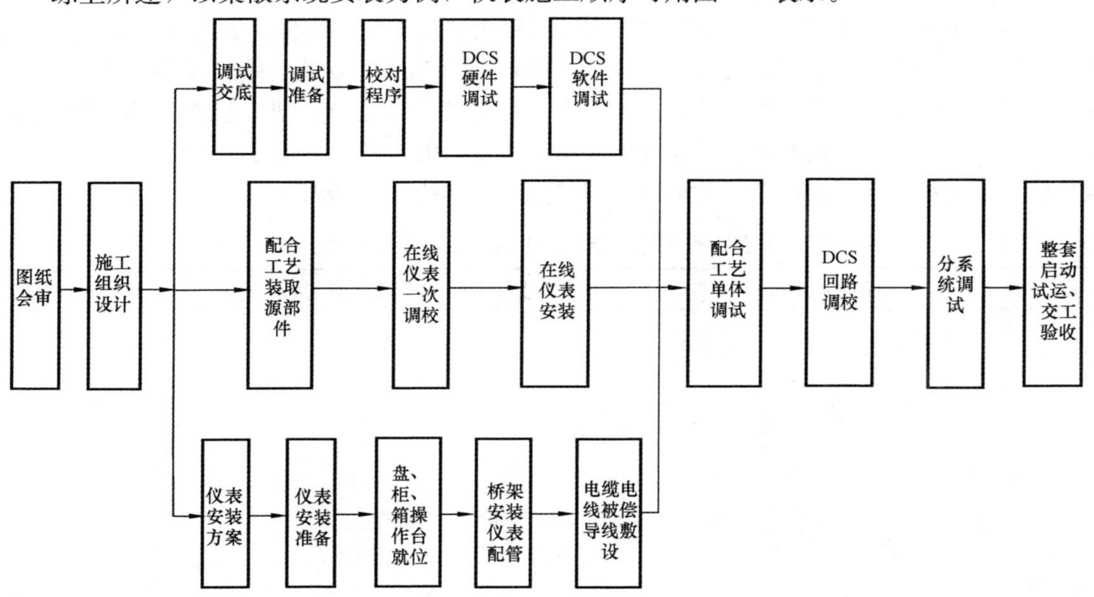

图7-1　仪表施工顺序

注：本顺序以DCS为例，把DCS调试改为常规仪表调试，即可适用于常规仪表系统。

4. 仪表安装技术要求

仪表安装应按照设计提供的施工图、设计变更、仪表安装使用说明书的规定进行。

当设计无特殊规定时，要符合GB 50093—2013的规定。仪表和安装材料的型号、规格和材质要符合设计规定。修改设计必须要有设计部门签发的设计变更。

仪表安装中电气设备、电气线路、防爆、接地等要求要符合GB 50093—2013的规定。当

GB 50093—2013 规定不明确或没有规定时，要符合 GB 50169～50173 中的有关规定。

仪表安装中导压管的焊接，应与同介质的工艺管道同等要求。要符合 GB 50236—2011《现场设备、工业管道焊接工程施工规范》中的有关规定。

仪表安装中供气系统的吹扫，供液系统的清洗，管子的切割方法，采用螺纹法兰连接的高压管的螺纹和密封面的加工，以及管子的连接等，应符合 GB 50235—2010《工业金属管道工程施工规范》的规定。

待安装的仪表设备，要按其要求的保管条件分类妥善保管。仪表工程用的主要安装材料，尤其是特殊材料，应按其材质、型号、规格分类保管。管件与加工件应同样对待。

仪表安装总的要求是首先要强调合理，然后是美观，切忌拖泥带水、横不平、竖不直，要整洁、明快、干净、利索。

第二节 仪表安装常识

一、仪表的选用

仪表的选用应根据工艺生产过程对控制参数检测的要求，按经济原则，合理地对仪表种类、型号、量程、准确度等级等进行选择。

二、仪表安装的常识

仪表安装按其种类可以分为温度仪表安装、压力仪表安装、流量仪表安装、显示仪表安装、调节仪表安装和分析仪表安装等。按其形式可以分为法兰安装、螺纹安装、支柱安装、支架安装、盘箱安装和管道中安装等。仪表专业与电气专业划分一般以仪表盘端子排为界，即仪表用电源由电气专业配线至仪表盘电源输入端子，电气专业用信号由电气专业配线至仪表盘信号输出端子。工艺设备或管道专业与仪表专业界线划分见表 7-1。

表 7-1 工艺设备或管道与自控仪表专业界线的划分

取源类别	界线划分示意图	仪表专业负责准备	工艺专业负责准备	备 注
流量测量（测量管路为焊接连接）	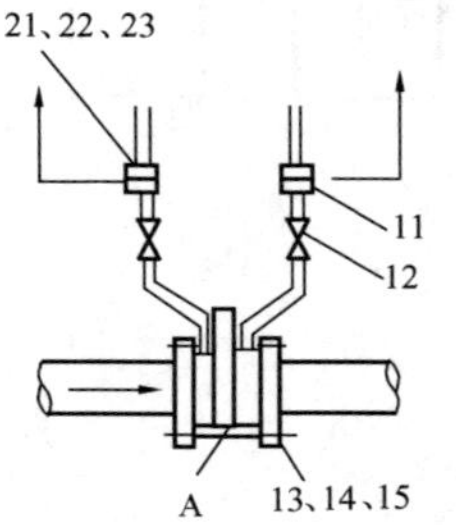 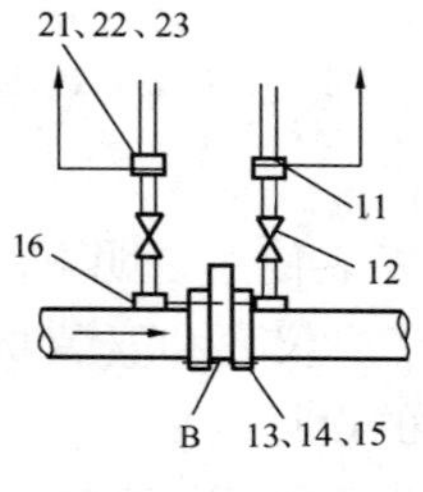 21、22、23 11 12 A 13、14、15 21、22、23 11 16 12 B 13、14、15	A 环室孔板 B 平孔板 21 法兰（二次侧） 22 法兰垫 23 螺栓及螺母	11 法兰（一次侧） 12 阀门 13 法兰（安装孔板用） 14 法兰垫 15 螺栓及螺母 16 焊接型管座	第一法兰的二次侧以后由仪表专业施工，其余部分由工艺专业施工

续表

取源类别	界线划分示意图	仪表专业负责准备	工艺专业负责准备	备　注
流量测量（测量管路为螺纹连接）	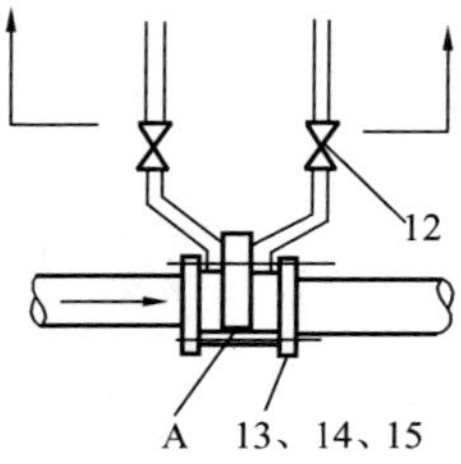 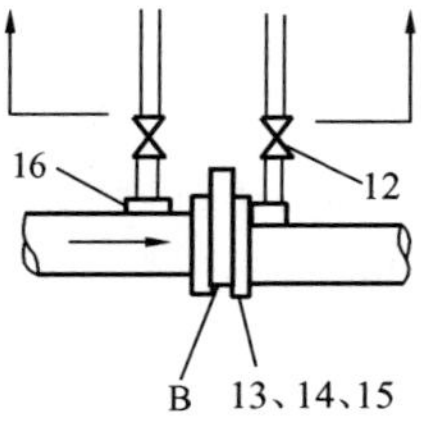 12 A　13、14、15 16　12 B　13、14、15	A 环室孔板 B 平孔板	12 阀门 13 法兰（安装孔板用） 14 法兰垫 15 螺栓及螺母 16 焊接型管座	阀门及其以前由工艺专业施工，其余部分由仪表专业施工
压力测量（设备取压）	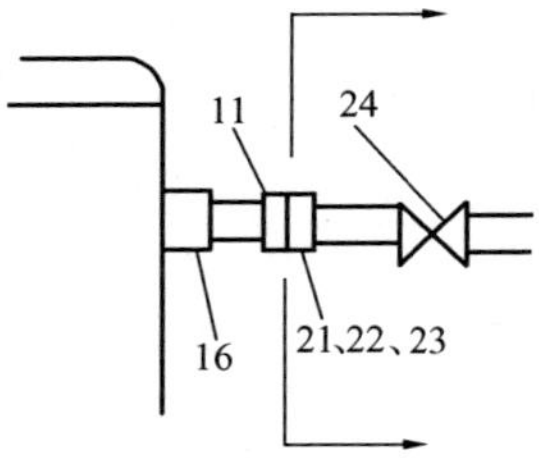 11　24 16　21、22、23	21 法兰（二次侧） 22 法兰垫 23 螺栓及螺母 24 阀门	11 法兰（一次侧） 16 焊接型管座	第一法兰的二次侧以后由仪表专业施工，其余部分由工艺专业施工
压力测量（测量管路为焊接连接）	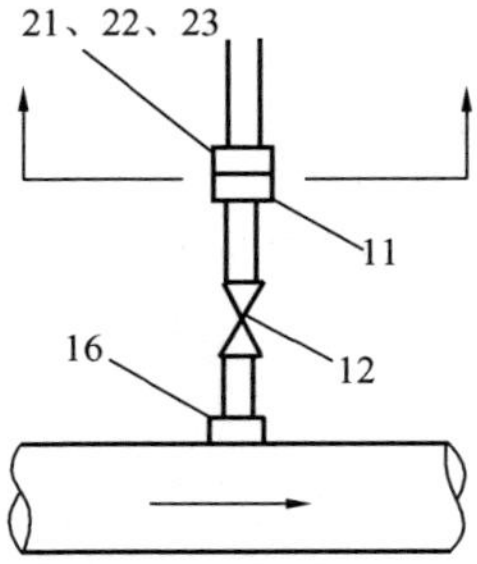 21、22、23 11 16　12	21 法兰（二次侧） 22 法兰垫 23 螺栓及螺母	11 法兰（一次侧） 12 阀门 16 焊接型管座	第一法兰的二次侧以后由仪表专业施工，其余部分由工艺专业施工
压力测量（测量管路为螺纹连接）	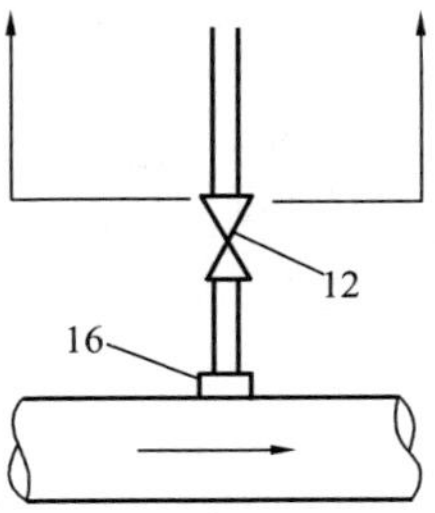 12 16		12 阀门 16 焊接型管座	阀门及其以前由工艺专业施工，其余部分由仪表专业施工

续表

取源类别	界线划分示意图	仪表专业负责准备	工艺专业负责准备	备　注
液位测量（差压式）	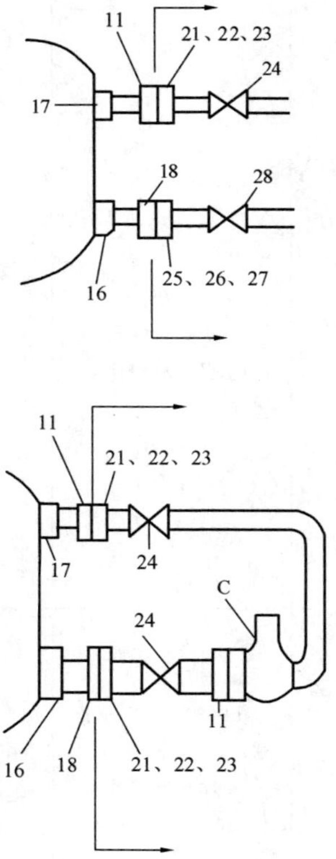 11　21、22、23　24　17　18　28　16　25、26、27 11　21、22、23　17　24　C　24　11　16　18　21、22、23	C仪表 21、25法兰 22、26法兰垫 23、27螺栓及螺母 24、28阀门	11、18法兰（一次侧） 16、17焊接型管座	第一法兰的二次侧以后由工艺专业施工，其余部分由仪表专业施工
伴热蒸汽	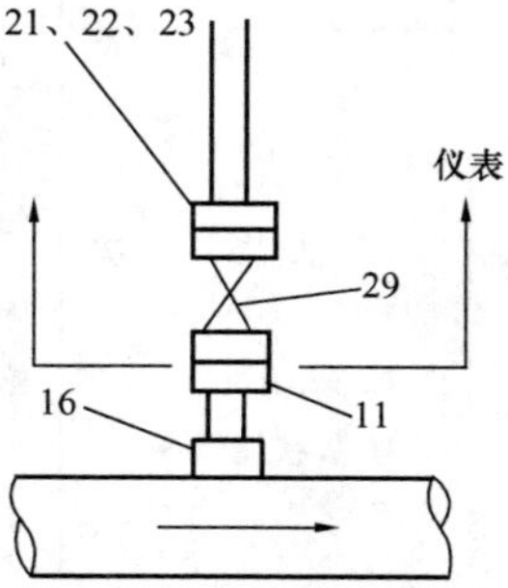 21、22、23　仪表　29　16　11	21法兰 22法兰垫 23螺栓及螺母 29阀门	11法兰 16焊接型管座	第一法兰的二次侧以后由仪表专业施工，其余部分由工艺专业施工
分析取样	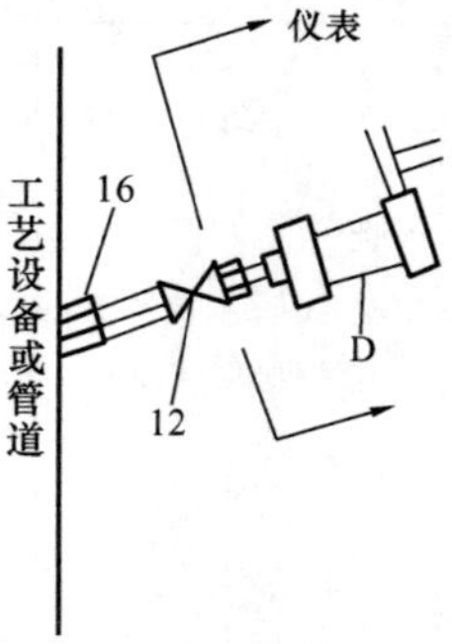 仪表　工艺设备或管道　16　D　12	D分析取样器	12阀门 16焊接型管座	阀门以后由仪表专业施工，其余部分由工艺专业施工

续表

取源类别	界线划分示意图	仪表专业负责准备	工艺专业负责准备	备　注
仪表辅助用氮气、冷却水、仪表气源（工艺供给时）	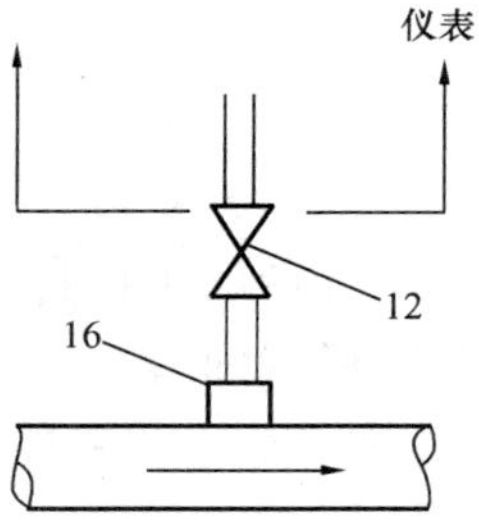 仪表 12 16		12 阀门 16 焊接型管座	阀门及其以前由工艺专业施工，其余部分由仪表专业施工

对于由其他专业安装的取源部件、流量仪表等，仪表专业应根据本专业的设计施工图纸和有关技术要求逐一核实。例如仪表位号、型号、规格以及仪表的实际安装位置、方向、角度、标高等。对于取源部件，还应检查仪表接头是否能与所安仪表相匹配，仪表接头表面是否保护完好。仪表安装完毕后是否会妨碍其他设备的正常拆装和检修或者其他设备是否妨碍仪表的操作、检修和拆装等。

仪表安装位置、接头方法（或安装方法）以及仪表的选型均由设计单位完成。而安装单位必须按设计施工图纸、按工艺要求、按技术标准进行操作，如果设计与实际不符，将导致仪表无法安装，或安装后不能满足有关要求，施工单位必须向设计单位提出，经设计单位批准后，按设计单位提供的设计变更通知单及所附图纸施工。

三、仪表安装的有关规定

1. 一般规定

（1）仪表应安装在光线充足、操作维修方便的地方，尽可能避免高温、潮湿、强腐蚀、强电磁以及温度变化比较剧烈、搬运物品比较频繁的场所。

（2）安装仪表时，不能使其承受外来机械应力。若条件允许，可以给每个仪表加装固定装置。

（3）仪表安装材料必须严格按设计图纸使用。管件压力等级、垫片型号、螺纹制式等必须仔细检查、避免出错。

（4）用于指示的仪表，一般距地面 1.2～1.5m 为宜，其他仪表应符合具体要求。

（5）带有接线盒的仪表，应使接线盒口朝下。

（6）需要脱脂的仪表，应先进行脱脂，待脱脂检查合格后，再进行安装。

2. 温度仪表安装的有关规定

（1）在多粉尘的工艺管道上安装的测温元件，应采取防止磨损的保护措施。

（2）热电偶或热电阻安装在易受被测介质强烈冲击的地方以及水平安装时，其插入深度大于 1m 或温度大于 700℃时，应采取防弯曲措施。

（3）表面温度计的感温面应与被测表面紧密接触、固定牢固。压力式温度计的温包必须浸入被测介质中，毛细管的敷设应有保护措施，其弯曲半径不应小于 50mm，周围温度变化剧烈时，再采取隔热措施。

3. 压力仪表安装的有关规定

（1）测量低压的压力表或变送器的安装高度，宜与取压点的高度一致。

（2）就地安装的压力表不应固定在振动较大的工艺设备或管道上。

（3）测量高压的压力表安装在操作岗位附近时，宜距地面 1.8m 以上，或在仪表正面加保护罩，以免发生事故时，击伤操作人员。

4. 流量仪表安装的有关规定

（1）孔板或喷嘴安装前应进行外观检查，孔板的入口和喷嘴的出口边缘应无毛刺和圆角，并按现行的国家标准 GB/T 2624.1—2006《用安装在圆形截面管道中的差压装置测量满管流体流量　第 1 部分：一般原理和要求》的规定复验其加工尺寸。另外，在安装前进行清洗时，不应损伤节流件。

（2）在水平和倾斜的工艺管道上安装的孔板或喷嘴，若有排泄孔时，排泄孔的位置对于液体介质应在工艺管道的正上方。对于气体及蒸汽介质应在工艺管道的正下方。

（3）转子流量计的安装应呈垂直状态。上游侧直管段的长度不宜小于 5 倍工艺管道内径，其前后的工艺管道应固定牢固。靶式流量计的靶中心应在工艺管道的轴线上。

（4）电磁流量计的本体及工艺管道、被测介质均应等电位接地。在垂直的工艺管道上安装时，被测介质的流向应自下而上，在水平和倾斜的工艺管道上安装时，两个测量电极不应在工艺管道的正上方和正下方位置。

5. 物位仪表安装的有关规定

（1）用压力或差压变送器测量液位时，仪表安装高度不应高于下部取压口。

（2）浮筒液位计的安装应使浮筒呈垂直状态，其安装高度宜使仪表量程的 1/2 处为正常液位。

（3）放射性同位素物位计安装前应制订施工方案，并严格执行，尤其是安装中的安全防护措施必须符合现行的国家标准 GB/T 19661.2—2005《核仪器及系统安全要求　第 2 部分：放射性防护要求》的规定，安装地点应有明显的警戒标志。

（4）负荷传感器的安装应使传感器呈垂直状态，各个传感器的受力应均匀。如有冲击性负荷时，应安装缓冲装置。

6. 分析仪表安装的有关规定

（1）分析仪表的预处理装置应单独安装，并宜靠近传感器。

（2）被分析样品的排放管应直接与排放总管连接，总管应引至室外安全场所，其集液处应有排放液装置。

四、取源部件的安装常识

取源部件是指直接安装在主设备或工艺管道上的，供检测仪表安装用的法兰和插座或为检测仪表提供介质样品的引管。例如，安装测温元件的插座、物位仪表的法兰、取压时与主设备或工艺管道连接用的短管等。

1. 仪表测点的选择

仪表测点的开孔位置应按设计图纸或制造厂的规定选择。如无具体规定时，可根据工艺流程图中的测点和设备、管道、阀门等的相对位置，按下列规定进行：

（1）仪表测点的开孔位置应选择在管道的直管段上。因在直管段内，被测介质的流速呈直线状态，最能代表被测介质的参数。测孔应避开阀门、弯头、三通、大小头、挡板、人孔、手孔等对介质流速有影响或会造成泄漏的地方。压力取源部件还应根据工艺管道中流动介质的不同，选择不同的安装角度，如图 7-2 所示。

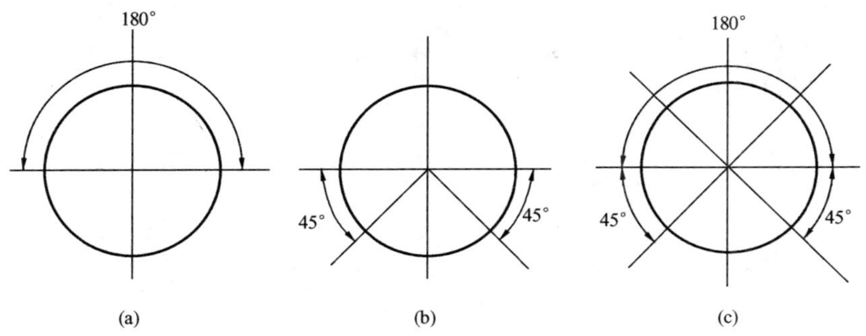

图 7-2　压力测点的开孔方式

（a）流体为气体时；（b）流体为液体时；（c）流体为蒸汽时

（2）安装取源部件不宜在焊缝及其边缘上开孔及焊接。

（3）压力测孔与温度测孔在同一管段上时，压力测孔应选择在温度测孔的上游侧。

（4）在高压、合金钢、有色金属的工艺管道和设备上开孔时，应采用机械加工的方法。

（5）取源部件应安装在便于维护和检修的地方。若在高空时，应有便于检修的设施。

2. 取源部件的安装

取源部件的安装步骤如下：

（1）测孔开凿。测孔开凿应在工艺设备和管道正式安装前或封闭前进行，禁止在已冲洗完毕的设备和管道上开孔。如必须开孔时，应采取必要的补救措施。根据被测介质和参数的不同，金属壁测孔的开凿一般有机械加工和氧-乙炔焰切割两种方法。

如果取源部件倾斜安装，则需先画好椭圆，其中椭圆长轴 A 和短轴 B 的关系如下：$A=KB$，当倾斜角度分别为 30°、45°、60°时，K 分别取 2、1.414、1.155。

椭圆测孔的形式如图 7-3 所示。

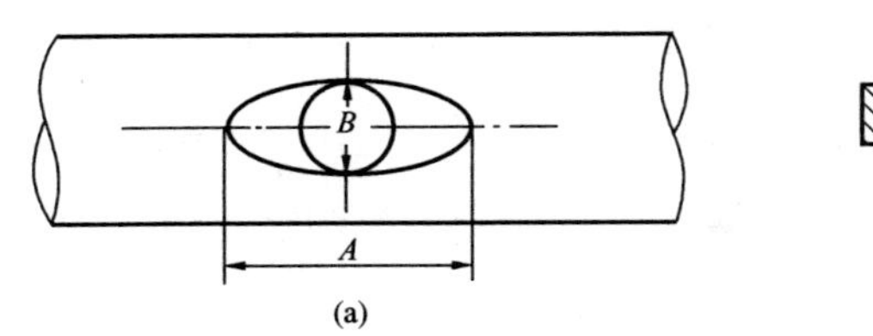

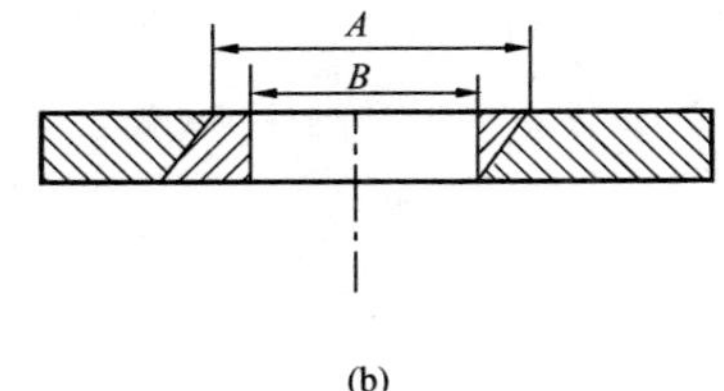

图 7-3　椭圆测孔形式

（a）顶视图；（b）剖面图

当采用机械开孔获得圆孔后，即可用圆锉或半圆锉按图 7-3 所示的形式扩孔，其倾斜角应符合插座倾斜角的要求。

（2）插座焊接。插座的形式、规格、材质必须符合被测介质的压力、温度及其他特性（如黏度、腐蚀性等）的要求，常用的插座（或短管）如图 7-4 所示。

插座焊接前应用砂布和锉将插座坡口及测孔的边缘打磨擦亮，露出金属光泽，并清除测

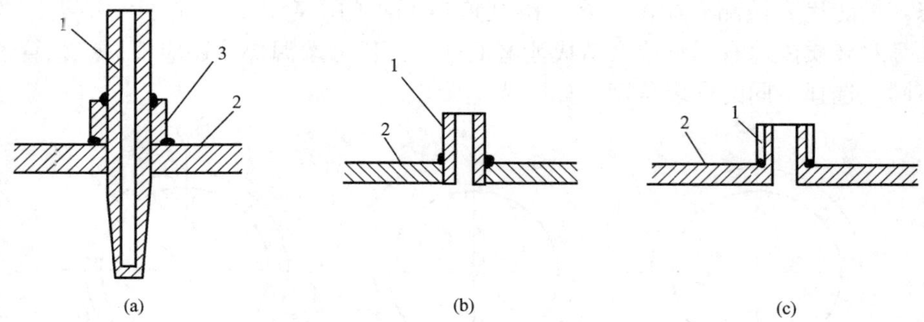

图 7-4　常用的插座和短管的焊接

（a）内螺纹测温仪表保护套管；（b）内螺纹插座；（c）外螺纹插座

1—保护套管（或插座）；2—被测介质外壁；3—固定座

孔内壁的毛刺及落入管道或设备内的杂物、铁屑。然后再按找正、点焊、复测、施焊的焊接过程进行焊接。

第三节　仪表安装工程图例符号

一、常用仪表安装工程图例符号

图形符号的识读分为测量点的识读和仪表安装位置图形符号的识读。

1. 测量点的识读

测量点（包括检测元件、取样点）是由生产过程的设备或管道符号引到仪表圆圈的连接引线的起点，一般无特定的图形符号，如图 7-5（a）所示。

若测量点位于设备中，当有必要标出测量点在生产过程设备中的位置时，可在引线的起点加一个直径为 2mm 的小圆符号或使用虚线，如图 7-5（b）所示。连接线的图形符号见表 7-2。

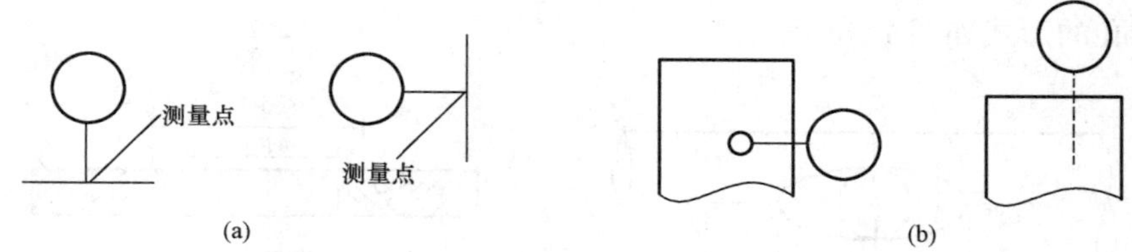

图 7-5　测量点

表 7-2　连接线的图形符号

序号	内　　容	图形符号
1	仪表与工艺设备，管道上测量点的连接线或机械联动线	细实线
2	通用仪表信号线	——
3	连线交叉	┼
4	连线相接	┼┬
5	表示信号方向	→

续表

序号	内　　容	图形符号
6	在需要时信号线按如下分类： （1）气压信号线 （2）电信号线 （3）导压毛细管 （4）液压信号线 （5）电磁、辐射、热、光、声波等	

2. 常用仪表及安装位置的图形符号

仪表（包括检测、显示、控制等）的图形符号是一直径约 10mm 的细实线圆圈，需要时允许圆圈断开。对检测仪表如流量检测仪表或检测元件也用象形或图形符号表示，见表 7-3。仪表的安装位置可在圆圈中加画虚线、实线表示，见表 7-4。处理两个或两个以上被测变量，具有相同或不同功能的复式仪表，可用两个相切的圆圈表示。当两个测量点在图上距离较远或不在同一图纸上时，分别用细实线、虚实线圆圈相切表示，如图 7-6 所示。

表 7-3　流量检出元件和检测仪表的图形符号

序号	内　　容	图　形　符　号	备　　注
1	孔板		
2	文丘里管及喷嘴		
3	无孔板取压接头		
4	转子流量计		圆圈内标注仪表位号
5	其他嵌在管道上的检测仪表		圆圈内标注仪表位号

表 7-4　仪表安装位置的图形符号

序号	内　　容	图形符号	序号	内　　容	图形符号
1	就地安装仪表		4	集中仪表盘后安装仪表	
	就地安装仪表（嵌在管道中）				
2	仪表盘面安装仪表		5	就地仪表盘后安装仪表	
3	就地仪表盘面安装仪表		6	控制盘后安装仪表	

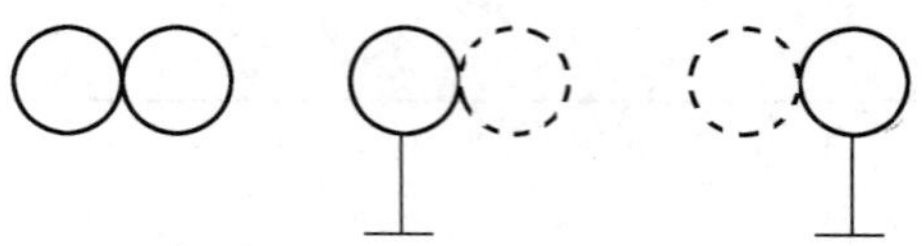

图 7-6 相同功能仪表的表示法

二、字母代号

表示被测变量和初始变量的字母代号及字母代号的含义见表 7-5。

表 7-5 字母代号的含义

字母	第一位字母		后继字母	字母	第一位字母		后继字母
	被测变量或初始变量	修饰词	功能		被测变量或初始变量	修饰词	功能
A	分析		报警	N	供选用		供选用
B	喷嘴火焰		供选用	O	供选用		节流孔
C	电导率		控制	P	压力		实验点、接头
D	密度	差		Q	数量	积分、积算	积分、积算
E	电压		检出元件	R	放射性		记录
F	流量	比		S	速度、频率	安全	开关、连锁
G	尺度		玻璃	T	温度		传送
H	手动			U	多变量		多功能
I	电流		指示	V	黏度		阀、挡板、百叶窗
J	功率	扫描		W	重量、力		套管
K	时间或时间程序		自动/手动操作器	X	未分类		未分类
L	物位		指示灯	Y	供选用		继动器、计算器
M	水分、湿度			Z	位置		驱动、执行或未分类的执行器

后继字母的确切含义应根据实际需要做不同的解释，例如“R”可理解为“记录仪”、“记录”或“记录用”；“T”可理解为“变送器”、“传送”或“传送的”等。

表示被测变量的任何第一位字母与修饰词“ d”（差）、“f ”（比）、“q”（积分、积算）组合使用，应看作一个具有新意的组合体，修饰字母一般小写，在不至于混淆的情况下可以大写。例如 PdI 表示压差指示，PI 表示压力指示，Pd 与 P 为两个不同的变量。

“供选用”字母是指在个别设计中仅使用一词或在一定范围内使用，而表中未列入其含义的字母。使用时可根据第一位字母、后继字母具体规定。当“X”与其他字母一起使用时，除了具有明确意义的符号之外应标明“X”的具体含义。例如，XI-1 可以是振动指示仪，XR-2 可以是应力指示仪，XX-3 可以是应力示波器。

三、仪表位号的表示方法

在检测、控制系统中，构成一个回路的每个仪表都应有自己的仪表位号。仪表位号由字母代号组合和阿拉伯数字编号组成。仪表位号中，第一位字母表示被控变量，后继字母表示仪表的功能，数字编号可按照装置或工段进行编制。按照装置编制的数字编号，只编回路的自然数顺序号，如 TRC-1：“T”为被控变量字母代号，“RC”为功能字母代号，“1”为数字编号（1，2，3，4，…）。

按照工段编制的数字编号，包括工段号与回路顺序号，一般用三位或四位数字表示，如 TRC-131 ：“T”为被控变量字母代号，“RC”为功能字母代号，“1”为工段代号，“31”为序号，一般用两位数字。

仪表位号的第一位字母只能按照被控变量分类，即同一装置或工段的相同被控变量的仪表位号中数字编号是连续的，但允许中间有空号。不同被控变量的仪表位号不能连续编号，不能依仪表本身的结构或被控变量来选用。例如，被控变量为流量时，其差压记录仪标注 FR，控制阀标注 FV。被控变量为液位时，其差压记录仪标注 LR，控制阀标注 LV。

多机组的仪表位号一般按照顺序编制，不用相同位号加尾缀的方法。同一仪表回路中有两个或两个以上具有相同功能的仪表，可用仪表位号加尾缀（大写英文字母）的方法加以区别。例如，FV-201A、FV-201B 表示同一回路中的两台控制阀；FT-202A、FT-202B 表示同一回路中的两台变送器。

属于不同工段的多个检测元件共用一台显示仪表时，仪表位号只编顺序号，不表示工段号。例如多点温度指示仪表的仪表位号为 TI-1，相应的检测元件仪表位号为 TE-1-1、TE-1-2、…当一台仪表有多个回路共用时，应标注各回路的仪表位号。例如，一台双笔记录仪记录流量和压力时，仪表位号为 FR-121/LR-123。具有多功能时，可用多功能字母“U”标注。例如，FU 可以表示一台具有流量低报警、流量变送、指示、记录和控制等功能的仪表。

在带控制点的工艺流程图中仪表位号的标注方法是：圆圈上半圆填写字母代号，下半圆填写数字编号，如图 7-7 所示。在带控制点的工艺流程图或其他设计文件中，构成一个仪表回路的一组仪表可以用主要仪表的位号或仪表位号的组合来表示。例如 TRC-101 可以表示一个温度记录控制回路。一台仪表或一个圆圈内后继字母应按照 IRCTQSA 的顺序标注（仪表位号的字母代号最好不超过 5 个字母）。一台仪表或一个圆圈内，具有指示、记录功能时只标注字母代号“R”，不标注“I”。具有开关、报警功能时只标注字母代号“A”，不标注“S”。字母代号“SA”表示连锁和报警功能。随设备成套供应的仪表，也应标注仪表位号，但是在仪表位号圆圈外边应标注“成套”或其他符号。仪表附件，如冷凝器、隔离装置等不标注仪表位号。在带控制点的工艺流程图中一般不表示仪表冲洗或吹气系统的转子流量计、压力控制器、空气过滤器等，而应另列出详图。

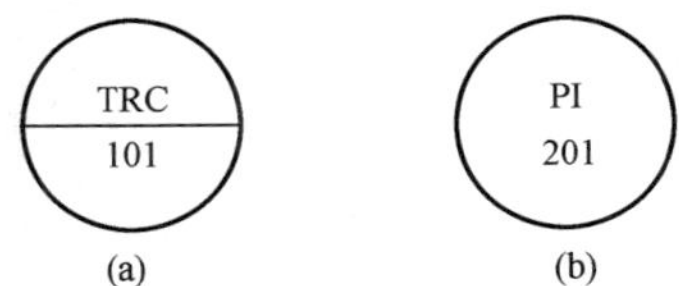

图 7-7　仪表位号的标注
（a）仪表盘安装仪表；
（b）就地安装仪表

四、带控制点的工艺流程图

工艺专业按照规定绘制流程图之后，经过与自控专业的协商，由自控专业人员按照工艺流程的顺序标注检测点与控制系统，标注的方法按照仪表字母代号、数字位号的方法确定。

设备进出口的测量点尽可能标注在设备进出口附近。有时为了保证图面的质量，可适当地移动标注位置。管网系统的测量点最好标注在最上一根管线的上面。

下面举一带控制点的工艺流程图例。图 7-8 中燃料气、空气作为燃烧系统的原料，通过集散控制系统控制燃烧系统的燃烧率和燃料气、空气比值。通过 MT-300、WC-301，测量进料的水分，控制进料量。

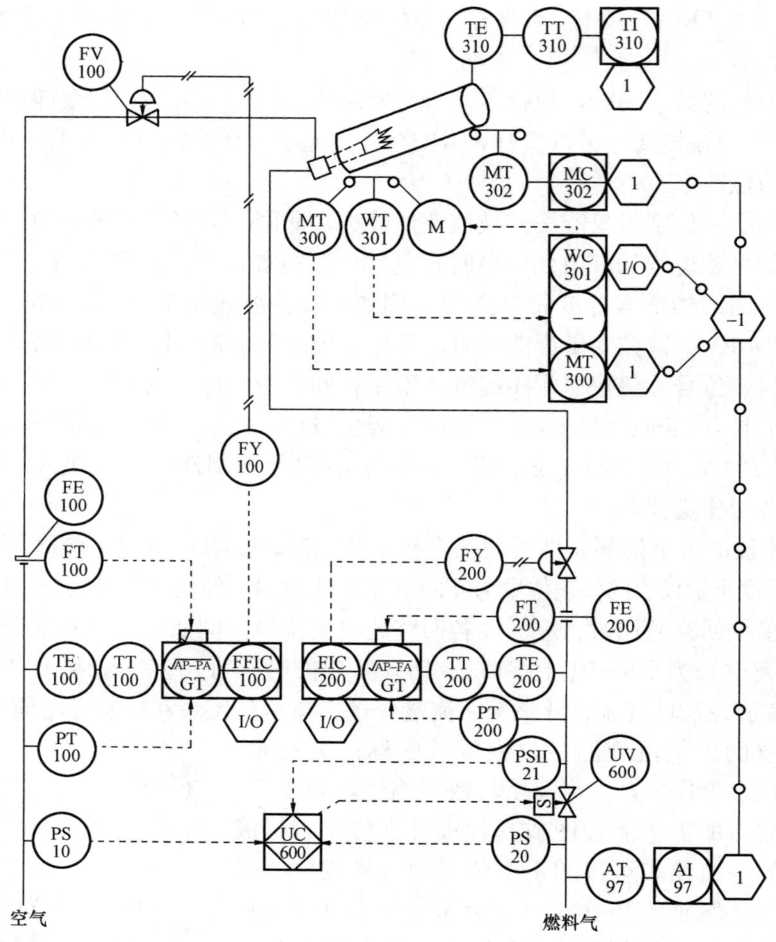

图 7-8 带控制点的工艺流程

五、热工检测系统简介

为确保热力设备或热力系统正常工作，保证运行的安全性、经济性，必须配备一定数量测量仪表，测量多个热工参数。据统计，一台容量为 200MW 的汽轮发电机组的测点多达 600 多个，仪表的数目也很庞大。通常把以某个热力设备或热力系统为对象，由若干热工测量仪表、检测装置组合形成的总体称为这个对象的热工检测系统。热工检测系统既与它检测的热力对象密切关联，本身又是相对独立的系统。合理的热工检测系统应综合考虑满足热工对象运行的安全性、经济性，应便于运行人员监视与操作，便于仪表本身的安装、维护与检修，尽量节省热工检测设备的投资等因素。在这些因素中，保证热工对象运行的安全性、经济性是最重要的，考虑其他因素时必须以此为前提。

具体的热工检测系统通过设计工作来确定。设计工作的主要内容有以下项目：依据热力设备或热力系统的结构和型号及运行、控制方式等技术条件确定被测参数的项目，按需要确定各仪表的显示方式和显示功能，按不同的监视要求确定各仪表（装置）的安装地点，确定哪些情况下需要配变送器并选择变送器，绘制热工检测系统图、各种接线图、电缆图、导管图等，确定表盘布置等。实际上，热工检测与自动控制两项工作往往是有机地融为一体的，有些设备是二者合用的。因此，热工检测系统经常被放在热工自动控制系统中，作为其中的一个重要组成部分，而不再独立存在。热工检测设计也与热工自动化设计一道进行，而不是单独设计的。

热工检测系统图是热工检测设计的主要内容之一，它反映了热工检测系统的总体布局情况。简单地说，热工检测系统图是指在按生产流程（不是按结构）展开的热力设备或热力系统图上，用规定的图形与文字符号，以规定的方式标出热工检测所用的全部仪表、设备而形成的系统图。该图能具体反映出在热力对象上测哪些参数、有哪些仪表与检测设备、仪表的配套情况、测点的大致位置、仪表的显示功能、安装地点以及仪表、设备的编号等。图 7-9 给出了一个热工测量系统的简图。

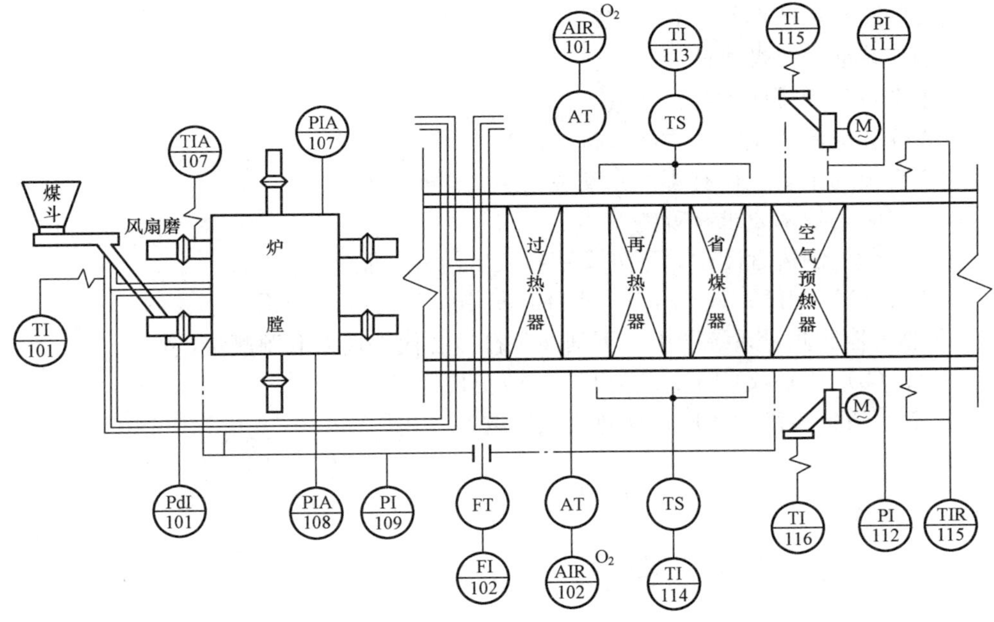

图 7-9　某锅炉燃烧系统热工测量系统简图（部分）

本章小结

1. 仪表安装的基本概念

自动化仪表及装置要完成检测或控制任务，其各个部件必须组成一个回路或组成一个系统。仪表安装就是把各个独立的部件即仪表、管线、电缆、附属设备等按设计要求组成回路或系统，完成检测或控制任务。仪表安装有其特殊性：如工种多、技术要求严、与工艺联系密切、施工期短、安全技术要求高等。正是这些特点构成了讨论仪表安装工作的基础。

2. 仪表安装常识

（1）仪表的选用应根据工艺生产过程对控制参数检测的要求，按经济原则，合理地对仪表种类、型号、量程、准确度等级等方便进行选择。

（2）仪表安装的常识、仪表专业与电气专业的划分等。

（3）仪表安装的有关规定。

3. 仪表工程图例符号

常用仪表安装工程图例符号、字母代号、仪表位号的表示方法，带控制点的工艺流程图及热工检测系统图的认识。

复习思考题与习题

1. 仪表安装工作有哪些特点？仪表安装工作中需要哪些技术人员和工种？
2. 什么叫一次点、一次仪表和一次调校？分别举例说明。
3. 仪表安装常用图形符号有哪些？
4. 仪表安装前需要做哪些准备工作？
5. 技术准备包括哪些内容？
6. 仪表安装前需要做哪些物质准备工作？
7. 仪表安装的主要工作有哪些？安装顺序怎样安排？
8. 仪表安装的技术要求有哪些？
9. 在自动化控制流程图中，下列文字各表示何种功能？

（a）TIT；（b）PdIT；（c）FIC；（d）LIA；（e）LV；（f）PRC

10. 在热工控制测量系统图中，下列文字符号各代表什么取源测量点？

（a）PE；（b）FE；（c）LE；（d）TE；（e）AE

11. 绘制管道仪表流程图应该注意哪些问题？

附录　热电偶和热电阻分度表

附表 1　　**铂铑 10-铂热电偶分度表**（分度号为 S，冷端温度为 0℃，mV）

温度（℃）	0	10	20	30	40	50	60	70	80	90
0	0.000	−0.053	−0.103	−0.150	−0.194	−0.236				
0	0.000	0.055	0.113	0.173	0.235	0.299	0.365	0.433	0.502	0.573
100	0.646	0.720	0.795	0.872	0.950	1.029	1.110	1.191	1.273	1.357
200	1.441	1.526	1.612	1.698	1.786	1.874	1.962	2.052	2.141	2.232
300	2.323	2.415	2.507	2.599	2.692	2.786	2.880	2.974	3.069	3.164
400	3.259	3.355	3.451	3.548	3.645	3.742	3.840	3.938	4.036	4.134
500	4.233	4.332	4.432	4.532	4.632	4.732	4.833	4.934	5.035	5.137
600	5.239	5.341	5.443	5.546	5.649	5.753	5.857	5.961	6.065	6.170
700	6.275	6.381	6.486	6.593	6.699	6.806	6.913	7.020	7.128	7.236
800	7.345	7.454	7.563	7.673	7.783	7.893	8.003	8.114	8.226	8.337
900	8.449	8.562	8.674	8.787	8.900	9.014	9.128	9.242	9.357	9.472
1000	9.587	9.703	9.819	9.935	10.051	10.168	10.285	10.403	10.520	10.638
1100	10.757	10.875	10.994	11.113	11.232	11.351	11.471	11.590	11.710	11.830
1200	11.951	12.071	12.191	12.312	12.433	12.554	12.675	12.796	12.917	13.038
1300	13.159	13.280	13.402	13.523	13.644	13.766	13.887	14.009	14.130	14.251
1400	14.373	14.494	14.615	14.736	14.857	14.978	15.099	15.220	15.341	15.461
1500	15.582	15.702	15.822	15.942	16.062	16.182	16.301	16.420	16.539	16.658
1600	16.777	16.895	17.013	17.131	17.249	17.366	17.483	17.600	17.717	17.832
1700	17.947	18.061	18.174	18.285	18.395	18.503	18.609			

附表 2　　**铂铑 13-铂热电偶分度表**（分度号为 R，冷端温度为 0℃，mV）

温度（℃）	0	10	20	30	40	50	60	70	80	90
0	0.000	−0.051	−0.100	−0.145	−0.188	−0.226				
0	0.000	0.054	0.111	0.171	0.232	0.296	0.363	0.431	0.501	0.573
100	0.647	0.723	0.800	0.879	0.959	1.041	1.124	1.208	1.294	1.381
200	1.469	1.558	1.648	1.739	1.831	1.923	2.017	2.112	2.207	2.304
300	2.401	2.498	2.597	2.696	2.796	2.896	2.997	3.099	3.201	3.304
400	3.408	3.512	3.616	3.721	3.827	3.933	4.040	4.147	4.255	4.363
500	4.471	4.580	4.690	4.800	4.910	5.021	5.133	5.245	5.357	5.470
600	5.583	5.697	5.812	5.926	6.041	6.157	6.273	6.390	6.507	6.625
700	6.743	6.861	6.980	7.100	7.200	7.340	7.461	7.583	7.705	7.827
800	7.950	8.073	8.197	8.321	8.446	8.571	8.697	8.823	8.950	9.077
900	9.205	9.333	9.461	9.590	9.720	9.850	9.980	10.111	10.242	10.374
1000	10.506	10.638	10.771	10.905	11.039	11.173	11.307	11.442	11.578	11.714
1100	11.850	11.986	12.123	12.260	12.397	12.535	12.673	12.812	12.950	13.089
1200	13.228	13.367	13.507	13.646	13.786	13.926	14.066	14.207	14.347	14.488
1300	14.629	14.770	14.911	15.052	15.193	15.334	15.475	15.616	15.758	15.899
1400	16.040	16.181	16.323	16.464	16.605	16.746	16.887	17.028	17.169	17.310
1500	17.451	17.591	17.732	17.872	18.012	18.152	18.292	18.431	18.571	18.710
1600	18.849	18.988	19.126	19.264	19.402	19.540	19.677	19.814	19.951	20.087
1700	20.222	20.356	20.488	20.620	20.749	20.877	21.003			

附表 3　　铂铑 30-铂铑 6 热电偶分度表（分度号为 B，冷端温度为 0℃，mV）

温度（℃）	0	10	20	30	40	50	60	70	80	90
0	0.000	−0.002	−0.003	−0.002	−0.000	0.002	0.006	0.011	0.017	0.025
100	0.033	0.043	0.053	0.065	0.078	0.092	0.107	0.123	0.141	0.159
200	0.178	0.199	0.220	0.243	0.267	0.291	0.317	0.344	0.372	0.401
300	0.431	0.462	0.494	0.527	0.561	0.596	0.632	0.669	0.707	0.746
400	0.787	0.828	0.870	0.913	0.957	1.002	1.048	1.095	1.143	1.192
500	1.242	1.293	1.344	1.397	1.451	1.505	1.561	1.617	1.675	1.733
600	1.792	1.852	1.913	1.975	2.037	2.101	2.165	2.230	2.296	2.363
700	2.431	2.499	2.569	2.639	2.710	2.782	2.854	2.928	3.002	3.087
800	3.154	3.230	3.308	3.386	3.466	3.546	3.626	3.708	3.790	3.873
900	3.957	4.041	4.127	4.213	4.299	4.387	4.475	4.564	4.653	4.743
1000	4.834	4.926	5.018	5.111	5.205	5.299	5.394	5.489	5.585	5.682
1100	5.780	5.878	5.976	6.075	6.175	6.276	6.377	6.478	6.580	6.683
1200	6.786	6.890	6.995	7.100	7.205	7.311	7.417	7.524	7.632	7.740
1300	7.848	7.957	8.066	8.176	8.286	8.397	8.508	8.620	8.731	8.844
1400	8.956	9.069	9.182	9.296	9.410	9.524	9.639	9.753	9.868	9.984
1500	10.099	10.215	10.331	10.447	10.563	10.679	10.796	10.913	11.029	11.146
1600	11.263	11.380	11.497	11.614	11.731	11.848	11.965	12.082	12.199	12.316
1700	12.433	12.549	12.666	12.782	12.898	13.014	13.130	13.246	13.361	13.476
1800	13.591	13.706	13.820							

附表 4　　镍铬-镍硅（镍铝）热电偶分度表（分度号为 K，冷端温度为 0℃，mV）

温度（℃）	0	10	20	30	40	50	60	70	80	90
−200	−5.891	−6.035	−6.158	−6.262	−6.344	−6.404	−6.441	−6.458		
−100	−3.554	−3.852	−4.138	−4.411	−4.669	−4.913	−5.141	−5.354	−5.550	−5.730
−0	0.000	−0.392	−0.778	−1.156	−1.527	−1.889	−2.243	−2.587	−2.920	−3.243
0	0.000	0.397	0.798	1.203	1.612	2.023	2.436	2.851	3.267	3.682
100	4.096	4.509	4.920	5.328	5.735	6.138	6.540	6.941	7.340	7.739
200	8.138	8.539	8.940	9.343	9.747	10.153	10.561	10.971	11.382	11.795
300	12.209	12.624	13.040	13.457	13.874	14.293	14.713	15.133	15.554	15.975
400	16.397	16.820	17.243	17.667	18.091	18.516	18.941	19.366	19.792	20.218
500	20.644	21.071	21.497	21.924	22.350	22.776	23.203	23.629	24.055	24.480
600	24.905	25.330	25.755	26.179	26.602	27.025	27.447	27.869	28.289	28.710
700	29.129	29.548	29.965	30.382	30.798	31.213	31.628	32.041	32.453	32.865
800	33.275	33.685	34.093	34.501	34.908	35.313	35.718	36.121	36.524	36.925
900	37.326	37.725	38.124	38.522	38.918	39.314	39.708	40.101	40.494	40.885
1000	41.276	41.665	42.053	42.440	42.826	43.211	43.595	43.978	44.359	44.740
1100	45.119	45.497	45.873	46.249	46.623	46.995	47.367	47.737	48.105	48.473
1200	48.838	49.202	49.565	49.926	50.286	50.644	51.000	51.355	51.708	52.060
1300	52.410	52.759	53.106	53.451	53.795	54.138	54.479	54.819		

附表 5　　**镍铬-康铜热电偶分度表**（分度号为 E，冷端温度为 0℃，mV）

温度（℃）	0	10	20	30	40	50	60	70	80	90
−200	−8.825	−9.063	−9.274	−9.455	−9.604	−9.718	−9.797	−9.835		
−100	−5.237	−5.681	−6.107	−6.516	−6.907	−7.279	−7.632	−7.963	−8.273	−8.561
−0	−0.000	−0.582	−1.152	−1.709	−2.255	−2.787	−3.306	−3.811	−4.302	−4.777
0	0.000	0.591	1.192	1.801	2.420	3.048	3.685	4.330	4.985	5.648
100	6.319	6.998	7.685	8.379	9.081	9.789	10.503	11.224	11.951	12.684
200	13.421	14.164	14.912	15.664	16.420	17.181	17.945	18.713	19.484	20.259
300	21.036	21.817	22.600	23.386	24.174	24.964	25.757	26.552	27.348	28.146
400	28.946	29.747	30.550	31.354	32.159	32.965	33.772	34.579	35.387	36.196
500	37.005	37.815	38.624	39.434	40.243	41.053	41.862	42.671	43.479	44.286
600	45.093	45.900	46.705	47.509	48.313	49.116	49.917	50.718	51.517	52.315
700	53.112	53.908	54.703	55.497	56.289	57.080	57.870	58.659	59.446	60.232
800	61.017	61.801	62.583	63.364	64.144	64.922	65.698	66.473	67.246	68.017
900	68.787	69.554	70.319	71.082	71.844	72.603	73.360	74.115	74.869	75.621
1000	76.373									

附表 6　　**铁-康铜热电偶分度表**（分度号为 J，冷端温度为 0℃，mV）

温度（℃）	0	10	20	30	40	50	60	70	80	90
−200	−7.890	−8.095								
−100	−4.633	−5.037	−5.426	−5.801	−6.159	−6.500	−6.821	−7.123	−7.403	−7.659
−0	0.000	−0.501	−0.995	−1.482	−1.961	−2.431	−2.893	−3.344	−3.786	−4.215
0	0.000	0.507	1.019	1.537	2.059	2.585	3.116	3.650	4.187	4.726
100	5.269	5.814	6.350	6.909	7.459	8.010	8.562	9.115	9.669	10.224
200	10.779	11.334	11.885	12.445	13.000	13.555	14.110	14.665	15.219	15.773
300	16.327	16.881	17.434	17.986	18.538	19.090	19.612	20.194	20.745	21.297
400	21.848	22.400	22.952	23.504	24.057	24.610	25.164	25.720	26.276	26.834
500	27.393	27.953	28.516	29.080	29.647	30.216	30.788	31.352	31.939	32.519
600	33.102	33.689	34.279	34.873	35.470	36.071	36.675	37.284	37.896	28.512
700	39.132	39.755	40.382	41.012	41.645	42.281	42.910	43.669	44.203	44.848
800	45.494	46.141	46.786	47.431	48.074	48.715	49.353	49.989	50.622	51.251
900	51.877	52.500	53.119	53.735	54.347	54.956	55.561	56.161	55.763	57.360
1000	57.953	58.546	59.184	59.721	60.307	60.890	61.473	62.054	62.634	63.214
1100	63.792	64.370	61.948	65.525	66.102	66.679	67.266	67.831	68.406	68.980
1200	69.553									

附表 7　　**铜-康铜热电偶分度表**（分度号为 T，冷端温度为 0℃，mV）

温度（℃）	0	10	20	30	40	50	60	70	80	90
−200	−5.603	−5.753	−5.888	−6.007	−6.105	−6.180	−6.232	−6.258		
−100	−3.379	−3.657	−3.923	−4.177	−4.419	−4.648	−4.865	−5.070	−5.261	−5.439
−0	0.000	−0.383	−0.757	−1.121	−1.475	−1.819	−2.153	−2.476	−2.788	−3.089
0	0.000	0.391	0.790	1.196	1.612	2.036	2.468	2.909	3.358	3.814
100	4.279	4.750	5.228	5.714	6.206	6.704	7.209	7.720	8.237	8.759
200	9.288	9.822	10.362	10.907	11.458	12.013	12.574	13.139	13.709	14.283
300	14.862	15.445	16.032	16.624	17.219	17.819	18.422	19.036	19.641	20.255
400	20.872									

附表 8 **铂热电阻分度表**［R_0＝50.00Ω，A＝3.968 47×10^{-3}（1/℃），B＝－5.847×10^{-7}（1/℃^{2}），C＝－4.22×10^{-12}（1/℃^{4}），分度号为 Pt50，Ω］

测量端温度（℃）	0	10	20	30	40	50	60	70	80	90
	热电阻值									
－200	8.64	—	—	—	—	—	—	—	—	—
－100	29.82	27.76	25.69	23.61	21.51	19.40	17.28	15.14	12.99	10.82
－0	50.00	48.01	46.02	44.02	42.01	40.00	37.98	35.95	33.92	31.87
0	50.00	51.98	53.96	55.93	57.89	59.85	61.80	63.75	65.69	67.62
100	69.55	71.48	73.39	75.30	77.20	79.10	81.00	82.89	84.77	86.64
200	88.51	90.38	92.24	94.09	95.94	97.78	99.61	101.44	103.26	105.08
300	106.89	108.70	110.50	112.29	114.08	115.86	117.64	119.41	121.18	122.94
400	124.69	126.44	128.18	129.91	131.64	133.37	135.09	136.80	138.50	140.20
500	141.90	143.59	145.27	146.95	148.62	150.29	151.95	153.60	155.25	156.89
600	158.53	160.16	161.78	163.40	165.01	166.62	—	—	—	—

附表 9 **铂热电阻分度表**［R_0＝100.00Ω，A＝3.968 47×10^{-3}（1/℃），B＝－5.847×10^{-7}（1/℃^{2}），C＝－4.22×10^{-12}（1/℃^{4}），分度号为 Pt100Ω］

测量端温度（℃）	0	10	20	30	40	50	60	70	80	90
	热电阻值									
－200	17.28	—	—	—	—	—	—	—	—	—
－100	59.65	55.52	51.38	47.21	43.02	38.80	34.56	30.29	25.98	21.65
－0	100.00	96.03	92.04	88.04	84.03	80.00	75.96	71.91	67.84	63.75
0	100.00	103.96	107.91	111.85	115.78	119.70	123.60	127.49	131.37	135.24
100	139.10	142.95	146.78	150.60	154.41	158.21	162.00	165.78	169.54	173.29
200	177.03	180.76	184.48	188.18	191.88	195.56	199.23	202.89	206.53	210.17
300	213.79	217.40	221.00	224.59	228.17	231.73	235.29	238.83	242.36	245.88
400	249.38	252.88	256.36	259.83	263.29	266.74	270.18	273.60	277.01	280.41
500	283.80	287.18	290.55	293.91	297.25	300.58	303.90	307.21	310.50	313.79
600	317.06	320.32	323.57	326.80	330.03	333.25	—	—	—	—

附表 10 **铜热电阻分度表**（R_0＝50Ω，a＝0.004 280℃$^{-1}$，分度号为 Cu50，Ω）

温度（℃）	0	10	20	30	40	50	60	70	80	90
－0	50.00	47.85	45.70	43.55	41.40	39.24	—	—	—	—
0	50.00	52.14	54.28	56.42	58.56	60.70	62.84	64.98	67.12	69.26
100	71.40	73.54	75.68	77.83	79.98	82.13	—	—	—	—

附表 11 **铜热电阻分度表**（R_0＝100Ω，a＝0.004 280℃$^{-1}$，分度号为 Cu100，Ω）

温度（℃）	0	10	20	30	40	50	60	70	80	90
－0	100.00	95.70	91.40	87.10	82.80	78.49	—	—	—	—
0	100.00	104.28	108.56	112.84	117.12	121.40	125.68	129.96	134.24	138.52
100	142.80	147.08	151.36	155.66	159.96	164.27	—	—	—	—

参 考 文 献

[1] 何适生. 热工参数测量及仪表. 北京：水利电力出版社，1990.
[2] 朱祖涛. 热工测量和仪表. 北京：水利电力出版社，1991.
[3] 叶东祺. 热工测量和控制仪表的安装. 2 版. 北京：中国电力出版社，1998.
[4] 王家桢. 传感器与变送器. 北京：清华大学出版社，1996.
[5] 张毅，张宝芬. 自动检测技术及仪表控制系统. 北京：化学工业出版社，2000.
[6] 张子慧. 热工测量与自动控制. 北京：中国建筑工业出版社，1996.
[7] 蔡武昌. 流量测量方法和仪表的选用. 北京：化学工业出版社，2001.
[8] 梁国伟. 流量测量技术及仪表. 北京：机械工业出版社，2002.
[9] 陶承志. 热工过程控制仪表. 2 版. 北京：中国电力出版社，1998.
[10] 左国庆. 自动化仪表故障处理实例. 北京：化学工业出版社，2005.
[11] 朱用湖. 热工测量及自动装置. 北京：中国电力出版社，2000.
[12] 吕崇德. 热工参数测量与处理. 2 版. 北京：清华大学出版社，2009.